最新斷奶食物全書

審訂：上田玲子 醫師
（營養學博士・管理營養師）

嬰兒食物全指南

暢文出版社

量的基準一覽表

使用熱量、維生素、礦物質、蛋白質來源的食物，是製作斷奶食物的基本。依時期別把各種食物的1次量基準做成表。但在「吃」方面有很大的個人差異，因此量只是一種參考。

礦物質來源（實物的26%大小）	熱量來源食物（挑選1種時）※實物的13%大小						
蔬菜（例／紅蘿蔔）	煮熟麵條	香蕉	吐司麵包	馬鈴薯	米飯		
10g	因不易煮爛而不使用			15g	10倍濃稠搗碎 30g	前期	只會吞嚥期 5~6個月大時期 初期 1次 ⬇ 2次
15g		20g	7g	25g	7倍濃稠搗碎 40g	後期	
18~20g	34g	41g	14g	46g	5倍濃稠(全粥) 50g	前期	含住壓碎期 7~8個月大時期 中期 2次
	54g	66g	22g	75g	5倍濃稠(全粥) 80g	後期	
20~21g	61g	74g	25g	84g	5倍濃稠(全粥) 90g	前期	輕度咀嚼期 9~11個月大時期 後期 3次
	68g	83g	27g	93g	較稠稀飯(4倍粥) 70g	後期	
30g	81g	100g	33g	112g	軟飯 80g		
30g	92g	112g	37g	126g	軟飯 90g	前期	用力咬嚼期 1歲~1歲3個月大時期 結束期 3次
38~40g	112g	137g	45g(切8片的1片)	155g	米飯 80g	後期	

對每天有幫助！

量 斷奶食物的進行法與1次

熱量來源食物及其他	蛋白質來源食物（挑選1種時）						維生素源食物
						※實物的26%大小	
烹調用油脂類、砂糖	納豆	肉類（例／雞胸條肉）	原味優格	蛋類	魚類（例／真鯛）	豆腐	水果（例／蘋果
各0g	因不易煮爛而不使用	還不能吃	55g	蛋黃2/3個以下	5g	25g	5g
各1g			55g		10g	25g	5g
各2g	碎納豆16g	10g	85g	蛋黃1個	13g	40g	
各2.5g	碎納豆20g	15g	100g	全蛋1/2個	15g	50g	5～
各3g	20g	18g	100g	全蛋1/2個	15g	50g	9～1 10
各4g	20g	18g	100g	全蛋1/2個	15g	50g	10
	22g	20g	120g	全蛋2/3個	18g	55g	10～

參照P154　調味料的基準請參照154頁

的進行法一覽表

從只會吞嚥期開始的稀爛狀，逐漸增加軟硬度與大小，以常用的食材來說明。請配合嬰兒的發育情況，做為製作斷奶食物的基準。其他食材也請參考本表來製作。

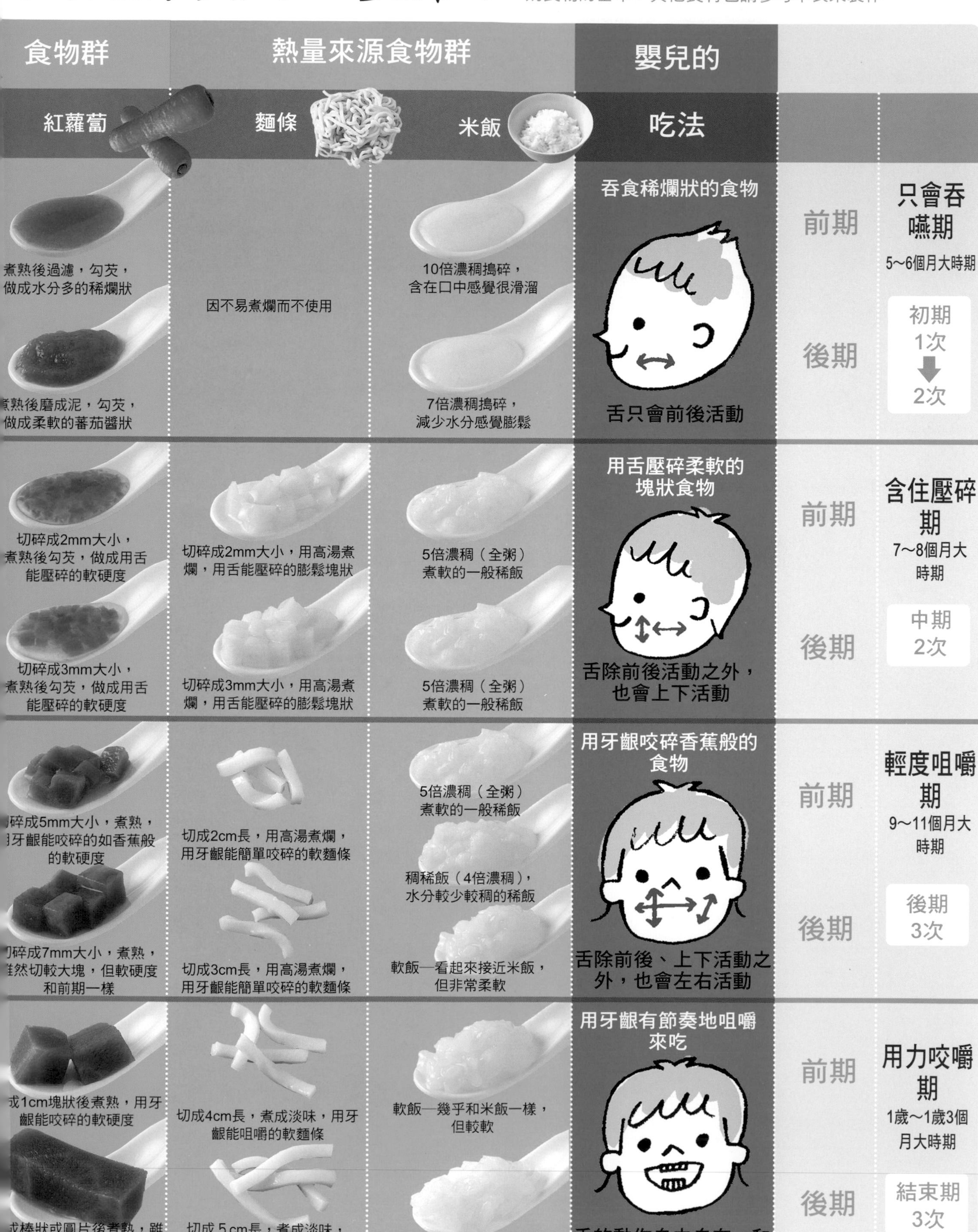

食物群 紅蘿蔔	熱量來源食物群 麵條	米飯	嬰兒的吃法		
煮熟後過濾，勾芡，做成水分多的稀爛狀	因不易煮爛而不使用	10倍濃稠搗碎，含在口中感覺很滑溜	吞食稀爛狀的食物 舌只會前後活動	前期	只會吞嚥期 5~6個月大時期 初期 1次→2次
煮熟後磨成泥，勾芡，做成柔軟的蕃茄醬狀		7倍濃稠搗碎，減少水分感覺膨鬆		後期	
切碎成2mm大小，煮熟後勾芡，做成用舌能壓碎的軟硬度	切碎成2mm大小，用高湯煮爛，用舌能壓碎的膨鬆塊狀	5倍濃稠（全粥）煮軟的一般稀飯	用舌壓碎柔軟的塊狀食物 舌除前後活動之外，也會上下活動	前期	含住壓碎期 7~8個月大時期 中期 2次
切碎成3mm大小，煮熟後勾芡，做成用舌能壓碎的軟硬度	切碎成3mm大小，用高湯煮爛，用舌能壓碎的膨鬆塊狀	5倍濃稠（全粥）煮軟的一般稀飯		後期	
切碎成5mm大小，煮熟，用牙齦能咬碎的如香蕉般的軟硬度	切成2cm長，用高湯煮爛，用牙齦能簡單咬碎的軟麵條	5倍濃稠（全粥）煮軟的一般稀飯	用牙齦咬碎香蕉般的食物 舌除前後、上下活動之外，也會左右活動	前期	輕度咀嚼期 9~11個月大時期 後期 3次
切碎成7mm大小，煮熟，雖然切較大塊，但軟硬度和前期一樣	切成3cm長，用高湯煮爛，用牙齦能簡單咬碎的軟麵條	稠稀飯（4倍濃稠），水分較少較稠的稀飯 軟飯—看起來接近米飯，但非常柔軟		後期	
切成1cm塊狀後煮熟，用牙齦能咬碎的軟硬度	切成4cm長，煮成淡味，用牙齦能咀嚼的軟麵條	軟飯—幾乎和米飯一樣，但較軟	用牙齦有節奏地咀嚼來吃 舌的動作自由自在，和大人咀嚼方法一樣	前期	用力咬嚼期 1歲~1歲3個月大時期 結束期 3次
切成棒狀或圓片後煮熟，雖比較大塊，但軟硬度和前半一樣	切成5cm長，煮成淡味，用牙齦能咀嚼的軟硬度和前期一樣	米飯—和大人吃的米飯一樣，斷奶食物結束		後期	

參照P52 稀飯的種類與煮法請翻閱52頁。

軟硬
大小

以實物大小容易了解烹調形態！

基本食材別「軟硬・大小

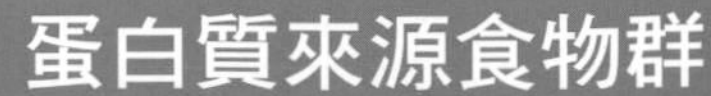

蛋白質來源食物群			維生素、礦物質來源	
雞胸條肉 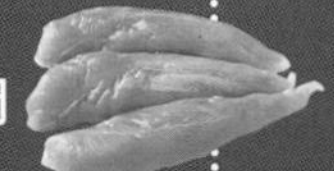	蛋 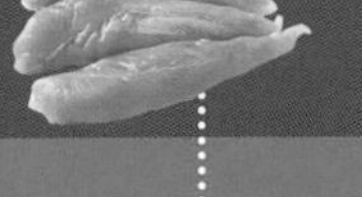	白肉魚	南瓜 	菠菜 
還不能吃	把煮熟的蛋黃用熱水調開，加優格混合做成滑溜的濃湯狀	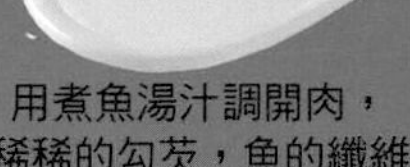 用煮魚湯汁調開肉，稀稀的勾芡，魚的纖維完全散開變成稀爛狀	 煮熟後用熱水調開，做成較稀的濃湯狀	 煮熟後勾芡，做成柔軟的稀爛狀
	把煮熟的蛋黃用優格調開，做成濃稠的蕃茄醬狀	用煮魚湯汁調開肉，勾芡，魚的纖維完全散開感覺黏稠	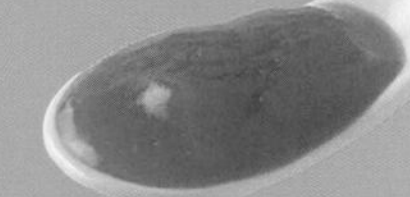 煮熟後搗碎再用熱水調開，做成柔軟的蕃茄醬狀	 煮熟後勾芡，減少水分做成稍稠
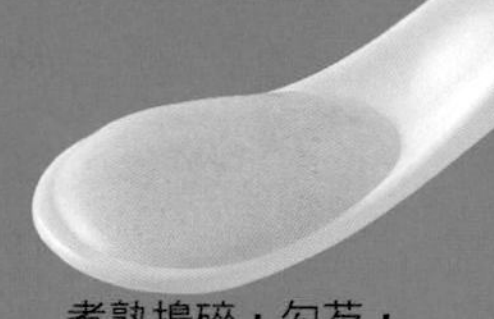 煮熟搗碎，勾芡，第 1 次吃肉，是滑溜的濃湯狀	 把煮熟的蛋黃弄散，和優格混合，用舌能輕鬆壓碎的膨鬆果醬狀	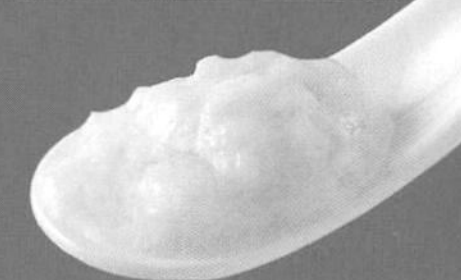 煮熟後弄碎，勾芡，一捏就碎，柔軟容易吞食	 煮熟南瓜塊後，搗碎到稍微殘留顆粒的程度，用舌能輕鬆壓碎含顆粒的果醬狀	 把煮熟的葉尖切碎成2m 小，勾芡，柔軟容易吞
把冷凍的生肉磨碎來煮，勾芡，感覺稍粗的膨鬆	 可以吃蛋白。把切碎的白煮蛋和優格混合，含有切碎蛋白的顆粒果醬狀	 煮熟後大致弄碎，勾芡，一捏就碎，柔軟容易吞食	 煮熟南瓜塊後，搗碎成2～3mm大小，用舌能輕鬆壓碎的小塊	 把煮熟的葉尖切碎成3m 小，勾芡，柔軟容易吞
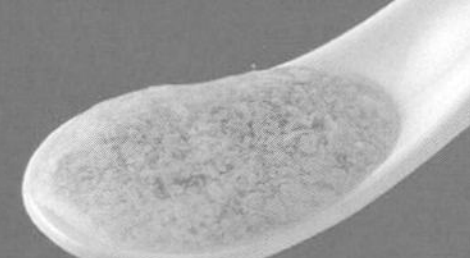 用淡味煮雞胸條肉後勾芡，可活用絞肉顆粒的粗糙口感	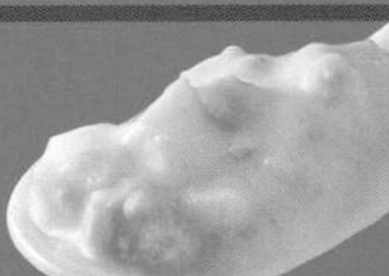 蛋白切成5mm塊狀，蛋黃搗碎，加白醬混合，用牙齦能輕鬆咬碎吞食	 切成5mm大小來煮，勾芡，用牙齦就能簡單咬碎吞食	 煮南瓜塊，搗碎成5mm大小，用牙齦能輕鬆咬碎的顆粒狀	 把煮熟的葉與莖切碎 5mm大小，勾芡，雖然有莖，卻柔軟容易
 把雞胸條肉碎肉搗碎捏成小塊，用高湯煮成濃稠，用牙齦能咬碎的直徑1cm柔軟的肉塊	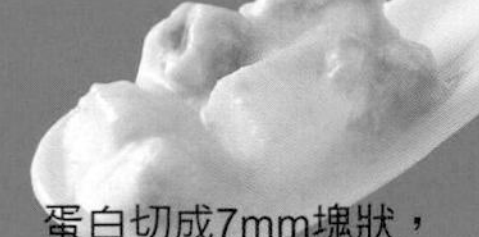 蛋白切成7mm塊狀，蛋黃搗碎，加白醬混合，用牙齦能輕鬆咬碎吞食	 切成7mm大小來煮，勾芡，用牙齦就能簡單咬碎吞食	 煮南瓜塊，搗碎成7mm大小，用牙齦能輕鬆咬碎的小塊狀	 把煮熟的葉與莖切碎 7mm大小，勾芡，雖 大，但軟硬度和前期一
 把煮熟的肉撕成細絲，和優格混合，不會感覺乾澀	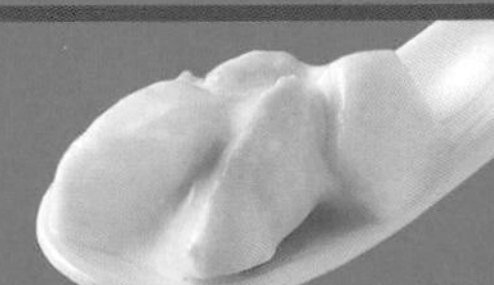 蛋白切成1cm塊狀，拌蛋黃優格，用蛋黃拌的蛋白最適合用牙齦咬碎	 切成1cm塊狀後蒸熟，用牙齦能咬碎的軟硬度	 煮熟大塊南瓜後，搗碎成1cm大小，用牙齦能咀嚼的塊狀	 煮熟後切成8～9mm大 勾芡，柔軟滑溜而容易
 拍打肉來破壞纖維，切成1cm大小油炸，用牙齦能咬碎來吃	 切半，在蛋白凹洞裝滿蛋黃優格，用牙齦能咬的一口量，可練習咬食	 切成1.5cm大小後煎香，用牙齦正好能咬碎的軟硬度	 切成1~2cm大小的薄片，油炸或油煎，用牙齦能咬碎的帶皮南瓜	 煮熟後切成1cm以上大 勾芡，雖然較大塊 但軟硬度和前期一

目錄
CONTENTS

● 編審・指導
營養學博士・管理營養師
上田玲子醫師
在二葉營養專門學校、山梨大學醫學部教授小兒營養學及應用營養學。除了編審《第一胎的斷奶食物》（主婦之友社）之外，還提供專家閱讀的編著書《孩子的飲食生活與保育─小兒營養》（樹村房）等。在育兒月刊雜誌《Ｂａｂｙ－ｍｏ》也有投稿。

● 指導
順天堂大學醫學部・小兒科副教授
清水俊明醫師
順天堂大學醫學部畢業。進入該校附屬醫院小兒科後，對小兒的營養與消化器疾病產生興趣，而攻讀研究所及留學瑞典、澳洲至今。現行的「修訂《斷奶的基本》」的製作成員。

● 料理（依照五十音順序）
石澤清美老師
上田淳子老師
檢見崎聰美老師
Ｔｏｍｉｔａ　Ｓｅｔｓｕ子老師
夏梅美智子老師
野口真紀老師
藤平聞子老師
村上祥子老師
矢崎美月代老師

PART 2

PART 3

PART 4

解決疑問篇

完全解決斷奶食物的「不了解！」「困惑！」

解決嬰兒能吃的食物・不能吃的食物解決疑問Q&A

PART 5

特別篇

遇到這種情形應準備些什麼？

「特別日子」「生病時」的特別斷奶食物

本書的用法

1 斷奶食物進行法的時期以下表來表示。

2 菜單附有如下營養記號。

- 熱量來源食物群 （穀物、芋薯類、香蕉等）
- 維生素・礦物質來源食物群 （蔬菜、水果、海藻等）
- 蛋白質來源食物群 （肉、魚、蛋、乳製品、大豆製品・豆類等）

3 其他烹調的注意事項

- 1大匙=15ml、1小匙=5ml、1=200ml。
- 未特別說明時，食譜的份量均為1次份。
- 微波爐的加熱時間是以500W的機種為基準，視情況斟酌。
- 有時會把Babyfood（嬰兒食品）簡寫成「ＢＦ」。
- 在做法中記載「牛奶」時，是指用規定量的熱水沖泡育兒用奶粉而成。

PART 1

基本中的「基本」
從只會吞嚥期到幼兒食品．零食

基本的想法&進行法

「斷奶食物」一詞並不常聽到，
究竟是指什麼？如何烹調？
首先解說嬰兒需要斷奶食物的
基本理由與方法。

何謂「斷奶食物」？

很多人可能是當媽媽之後才聽說「斷奶食物」一詞吧？這是什麼？為何要吃？非吃不可嗎？以下回答這些很基本的疑問！

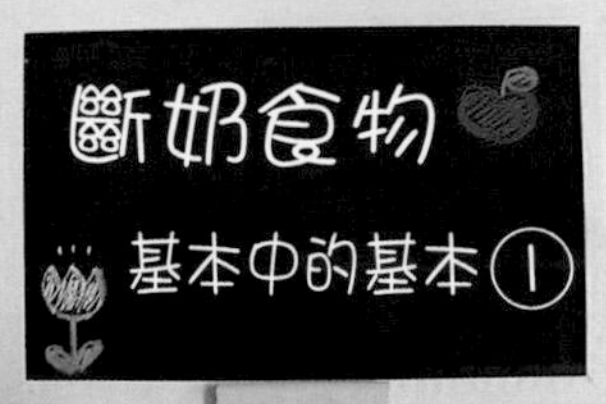

斷奶食物對嬰兒有何意義？

為了成長而補充營養

練習吃固體食品

培養咀嚼力

從母乳、牛乳到固體食物重要的練習

嬰兒不能突然吃大人食物

出生後的嬰兒，需要仰賴喝母乳或牛乳成長。因為對身體尚未成熟的嬰兒來說，這些食物是最好的營養來源。

但是嬰兒每天在成長，如果只喝母乳或牛乳，不久之後，營養素就會不足。即使如此，對原本只熟悉液體的嬰兒，也不能突然餵食固體食物。所以，要視消化能力或咀嚼力的發育情況，從液體逐漸改為固體食物，讓嬰兒練習咀嚼、吞食。這是斷奶食物的重要目的。

改變烹調的形態，增加次數、量、餵食食物數

提到斷奶食物，常可看到「進行」一詞。這是配合嬰兒的咀嚼力與消化能力的發達情況，來改變烹調的形態、軟硬、大小、增加次數或量。但並非進入基準的月齡後非這麼做不可，而是觀察嬰兒的狀態，依照嬰兒的步調來進行為原則。首次餵食嬰兒斷奶食物時，媽媽會因不知所措而緊張，但盡量放鬆心情，慢慢教導寶寶吃的喜悅與樂趣。

本書如下稱呼斷奶初期～結束期

斷奶初期（5～6個月大時期）是練習吞嚥接近液體的斷奶食物，因此稱為「只會吞嚥期」。中期（7～8個月大時期）是以舌、下顎壓碎柔軟的顆粒或固體食物來吃的「含住壓碎期」。後期（9～11個月大時期）是練習慢慢以牙齦咬碎來吃的時期，因此稱為「輕度咀嚼期」，結束期（1歲～1歲3個月大時期）是能用牙齦咀嚼來吃的「用力咬嚼期」。如此「斷奶食物」就完成階段任務了。

斷奶食物是持續一生「食」的開始

咀嚼練習是斷奶食物的重要目的。但並非僅此而已。斷奶食物是今後持續一生「飲食生活」的開始。這也是吃的樂趣或飲食文化的傳承。

進行方法
為何有規則？

因為嬰兒不僅消化功能連整個身體都尚未發育成熟所致

嬰兒是「大人的縮小版」？不，連內部都尚未成熟

可能有很多媽媽會覺得「規定那麼多好麻煩」、「同樣都是人，難道不能和大人一樣嗎？」

的確，嬰兒和大人同樣是人，但其「身體內部」卻和大人完全不同。

就以胃的構造來說，大人的胃是入口細小如袋子橫躺的形狀，而嬰兒的胃則像裝清酒的小酒壺般的筒形。所以，嬰兒胃中的食物容易外流，容易吐的理由也在此。

由口進入的食物是藉由「蠕動」從胃送到腸，這種蠕動到1歲大時還不夠發達，據說不到大人一半的水準。而且，嬰兒分解食物所需的各種「消化酵素」的分泌也不充分。

雖然必要的「零件」都齊全，卻都尚未發育完成而無法充分發生作用，這就是嬰兒。

嚴禁粗心大意，因仍處在「幼兒食物」的時期

好惡明顯。但不要放棄，繼續烹調端上餐桌

各種消化酵素的分泌接近大人

小腸發達，從1歲半左右起食物過敏症狀多半就會告一段落

免疫功能發育不完全

消化酵素不充分

腸內細菌尚未發達

（身高）
130cm
100cm
50cm

19kg	15～16kg	13～14kg	12kg	9kg	3kg	體重（約）
5歲	4歲	3歲	2歲	1歲	0歲	年齡

確切的資料

嬰兒首先分泌消化酵素使「母乳」容易分解

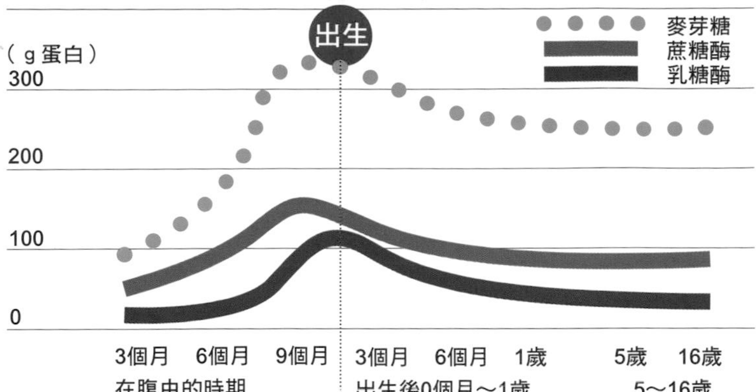

「乳糖」是碳水化合物之一，在母乳、牛乳中含量豐富。在嬰兒時期，以超過大人的水準分泌分解乳糖的酵素（乳糖酶）。

消化酵素與大人水準相同還需要一段時間

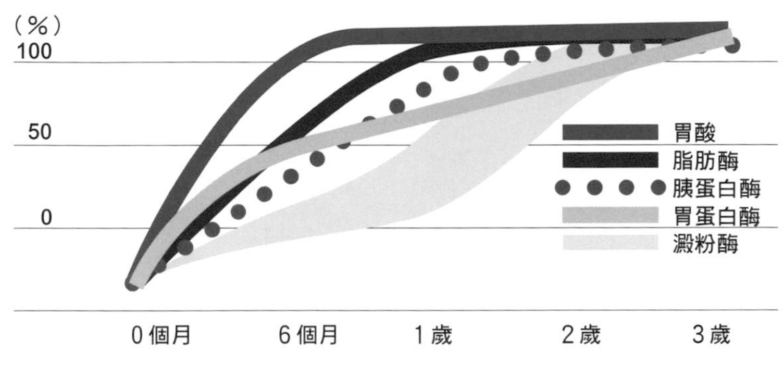

從膽囊或胰臟等分泌各種消化酵素。例如，分解澱粉的澱粉酶是由胰臟負責。但新生兒期幾乎不分泌。之後慢慢上升，到了3歲才達到與大人相同水準。除此之外，消化酵素也大致在3～4歲才與大人一樣穩定。

嬰兒對細菌的抵抗力較弱

此外，還有另一個很大的差異。就是嬰兒的免疫功能不全，也就是對病原體、毒物的抵抗力弱，包括胃或腸都一樣。為了防禦來自腸的感染，腸內的益菌（比菲德氏菌等）扮演重要的角色，但具備這些細菌也是在幼兒期以後。在此之前，些微的細菌就可能會引起食物中毒而導致重症。

當然，身體的功能會隨著成長而愈來愈完備。但達到與大人大致相同水準大約是8歲！在此之前，必須配合孩子的未發育完全，以及咀嚼或消化器官的發育階段來準備飲食。這些就是所謂的斷奶食物或幼兒食物。各種規則都是為了保護嬰兒尚未發育完全的身體的重要「規定」。

「能與大人吃相同的食物」大約在8歲！？

嬰兒的體內不能像身高或體重般來測量或觀察。其功能與大人不同，都尚未發育完全。不僅胃、腸，包括腎臟或肝臟的功能在內，要達到所謂「發育完全」的意義是在8歲。亦即，在念小學低年級前，飲食都必須謹慎。

外食或市售品等最好儘量避免。當然，現實上可能很難做到。

斷奶食物

基本中的基本③

為何乳幼兒期有能吃的食物與不能吃的食物？

關鍵在於嬰兒「消化功能的發達」

與大人不同之處 1 硬的食物不能咀嚼或吞嚥

嬰兒不能突然吃固體食物。必須考慮咀嚼的發達或長牙狀況。能真正咀嚼的時期是在長齊上下乳臼齒，可以咬合的2歲半～3歲以後。

因此 要以嬰兒「能吞食的形狀」選擇容易烹調的食材

能「餵食的東西」的條件，是指能用嬰兒小又未長牙的口能吞嚥的食物。

最初之所以常用米或搗碎的芋薯類等，原因之一是這些食材容易弄成稀爛狀。

與大人不同之處 2 比大人不耐細菌

嬰兒對細菌的抵抗力非常薄弱，即使經由食物進入體內的細菌量很少，也可能會引起食物中毒而導致重症。尤其是斷奶食物，因需要搗碎或切碎，故感染細菌的機會也較多。

因此 食材必須加熱為「鐵則」

餵食嬰兒的食材全都要煮熟（或以微波加熱）；烹調時手也要洗乾淨；烹調器具也要仔細洗淨，用熱水、曝曬消毒、乾燥殺菌等方式。烹調時，動作要迅速確實，這樣細菌就沒有附著的機會，而且一做好馬上餵食也是重要的「規定」。

與大人不同之處 3 不易消化蛋白質

嬰兒的小腸黏膜尚未發育完全，而小腸黏膜的功能是消化、吸收，因此被分解的食物會以大分子的狀態被吸收。蛋白質容易引起食物過敏反應的理由在此。即使沒有過敏體質的嬰兒，負擔也一樣大。成長不可欠缺的蛋白質如果超過必要量，就會增加腎臟的負擔。

因此 最初從澱粉開始餵食 蛋白質則必須遵守其「順序」

米或芋薯類等碳水化合物（澱粉）不只容易煮熟爛，也是消化器官尚未發育完全的嬰兒容易消化吸收的營養素。所以，斷奶食物也從這類食物開始。

另一方面，蛋白質雖然不易消化，卻是成長不可欠缺的營養素。因此，原則上要「遵守順序，視情況少量餵食」。最初以油脂少的豆腐等植物性蛋白質、白肉魚等為主。食材必須加熱的目的之一是預防食物中毒，但另一個目的則是為降低食物具有的過敏原。而且，蛋白質如果經過加熱，就連嬰兒未發育成熟的腸也不會排斥。

▲ 分解澱粉
● 分解蛋白質
■ 分解脂肪
▼ 分解乳酸、蔗糖

腎功能尚未成熟 鹽分是很大的負擔

腎臟的工作是把體內不需要的物質排出體外，但排除時需要熱量，而最需要熱量的是排除蛋白質與鹽分的工作。出生後6個月大嬰兒的腎臟功能只有大人的一半，因此過多的鹽分會對嬰兒的腎臟帶來很大的負擔。

因此

食物淡味是基本原則 加工食物因鹽分多必須注意

「斷奶食物的基本原則是淡味！」的理由在此。1歲前的鹽分基準量是1餐0.45公克。食物本身通常也含有鹽分，因此斷奶食物不必調味。就算要調味，也是以不增加負擔的「淡味」為原則。火腿等加工食物因鹽分含量多，因此請注意。

與大人不同之處 5

油膩食物比大人更易「消化不良」

母乳中的脂肪容易被消化吸收，而食物中的脂肪，對乳幼兒的消化功能來說則是很大的負擔。這是因分解脂肪的消化酵素分泌尚不充分所致，因此不易被吸收，可能造成乳幼兒的糞便過稀或引起腹瀉。此外，脂肪留在胃的時間長，嬰兒也會感到「脹」，有時甚至會引起嘔吐。

因此

從脂肪成分少的食材開始

食物所含的過剩脂肪，對嬰兒完全無益。魚或肉等，建議也從脂肪成分少的食材開始。炒食或炸食等使用油的料理，最早也要從輕度咀嚼期開始，大部分是從用力咬嚼期再開始。

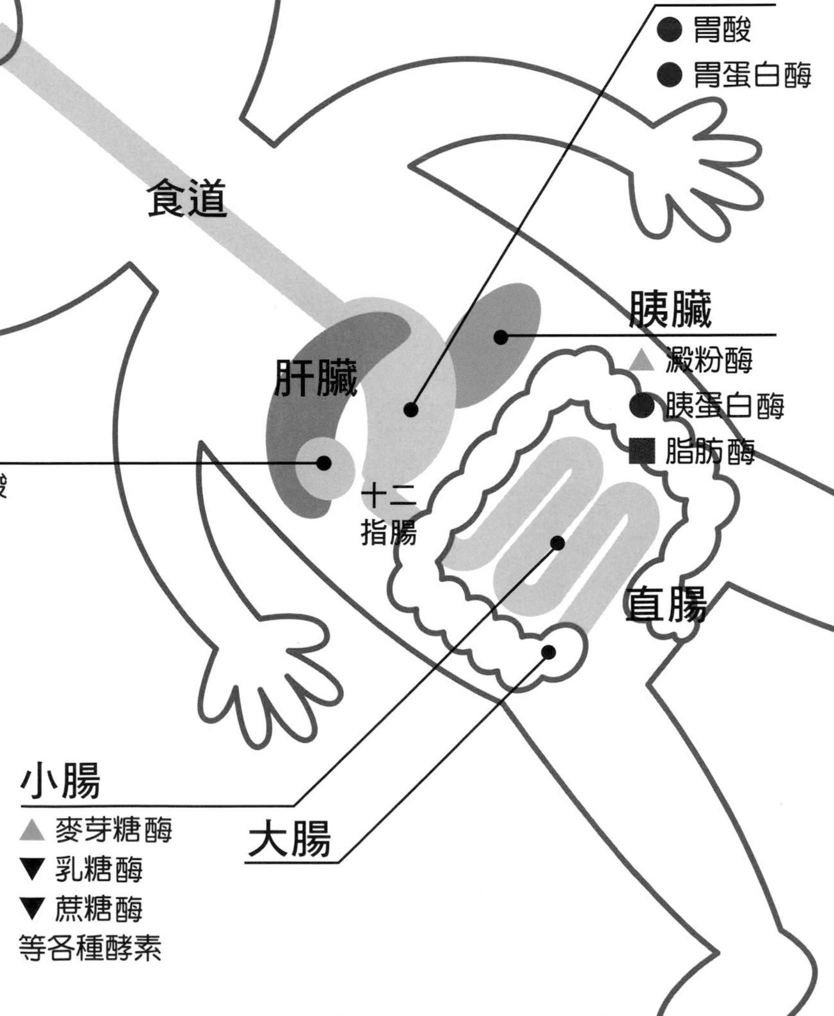

消化吸收是很長久的過程

胃的主要任務是把口咬碎的食物再磨碎，然後一點一點少量地送到十二指腸或小腸。被磨碎的食物主要在十二指腸與各種消化酵素會合，再被分解為小的分子，經小腸的黏膜被身體吸收。未被消化吸收者，就與糞便一起排出。

在乳幼兒期如何考量「營養均衡」？

輕鬆組合3種基本食物群

想法簡單主食＋副菜為基本

姑且不論只會吞嚥期前期的「斷奶食物」如何，但從只會吞嚥期後期以後，營養均衡變得非常重要。即使如此，想法也很簡單。從左圖的3種食物群中，各選出1種以上的食物加以組合製作斷奶食物即可。搭配主食＋蛋白質的副菜、蔬菜的副菜等菜單，營養自然就能均衡。

理想的狀態是每餐均衡攝取，但現實上卻不容易辦到，因此也不必過度勉強。以1天為單位，或以2～3天的整體飲食來保持均衡即可。

舉例來說，在繁忙的早晨，如果只吃香蕉與牛乳，晚餐就準備蔬菜較多的菜單。

各食物群的特色為何？

熱量來源食物，顧名思義，是活動身體以產生體溫的食物群。以汽車來說，就是汽油。

維生素、礦物質是調整身體狀況必要的營養素，對成長中的嬰兒來說非常重要，但基本量並不需要太多，準備看起來色彩豐富的菜單即可。例如，黃、紅、綠（黃綠色蔬菜）、白（淡色蔬菜）、黑（海草・菇蕈類）等。

蛋白質能塑造肌肉、骨骼及臟器等使嬰兒身體快速成長，也是酵素、荷爾蒙或相關免疫物質的基本。輕度咀嚼期以後的嬰兒容易缺乏鐵質，因此可餵食肝類或瘦肉、牡蠣、大豆粉等鐵質含量多的食物。

調整身體狀況

維生素、礦物質來源食物

蔬菜　海藻類　菇蕈類　水果等

這是富含調整體質的維生素、礦物質的食物群。顏色深的黃綠色蔬菜，胡蘿蔔素的含量特別豐富。油菜或羊栖菜等所含的鈣質是塑造身體的重要營養素。

→在本書的食譜中是以●色來標示

產生精力或體溫

熱量來源食物

穀類　芋薯類
香蕉等

這是富含產生精力或熱量的「醣類」食物群的來源。通常被作為主食，而油脂因能轉化為身體的熱量來源，也被歸屬於這一群，但對嬰兒的身體負擔太大，因此極為少量即可。

→在本書的食譜中是以●色來標示

瞭解基本原則開始實行快樂的斷奶食物！

成長不可欠缺的營養素

蛋白質來源食物

肉　魚　蛋
乳製品等

這是嬰兒或幼童成長不可欠缺的營養素——蛋白質的食物群。豆腐等植物性蛋白質，以及魚、肉、乳製品、或蛋等動物性蛋白質，可組合搭配，均衡攝取。

→在本書的食譜中是以●色來標示

PART1

基本中的「基本」

練習閉嘴吞食

只會吞嚥期的進行法

斷奶初期・5～6個月大時期

只會吞嚥期

前期

5個月左右

最初與液體大致相同，製作沒有顆粒柔軟稀爛狀的斷奶食物，從1匙開始慎重地慢慢增加。

這個時期的營養是

90% 母乳、牛乳 10% 斷奶食物

斷奶食物時間是1天1次。可決定於上午或下午。以下表為例，一般來說，如果上午就是10點，下午就是2點或6點。

「吃＆喝」時間表例

22:00	18:00	14:00	12:00	10:00	6:00
牛乳或母乳	牛乳或母乳	牛乳或母乳	果汁（不餵食也沒關係）	斷奶食物＋牛乳或母乳	牛乳或母乳

吃1次的情形

=斷奶食物 =牛乳或母乳 =果汁

☆12：00的果汁是為了之後餵食斷奶食物的準備。

進入出生後5個月左右斷奶食物就從米粥開始

原則上，大約是出生後5個月左右，嬰兒才能接受斷奶食物。進入5個月後，觀察嬰兒身體狀況良好、心情好的日子開始實行。

如果頸部穩定，可支撐時就能坐著。看見大人吃東西時，就會動口而表示想吃的舉動，還有會流很多口水等信號。其實，不到5個月也可以開始斷奶。但如果太早開始，對嬰兒的身體會帶來很大的負擔；因此，最早也得從出生4個月過後再開始，但最遲也要從6個月半開始實行斷奶食物。

最初餵食的斷奶食物是容易消化吸收的米粥。把水分多的10倍濃稠米粥搗碎成稀爛、不殘留米粒（參照P52基本技巧）。

把餵奶時間中的1次改為斷奶食物時間

最初從1天1次開始。把餵奶時間的1次改為斷奶食物時間。餵奶時間一到，嬰兒肚子就會餓；大人也一樣，在空腹時吃東西感覺最美味，因此就會吃下去。

避免在深夜或一大早，應選在媽媽較為空閒的時段。一旦決定斷奶食物的時間就要遵守，保持規律的節奏。

做成容易吞食的柔軟稀爛狀

在米粥方面，因水分多，原則上是將食物煮成稀濃湯般的軟硬度，也就是以湯匙舀起、傾斜湯匙時就會滴下的程度即可。在蔬菜方面，煮熟後過濾，或搗碎成柔滑狀態。為了容易吞嚥，有些食物需要使用太白粉水勾芡。

因為這個時期的嬰兒，口部周圍的肌肉尚未發達；舌頭也只能前後活動。因此，要先用上唇吸入稀爛狀的斷奶食物，再利用舌頭送入喉嚨深處吞食。

通常，剛開始會發生餵入的斷奶食物、因嬰兒不會閉唇而滴下來，無法順利吞下的情形。此時，就用湯匙接住再餵，讓孩子練習閉唇吞

從斷奶開始到2週間的進行原則

最初從米粥等1種1匙開始。第2天也是相同食物1匙。第3天即可改為2匙，如此逐漸增加。嬰兒習慣米粥後，就可以加入蔬菜，也是從1匙開始逐漸增加。習慣米粥與蔬菜後，就可以再加入植物性蛋白質食物──豆腐1匙，然後逐漸增加，如此搭配3種食物，讓嬰兒習慣斷奶食物。

所謂1匙，就是「1小匙」

1小匙就是5ml。如果是斷奶食物專用湯匙，就是數匙。

第幾日	1	2	3	4	5	6	7	8	9	10	11	12	13	14	15
熱量來源食物群	1	1	2	2	3	3	3	增加到5～6匙							
維生素、礦物質來源食物群						1	1	1	2	2	2	逐漸增加			
蛋白質來源食物群											1	1	2	2	2

保持「水平」為要點

不要用湯匙摩擦上唇！

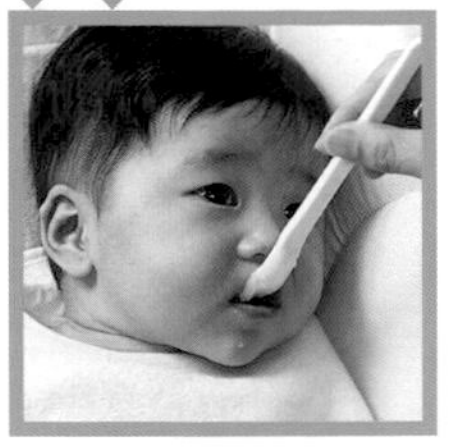
這樣就無法讓嬰兒練習自己吸入斷奶食物。

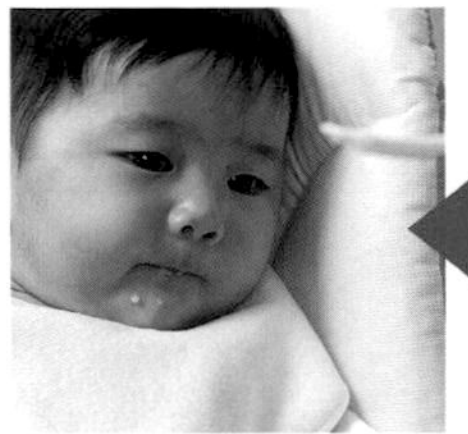
4.慢慢地抽出湯匙。

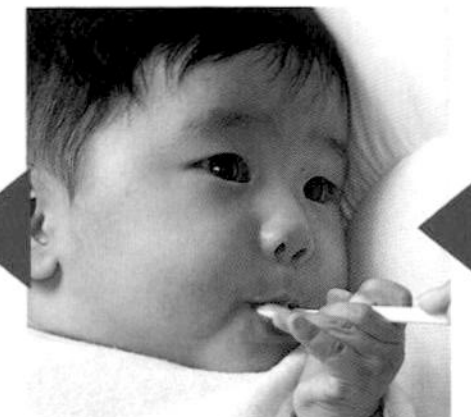
3.上唇自然放下而想吸入斷奶食物。

2.一張口就把湯匙水平地放在下唇。

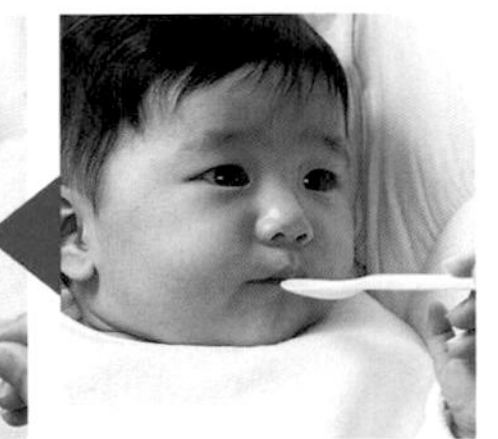
1.以湯匙輕輕碰觸下唇來傳送信號。

使用湯匙的餵法

促使斷奶食物順利吞下的口部動作很重要。湯匙與下唇要保持水平，嬰兒就會用上唇把湯匙中的斷奶食物吸入口中。

食。此外，斷奶食物以淡味為基本原則。這個時期不要調味，只吃食物的原味。

餵完斷奶食物後的餵奶孩子想吃多少就餵多少

這個時期，斷奶食物是和餵母乳、牛乳搭配餵食的。基本上，餵完斷奶食物後，孩子想喝多少母乳、牛乳就餵多少。如果斷奶食物吃得較多，餵奶量就減少；如果斷奶食物吃得較少，餵奶量就增加。以斷奶食物與餵奶來補充必要的營養，這個規則要一直持續到斷奶食物結束。一般而言，隨著月齡增加，斷奶食物後的餵奶量也會自然減少。

食物的種類少也沒關係

這是適應斷奶食物的時期

只會吞嚥期的前期是適應斷奶食物的時期。如果要餵食新的食物，就從1匙開始，視情況再稍微增加，讓嬰兒習慣為原則。所謂視情況，就是觀察孩子吃的狀況、食用後皮膚或糞便有無變化等。

因此在前期，不需要增加太多種類的食物。等到剛開始的1個月，完全習慣斷奶食物後，就改為吃2次。

範例菜單（吃1次）

這是第3～4週間的菜單範例。以攝取蔬菜與水果為基本原則。下頁（只會吞嚥期後期：第1次）以後，也會使用「米」「豆腐」「橘子」「蕃茄」，因此請注意形態的變化！

搗碎的米粥

橘子風味豆腐

蕃茄糊

作法

搗碎的米粥
作法：
把10倍濃稠米粥（參照P48）30g搗碎成稀爛。

橘子風味豆腐
作法：
把嫩豆腐25g過濾，加入剝除薄膜的橘子5g後搗碎成稀爛。

蕃茄糊
作法：
把去籽去皮的蕃茄果肉10g搗碎成稀爛。

即將改為吃2次

在此之前嬰兒會有這些舉動

- 能順利吞下濃湯狀的斷奶食物。
- 在主食米粥之外，也能吃蔬菜類及豆腐等蛋白質來源的食物。
- 喜歡吃1天1次的斷奶食物。

只會吞嚥期前期

基本食材1次量&軟硬、大小的基準

（1次量是使用各食物群1種時的基準量）

蛋白質來源食物

白肉魚　5g

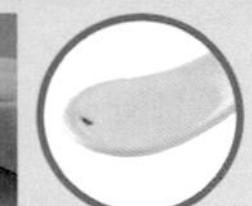
纖維完全消失，稀稀的勾芡而變得柔滑。

蛋黃　2/3個以下

把煮熟的蛋黃用熱水調開，加少量搗碎的米粥混合。

豆腐 25g

原味優格 55g
（鮮奶則是67g）

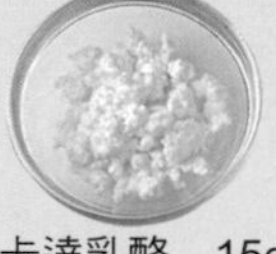
卡達乳酪　15g

維生素、礦物質來源食物（蔬菜＋水果）

蔬菜

南瓜　10g

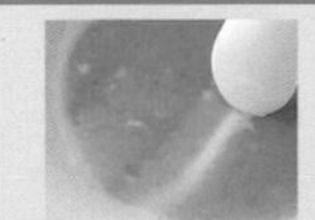
水分多，因此用湯匙畫線時會馬上消失。

紅蘿蔔　10g

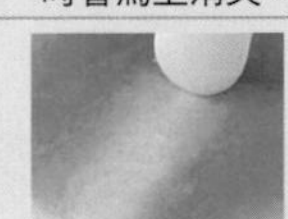
水分多，稀軟的濃湯狀。

菠菜　10g
☆其他蔬菜也同量

因過濾後勾芡，故不留纖維。

水果

蘋果　5g
☆其他水果也同量

煮軟後過濾，用冷開水調稀就容易吞嚥。

能量來源食物（主食）

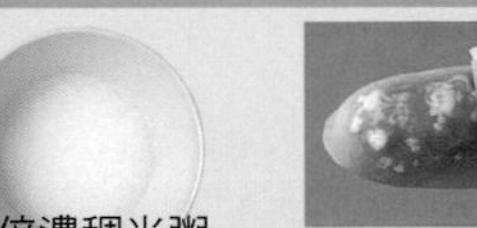
10倍濃稠米粥
搗碎　30g

濃度稀，含在口中感覺清爽。沒有顆粒。

開始時米粥搗碎成稀爛
最初的米粥水分多而稀。以湯匙舀起傾斜時就會滴下。

馬鈴薯 15g

煮熟後搗碎成柔軟，用煮汁或高湯調稀。

後期

6個月左右

能高明吞食。減少水分，
煮成濃稠狀，
斷奶食物次數也增為2次。

這個時期的營養是

80% 母乳、奶粉　20% 斷奶食物

「吃＆喝」時間表例

把餵奶時間的另1次，當作斷奶食物時間而變成餵食2次。設定第1次與第2次連續，或在中間插入餵奶時間亦可。只要媽媽容易遵守即可。

6:00　10:00　12:00　14:00　18:00　22:00

斷奶食物後的餵奶是想喝再餵！

（不餵食也沒關係）

改為吃2次

＝斷奶食物　＝牛乳或母乳　＝果汁

☆12:00的果汁是為了之後餵食斷奶食物的準備。

完全習慣斷奶食物後就開始一天餵食2次

經過1個月，習慣斷奶食物後，就改為一天吃2次。除以前的斷奶時間之外，再將1次的餵奶時間改為斷奶食物時間。

但次數增為2次後，也不必突然把量加倍。如果嬰兒吃不完，就配合其食量即可，所以第2次是第1次的半量以下也沒關係。從1/3～1/2量開始，習慣吃2次的節奏後再增量。

減少水分煮成濃稠狀

首先要煮成柔軟，沒有塊狀，再稍微減少水分，煮成濃稠狀，這時期要將斷奶食物的濃度變濃，也就是增加其軟硬度。

不易吞食的食材，可用太白粉水勾芡就容易吞嚥。添加原味優格或搗碎香蕉般濃稠的食材等，作法簡單又能變化味道，可謂一舉兩得的方法。也可利用濃稠的米粥。

這個時期不加調味而且要非常淡味

基本上，斷奶食物要調成非常淡味。因為鹽分對嬰兒未成熟的腎臟會增加負擔，因此盡量吃食物的原味，不調味最理想。在只會吞嚥期，尤其不要調味。大人試吃不調味的斷奶食物時可能會覺得太淡，但嬰兒的感覺卻不同。柔軟而容易通過喉嚨吞食的食物，嬰兒才會覺得美味。

此時期還不能吃肉

為了避免增加嬰兒內臟的負擔，以及預防過敏，必須遵守吃蛋白質來源食物的順序與量等規則。

肉類含多量脂肪，因此在只會吞嚥期不能吃。魚的脂肪少，因此可以吃不必擔心過敏的真鯛等白肉魚或吻仔魚。但是「鱈魚」例外，可能會引起過敏，故在只會吞嚥期不要餵食。此外，在左頁的表所列出的蛋白質來源食物也能作為使用的參考。

基本上嬰兒想吃多少就給多少

斷奶食物基本中的「基本」是以嬰兒為主來進行。吃的量只是一種

範例菜單（吃2次）

改變主食食材就能簡單改變菜單。柔軟的香蕉甜又容易吞食，
成為有人氣的主食。加熱後味道更濃。

第2次

南瓜優格

作法：
原味優格55g，加煮軟的南瓜（去皮）15g與桃子5g，一起搗碎成醬。

香蕉泥

作法：
香蕉25g，搗碎，加適量的水調開，用小火煮成濃稠。

第1次

搗碎的米粥

作法：
把7倍濃稠米粥（參照P 52）40g搗碎。

橘子風味豆腐

作法：
把嫩豆腐50g迅速汆燙後搗碎，加搗碎的橘子5g。

搗碎的蕃茄

作法：
全熟蕃茄果肉15g，去籽去皮，搗碎成稀軟狀。

參考標準，實際上還是得要依嬰兒的食慾而定，原則上想吃多少就給多少。

但是對身體負擔較大的蛋白質食物來源，就要遵守基準量，以基準量程度慎重逐漸進行來讓嬰兒習慣。

糞便的狀況有時會改變

開始食用斷奶食物後，排便次數會增加，有些嬰兒可能會便秘或腹瀉。

這是因以往只喝母乳或牛乳的嬰兒，開始吃斷奶食物後，使腸內細菌的狀態改變所致。只要孩子心情好、有食慾，體重順利增加，就不必擔心。等嬰兒習慣斷奶食物後，糞便的狀態也會穩定下來。

吃斷奶食物不久後所引起的便秘，可能是母乳或牛乳等乳汁量減少而導致水分不足。此時，只要多攝取水分就能消除。

利用嬰兒食物或冷凍食物

斷奶食物吃的量少，又要煮軟過濾，很花工夫。如果媽媽花太多時間烹調斷奶食物而忽略與寶寶快樂共度的時間，那就本末倒置了。

既能提高斷奶食物的品質又省事的方法有2種。

一種是利用市售的嬰兒食物（參照P106）。如果以自製斷奶食物為主，可利用嬰兒食物的湯類、醬類、磨碎蔬菜等。有些食物只要加熱就能吃，嬰兒食物的軟硬度可做為自製斷奶食物的範例。

另一種方法，是活用冷凍食物（參照P122）。斷奶食物不一定要現吃現做，也可一次整批做好，冷凍起來備用，就能省時又省事。冷凍食物最值得推薦的是主食的米粥。米粥多煮一些比較美味，而且冷凍後也不會影響味道。

此外，磨碎的蔬菜類或燙煮白肉魚、去鹽的吻仔魚等分成1次量冷凍，就能隨時取用，非常方便。麵包冷凍保存就能保持剛出爐般的美味。

吃的功能提高！Up!

餵食薄的嫩豆腐
練習用舌壓碎來吃

能吞下斷奶食物後，即可餵食嫩豆腐。薄薄地用湯匙舀起，放在嬰兒的下唇，嬰兒就會用上唇吸入，用舌與下顎壓碎來吃，如此能促進吃的功能的發達。

即將進入含住壓碎期

在此之前
嬰兒會有這些舉動

- 能活動嘴吃水分減少而濃稠的斷奶食物。
- 主食與副菜合計1次幼童能吃飯碗一半左右的量。
- 快樂地吃2次斷奶食物。

只會吞嚥期後期

基本食材1次量＆軟硬．大小的基準

（1次量是使用各食物群1種時的基準量）

蛋白質來源食物

白肉魚　10g

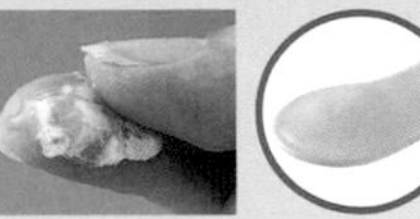
煮熟後搗碎，勾芡成黏稠。

蛋黃　2/3個以下

用搗碎的米粥把煮熟的蛋黃調成柔軟膨鬆狀。

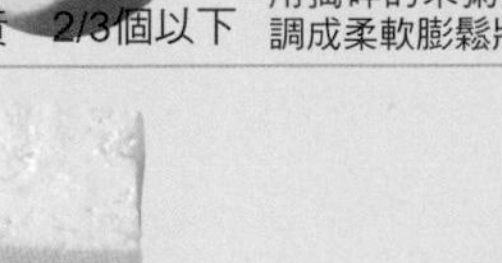

豆腐 25g

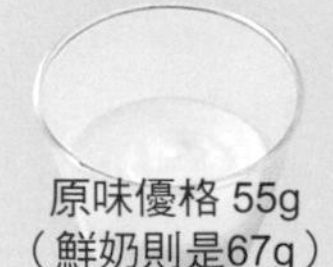
原味優格 55g
（鮮奶則是67g）

卡達乳酪　15g

維生素、礦物質來源食物（蔬菜＋水果）

蔬菜

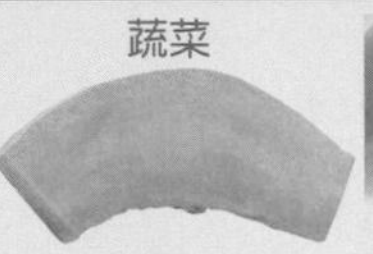

蔬菜─南瓜　15g

減少水分變濃，用湯匙畫線時不易消失

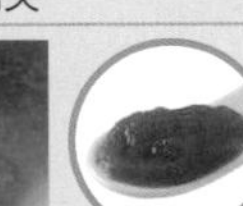
紅蘿蔔　15g

煮軟後磨碎，用太白粉水勾芡成蕃茄醬狀。

菠菜　15g
☆其他蔬菜也同量

把煮熟的葉尖磨碎，用太白粉水勾芡成膨鬆柔軟。

水果

蘋果　5g
☆其他水果也同量

煮軟磨泥，感覺膨鬆。

熱量來源食物（主食）

7倍濃稠米粥搗碎
40g

水分減少而感覺膨鬆的柔軟美乃滋狀。

馬鈴薯　25g

煮熟後搗碎，用煮汁或高湯調稀。

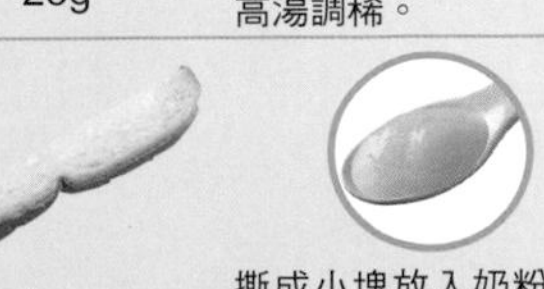
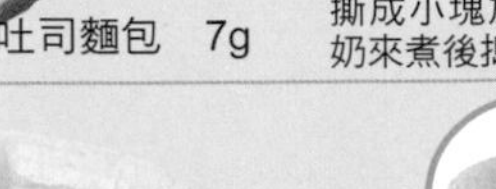
吐司麵包　7g

撕成小塊放入奶粉、鮮奶來煮後搗碎。

香蕉　20 g

磨成黏稠狀，用冷開水調稀。

只會吞嚥期的基本 Q&A

開始斷奶時期，有些媽媽可能因太認真、太緊張，
以致於受到一點挫折就會喪氣。其實，習慣了，就不會放在心上。
只要斷奶食物的軟硬度或餵食的時間正確，就沒問題。

Q 把口中的米粥吐出來

我細心煮好米粥又搗碎來餵孩子，可是卻不愛吃，吃進口中又吐出來。這種情形一直持續，怎麼辦？（5個月大）

A 將食物煮成完全柔軟較稀的濃湯狀

嬰兒最初不會順利閉唇，因此會從嘴角滴下。此時用湯匙接住再送入口，孩子就會記住閉唇而吞下。如果這樣還不行，就煮成接近液體的稀米粥，混入母乳或牛乳等熟悉的味道來餵食。

也有可能是因為稍帶顆粒而不喜歡，所以，要把米粥仔細搗碎成較柔軟狀態，也可利用完全柔軟的市售嬰兒食物。

用小型打蛋器與磨缽搗碎

米粥先用磨缽搗碎，再用小型打蛋器攪拌，就能簡單做出柔滑的米粥。

Q 餵奶時間不一斷奶食物也要配合嗎？

我的孩子喝母乳的次數及時段每天都不同，讓人非常困擾。餵奶時間不定，斷奶食物時間是否也要配合餵奶時間或次數來調整？（5個月大）

A 首先應固定斷奶食物時間

完全相反。首先應定出斷奶食物時間，每天在同一時間餵食，然後配合這個時間來調整餵母乳的時間與次數。一旦決定斷奶食物的時間就不要改變。斷奶食物時間規律後，生活節奏自然形成。不要讓這種節奏亂掉，餵母乳的時間與次數也會逐漸固定下來。

Q 不愛吃斷奶食物而想喝牛乳

我的孩子已經開始吃斷奶食物，但每次吃一口就閉嘴開始哭著要喝牛乳。不餵奶就哭不停，可以先餵牛乳嗎？（6個月大）

A 提早餵食，孩子就不會肚子太餓

重新思考吃斷奶食物的時間。嬰兒太餓時，就會沒有耐心慢慢地吃斷奶食物，而且偏愛能簡單喝下又已經習慣的牛乳。可把斷奶食物的時間提早30分鐘，在孩子還不太餓時就慢慢餵食。

Q 討厭吃米粥而不吃

我的孩子吃斷奶食物，但卻討厭吃重要的米粥。即使煮成黏稠狀，加入果汁，還是不吃。只要勉強送入口中就會哭泣，該怎麼辦？（6個月大）

A 可嘗試其他各種熱量來源的食物

如果把米粥完全搗碎也不吃，就不要勉強。可當作這是孩子學習適應各種味道的好機會，餵食其他熱量來源食物以代替米粥也沒關係。把香蕉或麵包、馬鈴薯或蕃薯等做成稀爛的柔軟狀來餵食。也可參考左頁的菜單。

不要因此就斷定孩子不吃米粥。嬰兒會隨著發育而改變口味，因此偶爾還是嘗試餵食看看。

香蕉泥

把香蕉搗碎成柔軟狀，加牛乳或鮮奶調成濃稠狀，煮熱，或在微波爐加熱。

馬鈴薯泥

把煮熟的馬鈴薯搗碎成柔軟狀，用嬰兒食物的蔬菜湯調稀就容易吞嚥。

Q 還未開始吃斷奶食物

我的孩子因為感冒而未開始吃斷奶食物。開始得太遲有沒有關係嗎？（6個月大）

A 盡量在6個半月大左右就開始

出生7個月大後，儲存在嬰兒體內的鐵質（在胎內時是取自母體）就會不斷減少。因此最遲也要在6個半月大開始吃斷奶食物，從食物中吸收鐵質很重要。此外，如果7個月以後才開始，斷奶食物就不易順利進行，而且有可能影響咀嚼力。孩子因感冒而延遲開始是沒辦法的事，但盡量在出生後6個半月大就開始。

參考別家寶寶的斷奶食物時間

最有人氣的菜單還是最普遍的米粥。
其次是南瓜、蕃薯、紅蘿蔔等，
帶有甜味而色彩鮮豔的蔬菜似乎較受歡迎。

只會吞嚥期前期嬰兒

最初會張口吃，但很快就吃膩！

■媽媽的話　打算在5個半月大時開始餵食斷奶食物。但發現孩子看大人吃飯的模樣也想吃，餵食時也開心地張口吞下，於是開始斷奶食物，現在已是第10天。菠菜等一開始吃得很開心，但很快就吃膩，而且一吃膩了，就不再張口。

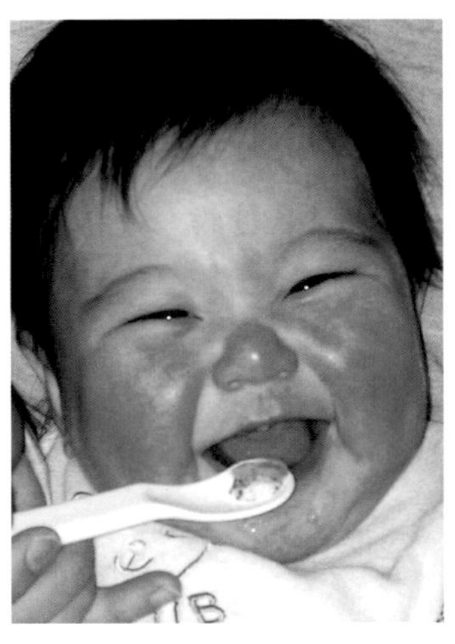

● 佐藤結衣寶寶（5個月大）●

身高	64cm
體重	7400g
1天的餵奶	母乳10分鐘×2次、奶粉160ml×3次

醫師的建議

進行法沒問題
並非「吃膩」而是「吃累」

米粥加蔬菜、豆腐，在營養均衡、量、進行法上都很恰當。但孩子不吃並非吃膩，而是下顎的肌肉還不習慣吃的動作，感到疲累。不要勉強，配合嬰兒的步調來進行即可。

只會吞嚥期後期嬰兒

催促「快點給我吃！」一點也不剩地吃光光

■媽媽的話　一開始的2～3口會慢慢吃，接著越吃越快，湯匙如果伸出太慢，就會顯示出等不及的模樣。非常愛吃吻仔魚與豆腐，因此把不愛吃的菠菜混入其中，就會全部吃光光。孩子想吃多少就給多少，可以嗎？

● 中島颯士寶寶（6個月大）●

身高	75cm
體重	8700g
1天的餵奶	母乳5分鐘×5次、牛奶850ml

醫師的建議

7倍濃稠米粥40g是適量。
試著減少米粥的水分

孩子把斷奶食物吃光光，是令人開心的事。基本上，順著孩子的食慾。但這個時期是以7倍濃稠米粥40g為基準。如果吃70g，卻是10倍濃稠米粥，可減少水分，把較稀狀改為濃稠狀。

PART1

基本中的「基本」

練習用舌壓碎來吃

含住壓碎期的進行法

斷奶中期・7～8個月大時期

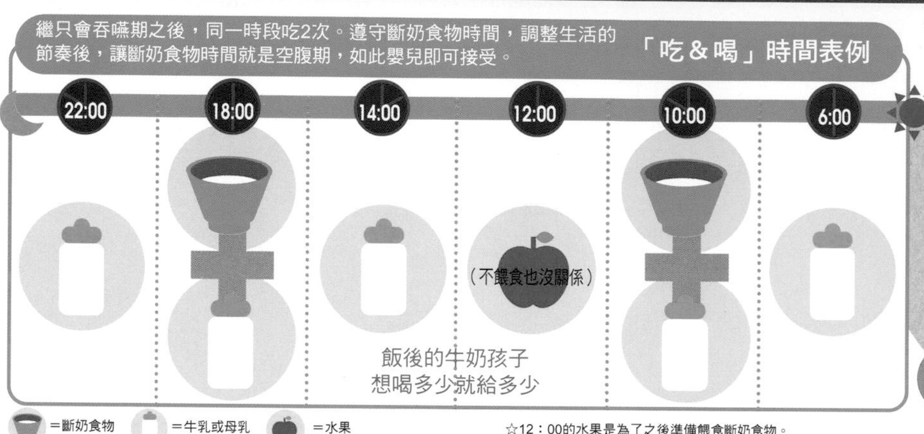

含住壓碎期

前期

7個月左右

讓孩子用舌壓碎柔軟的小塊食物來吃，但不要突然吃得太硬，讓孩子慢慢習慣軟硬度。

這個時期的營養是

70%	30%
母乳、牛乳	斷奶食物

最初是含柔軟塊狀的果醬狀

如果能吞食濃稠的美乃滋狀斷奶食物，確實進行1天2次的斷奶食物後，就能進入含住壓碎期（斷奶中期）。

進入這個時期，嬰兒的舌除前後之外，也會上下活動。當有塊狀物而無法直接吞下時，就會用舌壓碎後，再吞下去。

即使如此，因為以前吞下的是柔軟的斷奶食物，如果突然改為必須用舌壓碎的斷奶食物，嬰兒的口或下顎就會疲累。

最初，可在濃稠狀食物稍微混入柔軟的塊狀，但以有膨鬆果醬感為基準。舉例來說，煮熟的南瓜大致搗碎成殘留粗粒的程度即可，也可切碎煮爛，一半搗碎和剩餘的一半混合即可。逐漸增加塊狀的比例，讓嬰兒練習用舌壓碎食物。

組合柔軟與稍硬的菜單

此外，如果是一天吃1次的斷奶食物，建議組合需要用舌費力壓碎的菜單與能輕鬆吞食的柔軟菜單。剛進入含住壓碎期的嬰兒，對用舌壓碎的菜單會感到疲累。此時，如果有能輕鬆吃的柔軟菜餚，就會放心地享受吃。

在3種食物中，最初先選擇1種含住壓碎期軟硬度的食物，習慣後

範例菜單（吃2次）

第1次的菜單和只會吞嚥期的食材相同，但形態卻有不少改變。燕麥粥請務必嘗試。

第2次

燕麥粥

作法：

燕麥50g、加鮮奶或牛奶1/4杯、水1/2杯，開火煮，煮開後用小火煮3分鐘，之後再燜10分鐘。

葡萄優格配紅椒

作法：

原味優格40g，加去籽去皮切碎的葡萄7～5g，配上汆燙去皮切碎的紅椒18～20g。

第1次

全粥

作法：

全粥（參照P52）50g盛入容器。

豆腐＆橘子

作法：

把汆燙過的嫩豆腐40g大致搗碎，混入撕開的橘子7～5g。

碎蕃茄

作法：

把蕃茄果肉18～20g切碎。

再改為2種，最後全都改為含住壓碎期的軟硬度，這樣逐漸進行就不會太勉強。

可以吃肉或紅肉魚

進入含住壓碎期就可以吃肉了。起初從脂肪少而好消化的雞胸條肉開始，只要去皮就沒問題。份量從煮熟搗碎成柔軟勾芡的1匙開始，再視狀況慢慢增加。習慣雞胸肉後就能使用肝類或牛肉瘦肉。

魚除白肉魚之外，鮪魚、鰹魚、鮭魚等紅肉魚都能吃，因此菜單容易變化。通常肉或魚在加熱後會變得乾澀不容易吃，因此煮軟磨碎勾芡就容易吞嚥。

注意蛋白質的量

蛋白質是形成身體各種器官及組織的來源，在成長上不可欠缺。此外，也是形成酵素、荷爾蒙、免疫體、神經傳導物質成分等的重要營養素。但嬰兒的臟器尚未成熟，不容易消化吸收蛋白質，過量的話會增加腎臟或胰臟的負擔。所以，雖然要順著嬰兒的食慾，仍要遵守蛋白質食物的基準量。下表的蛋白質食物包括消化吸收好的優質蛋白質，可謂值得推薦的嬰兒食物。如果使用2種，就遵守每種使用1次量的一半的基準量。

調味成很淡的口味

鹽分對嬰兒未成熟的腎臟會帶來負擔，因此斷奶食物的調味以極淡味為基本。以這樣的口味餵食久了，就會成為習慣，之後即使不加調味也能接受。可以使用高湯烹調，如此就能帶出食材的原味而變得美味。可利用優格、水果或蕃茄等食材代替調味料，這樣味道就富變化。

簡單又營養均衡滿分「菜稀飯」最適合含住壓碎期

用舌壓碎來吃的時期，主食的基本要點是5倍濃稠米粥（全粥）。煮軟的菜稀飯，軟硬適中，嬰兒非常愛吃。把主食與蔬菜、蛋白質來源食物等全部一起煮，既營養又均衡。如果再加上切碎的水果，就更完美了。

除基本的高湯菜稀飯之外，也可煮西式、中式湯、牛乳或蕃茄糊等，讓嬰兒享受不同味道的變化。利用市售嬰兒食物湯類，就能輕鬆做出變化。

用燕麥做成的燕麥粥，營養豐富。最適合做為菜稀飯的主要食材。先把蔬菜或魚、雞胸條肉等煮軟，再加燕麥粥，煮後再燜一會時間即可。加果汁煮也很美味。

含住壓碎期前期

基本食材1次量&軟硬、大小的基準

（1次量是使用各食物群1種時的基準量）

蛋白質來源食物

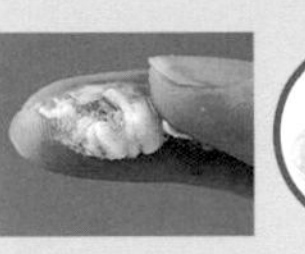

白肉魚　13g

煮熟後用叉子搗碎，加高湯煮（淹過白肉魚），用太白粉水勾芡。

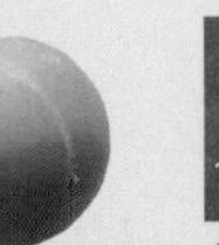

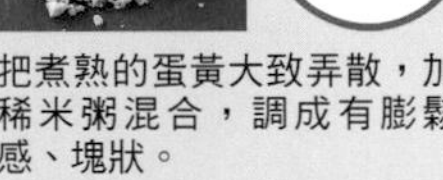

蛋黃　1個

把煮熟的蛋黃大致弄散，加稀米粥混合，調成有膨鬆感、塊狀。

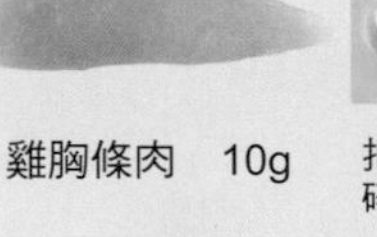
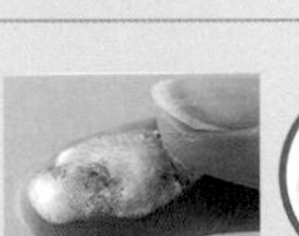

雞胸條肉　10g

把迅速汆燙的雞胸條肉搗碎，用高湯煮成濃湯狀。

豆腐　40g

原味優格 85g
（鮮奶則是112g）

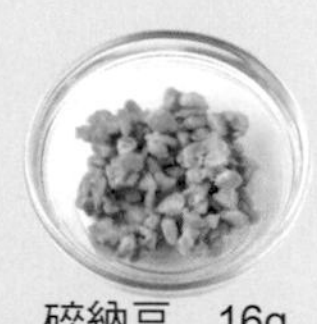

碎納豆　16g

卡達乳酪　24g

維生素、礦物質來源食物（蔬菜＋水果）

蔬菜

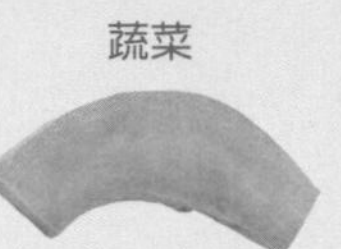

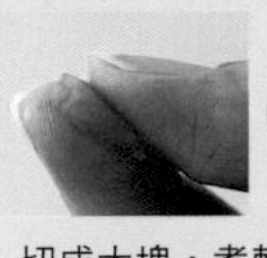

南瓜　18～20g

切成大塊，煮軟後，搗碎至顆粒狀程度，再用高湯或熱水調稀。

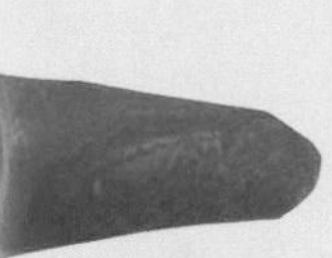
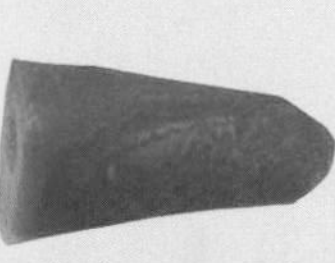
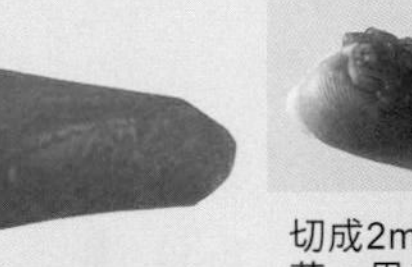
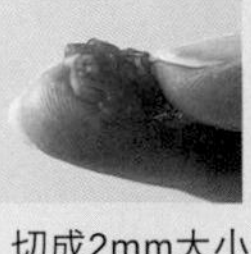

紅蘿蔔　18～20g

切成2mm大小，煮熟後勾芡。用手指不用力就能捏碎。

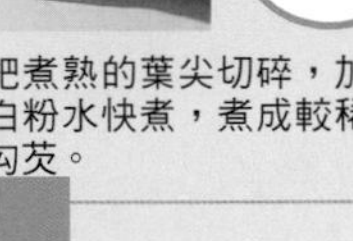
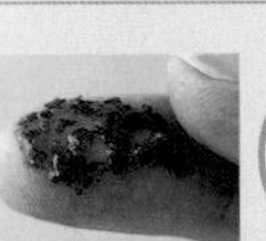

菠菜　18～20g
☆其他蔬菜也同量

把煮熟的葉尖切碎，加太白粉水快煮，煮成較稀的勾芡。

水果

蘋果　5～7g
☆其他水果也同量

磨碎後加水煮（淹過水果），加太白粉水勾芡。

熱量來源食物（主食）

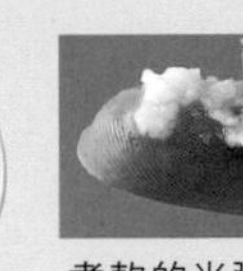

5倍濃稠米粥（全粥）50g

煮軟的米粥，能用舌壓碎的軟硬度。用手指一捏就能簡單捏碎。

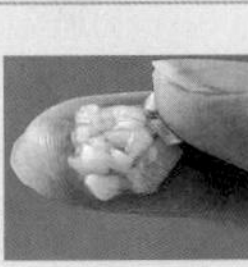

熟麵條（烏龍麵）34g

切成2mm大小，用高湯煮軟成豆腐般的軟硬度。

馬鈴薯　46g

煮軟後搗碎，加煮汁調軟，變成果醬狀。

吐司麵包　14g

撕碎或切碎，加高湯或牛乳煮（淹過吐司），燜一下。

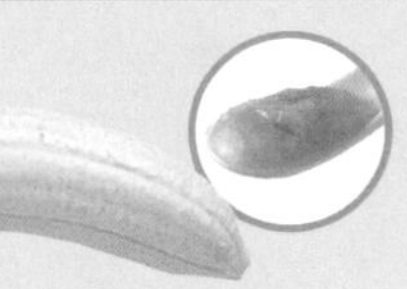

香蕉　41g

玉米片　10g

含住壓碎期

後期

8個月大時期

能用舌壓碎食物吃。
基本形狀是豆腐般的軟硬度、稍大的粒狀。

這個時期的營養是

母乳、牛乳	斷奶食物
60%	40%

「吃＆喝」時間表例

繼前期之後仍是相同時段吃2次，但把其中1次慢慢改在大人進餐的時段。能夠分食大人的菜餚，因此可全家人一同快樂地進餐。

6:00	10:00	12:00	14:00	18:00	22:00
牛乳或母乳	斷奶食物＋牛乳或母乳	水果（不餵食也沒關係）	牛乳或母乳	斷奶食物＋牛乳或母乳	牛乳或母乳

飯後，孩子想喝多少牛乳就給多少

＝斷奶食物　＝牛乳或母乳　＝水果

☆12：00的水果是為了之後準備餵食斷奶食物。

採用促進咀嚼的餵食法

斷奶食物的一大目的是練習「咀嚼」。含住壓碎期的情形是「咀嚼＝用舌壓碎來吃」。

但如果斷奶食物一進入口中就馬上吞下，沒有活動口的樣子，就可能是在沒有咀嚼就吞下。

養成吞食習慣的原因，可能是餵得太快而來不及咀嚼。是否一匙接著一匙不停地餵？也就是嬰兒的口中還有食物，卻馬上又餵食，導致嬰兒來不及咀嚼就直接吞下。此外，也可能是口中塞滿食物，這樣就沒辦法用舌壓碎食物來吃了。

請回到湯匙餵食的基本方法。與只會吞嚥期一樣，把湯匙平放在下唇，嬰兒一看到湯匙就會張口，當下唇向下閉合時就抽出湯匙。確認嬰兒活動嘴巴數秒才吞下。請牢記，並非媽媽把食物送入嬰兒口中，而是嬰兒自己吃進口中。

太硬太軟都會造成嬰兒直接吞食

直接吞食的另一大原因是，斷奶食物的軟硬、大小不符合嬰兒所致。如果斷奶食物太硬，就不能用舌壓碎，因此不是吐出，就是囫圇吞下；反之，如果太軟就不需用舌壓碎，因此就會直接吞下。

檢查斷奶食物的軟硬度，觀察嬰兒吃的模樣。如果有活動口才吞下就沒問題。

能吃全蛋

蛋白容易引起過敏，因此在含住壓碎期前期不餵食。但8個月大後就可以食用。可採用炒蛋、茶碗蒸或布丁等使用全蛋的菜單。但如果擔心過敏，就等1歲後再吃。（參照P160頁）

即使用手抓也不要制止

這時期已能穩穩坐著，可坐在嬰兒用椅吃東西。手可自由自在地擺動，好奇心也旺盛。常伸手想抓湯匙或碗，這是嬰兒想自己吃的開始時期。首先會發展成「邊玩邊吃」，進入「用力咬嚼期」，終於能用自己的手或湯匙少量地吃。在此之前，雖然媽媽會很辛苦，但這是邁向自立的必要過程。考量讓嬰兒健全地發展，即使用手抓食物也不

這個時期的吃法

用舌與上顎壓碎來吃

嬰兒的舌除前後活動外，也會下上活動。他們會用上唇吃進湯匙上的食物，能感受到食物的大小、軟硬、厚薄等，而在口中把豆腐般的塊狀食物壓碎吞下。

1 看到湯匙就等不及了。張開大口，身體前傾想快點吃。

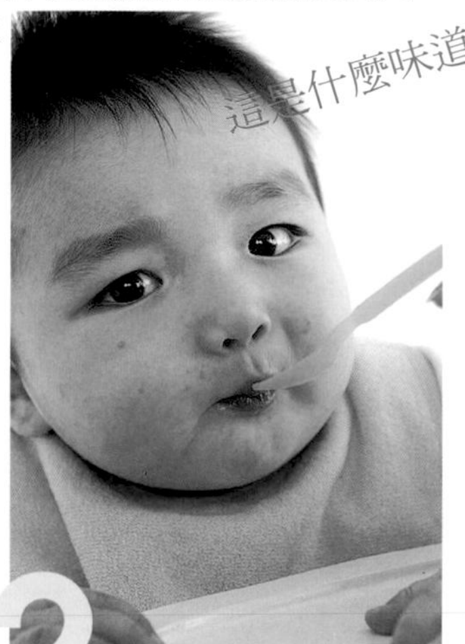

2 能閉口用上唇把放在下唇湯匙上的食物吃進口中。

3 唇左右同時伸縮以活動口，舌向上顎壓碎食物吃的模樣。

4 想拿媽媽的湯匙，但不是想用湯匙來吃，而是敲打桌子玩。

要制止，讓孩子自由行動到某種程度，以培養自己吃的意願。

如果此時嚴格禁止，孩子就不會想自己吃，而可能養成只張口等人餵食的被動態度。

嬰兒的發展並非呈一直線而是鋸齒形

這個時期會出現突然不想吃含住壓碎期軟硬度的斷奶食物，而想吃只會吞嚥期斷奶食物的情形，像這樣時進時退的情形並不罕見。不妨先回到嬰兒愛吃的菜餚，再逐漸混入塊狀的食物。

設法調整嬰兒愛吃的大小

反之，也有些嬰兒愛吃較硬的食物。此時建議配合嬰兒的喜好來改變大小。舉例來說，把煮熟的大塊南瓜裝盤，用湯匙刮來吃，如果喜歡較硬的口感就刮大塊，當孩子感到疲累時，就弄碎來吃，如此來調整。另外，也可加湯調稀，觀察孩子吃的狀況，1道菜可做數種變化。

Up!

吃的功能提高！

長出前齒就練習咬來吃

在含住壓碎期，基本上是豆腐般的軟硬度、2～3mm大小。但長出前齒後，就把紅蘿蔔等煮軟切成薄片，這樣就能用前齒咬。讓嬰兒感覺一口的量、厚度、軟硬度，以培育吃的功能。

紅蘿蔔切成3～5mm厚的圓片。

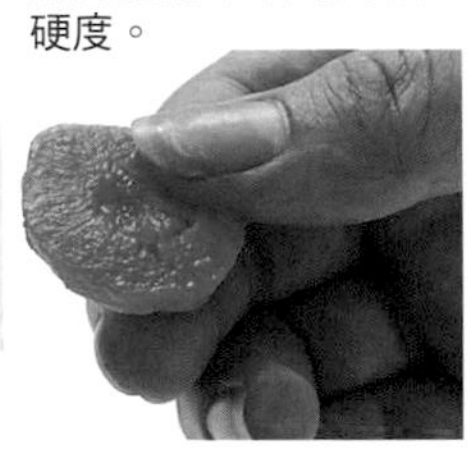

煮到能簡單咬碎的軟硬度。

7～8個月大。下排的前齒長出2顆。

即將進入慢慢輕度咀嚼期

在此之前，嬰兒會有這些舉動

- ■能活動口來吃豆腐般軟硬度的塊狀食物。
- ■1餐合計能吃孩童飯碗鬆鬆1碗。
- ■餵食香蕉薄片時，就會做出用牙齦咬斷的動作。

含住壓碎期後期

基本食材1次量&軟硬、大小的基準

（1次量是使用各食物群1種時的基準量）

蛋白質來源食物		維生素、礦物質來源食物（蔬菜＋水果）		熱量來源食物（主食）	
 白肉魚　15g	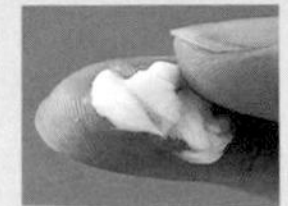  煮熟後用叉子大致弄散，加高湯煮後勾芡。	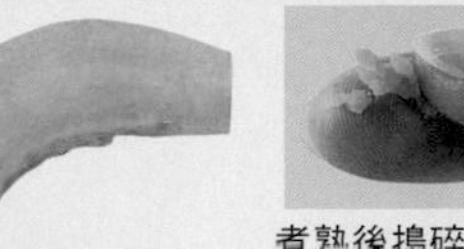 南瓜　18～20g	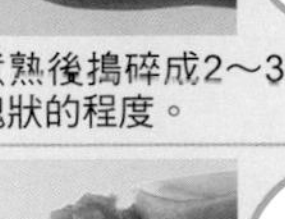 煮熟後搗碎成2～3mm大小塊狀的程度。	 5倍濃稠米粥（全粥）80g	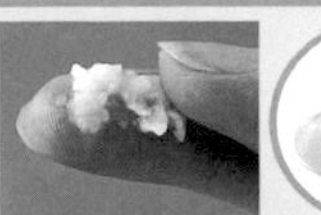 煮軟的普通米粥最適合這個時期的軟硬度。
 全蛋　1/2個	  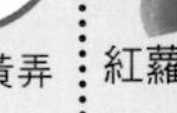 把煮熟的蛋白切碎，蛋黃弄散，加米粥混合。	 紅蘿蔔　18～20g	 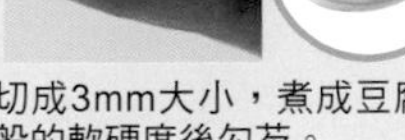 切成3mm大小，煮成豆腐般的軟硬度後勾芡。	 熟麵條　54g	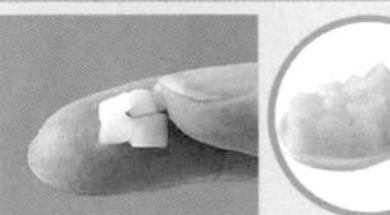 切成3mm大小，煮成豆腐般的軟硬度。
 雞胸條肉　15g	 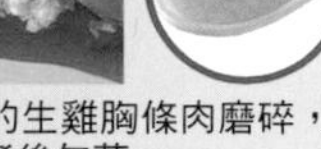 把冷凍的生雞胸條肉磨碎，用高湯煮後勾芡。	 菠菜　18～20g ☆其他蔬菜也同量	 把煮熟的葉尖切成3mm大小，加太白粉水勾欠。	 馬鈴薯　75g	 煮熟後搗碎，加煮汁調成膨鬆狀，以利吞嚥。
 豆腐　50g	 原味優格　100g（鮮奶則是130g）	＋		 吐司麵包　22g	撕碎，用湯或鮮奶煮後再燜。
碎納豆　20g	卡達乳酪　27g	  蘋果　5～7g ☆其他水果也同量	 磨碎或切碎後加水煮，勾芡。	 香蕉　66g	 用叉子壓碎，留下柔軟的粒狀。
 牛瘦肉　15g				 玉米片　15g	

只會咀嚼期的基本Q&A

這是食用的量與內容都會出現個人差異的時期。因此，可依嬰兒的斷奶進行速度而異。此外，也是「吞食」「好惡」等煩惱稍微增加的時期。

Q 只吃5匙左右就不吃了

雖然1天吃2次，但1次的斷奶食物只吃5匙左右。擔心1天6次的母乳與200毫升的牛乳會營養不足。（7個月大）

A 稍微減少母乳可能就會增加斷奶食物的量

進入7個月大後，最好多增加斷奶食物。1天餵母乳6次稍嫌太多。而且已經餵這麼多母乳，可以不必再餵牛乳了。以不餵牛乳來調整母乳的次數。稍微減少牛乳或母乳，可能就會增加斷奶食物。

Q 只要有塊狀就吐出

雖已進入含住壓碎期，但只要食物中有些許塊狀就會吐出。只接受磨碎稀爛的食物，真令人擔心。繼續這樣下去，行嗎？（7個月大）

A 從減少食物的水分開始

把沒有塊狀的稀爛菜餚稍微減少水分，讓孩子逐漸習慣。基準是從濃稠狀進展到果醬狀。等孩子習慣後，再進一步練習用舌壓碎吃豆腐般鬆軟的食物。把豆腐切成薄片，就能練習用舌壓碎食物來吃。

Q 飯後不喝牛乳

聽說吃斷奶食物後，要讓孩子盡量喝牛乳，但我的孩子最近完全不想喝牛乳。這樣有沒有關係？（7個月大）

A 如果斷奶食物吃得夠，就不必勉強喝牛乳

如果斷奶食物吃得夠，而且順利進行，即使孩子不想喝飯後的牛乳也不要緊。但斷奶食物後之外的3次（早、晚與白天各1次）的牛乳仍要充分餵食。

因為7個月大時，從斷奶食物所攝取的營養僅30％，而來自牛乳或母乳占70％的營養。即使飯後不喝牛乳，但在其他的餵奶時間仍要認真餵食。

Q 不長牙就不能咀嚼嗎？

我的孩子還不太會活動口，這是還未長牙的緣故嗎?（7個月大）

A 這個時期還不是用牙齒咀嚼

這個時期的嬰兒是用舌與上顎壓碎食物來吃，因此和有無長牙沒有關係。一般來說，出生後6個月大左右便會開始長出下排的前齒。但長牙的時期依嬰兒而有很大差異。此外，不同的月齡，長出的顆數或位置也不一。在斷奶結束的「用力咬嚼期」仍尚未長齊臼齒，這個時期也並非使用牙齒，而是使用牙齦。

Q 不愛吃稀飯卻想吃大人的米飯

餵孩子吃稀飯時會吐出，卻想吃大人吃的米飯。而且非常愛吃剛煮好的米飯，可以餵食嗎？（8個月大）

A 大人吃的米飯太硬建議做成軟飯等其他主食食材彌補

討厭黏稠口感的嬰兒不少，但米飯又太硬。因為用舌壓不碎，故可能會養成直接吞食的習慣。最好煮成軟飯，副菜煮軟一點。

但軟飯也稍嫌太硬，因此通常會導致下顎疲累而無法攝取足夠的量。不足的部分可用其他主食食材彌補，可利用芋薯類、麵條類、麵包、香蕉、穀類食物等……

活用香蕉、蕃薯（芋薯類）！

Q 幾乎每天都吃菜稀飯行嗎？

平時太忙時就常煮菜稀飯給孩子吃。孩子雖然照吃，但如此單調的菜色有沒有關係？（7個月大）

A 這個時期可多多利用

含住壓碎期可說是菜稀飯的時期。乾澀的副菜如果和稀飯混合就容易吞嚥。雖然只是1道菜稀飯，只要營養均衡就沒問題，因此請留意食材的種類或軟硬度。除米飯之外，運用麵條或蕃薯、燕麥或玉米片等就能做出變化。

月齡增加後，只吃菜稀飯會膩，因此建議把主食與副菜分開。

Q 孩子雖然健康卻突然不想吃東西

剛開始時很喜歡吃東西，但最近突然不想吃。就連最愛吃的香蕉也不吃，這是怎麼回事？（8個月大）

A 有些時期會突然不想吃東西

以往順利進行，卻突然不想吃，這種情形是常有的事。斷奶食物就是像這樣一進一退呈鋸齒形進展。如果菜色都是練習用軟硬度的食物，嬰兒也會吃得很累。因此，建議偶爾加入柔軟而容易吞嚥的菜色，稍做一些變化。

參考別家寶寶的斷奶食物時間

母乳、牛乳與斷奶食物的關係依嬰兒而異。雖然還是攝取母乳或牛乳等營養多的時期，但仍要確實一天吃 2 次斷奶食物。

含住壓碎期前期嬰兒

變成一天吃2次後吃的量會減少

■媽媽的話　在午睡或晚上睡前都有喝母乳的習慣，因此喝母乳的量不少。此外，在吃斷奶食物中途會想吃母乳，因此只好餵食母乳，如此一來有時不再繼續吃斷奶食物，有時又會繼續吃。最近食慾下降，所有種類只吃2口就不吃了。

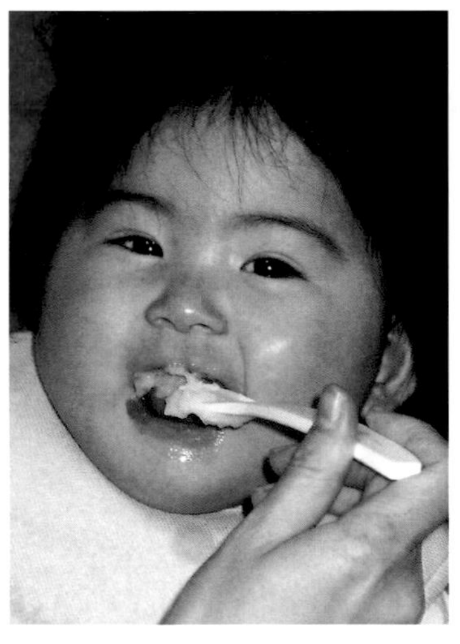

●大橋心咲寶寶（7個月大）●	
身高	68cm
體重	8520g
1天的餵奶	母乳5～20分鐘×9次

醫師的建議

準備湯，以便在餵食中途代替母乳

請注意這個時期並非「以母乳為主」，而是「從母乳進入斷奶食物」。孩子在餵食中途想喝母乳，是想用液體來沖洗口腔所致，建議此時餵湯即可。如此，維生素與礦物質食物可均衡攝取。

12:30

7倍濃稠米粥 50g

南瓜牛乳 15g

蕃茄紅蘿蔔泥 10g

香蕉優格 20g

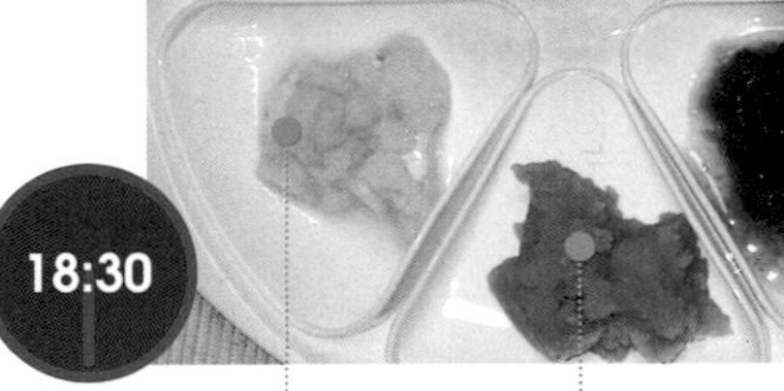

18:30

7倍濃稠米粥 40g

豆腐＆蕪菁泥 20g

橘子風味芋泥 20g

蘋果泥 20g

含住壓碎期後期嬰兒

雖有不愛吃的時期但最近卻自己想吃

■媽媽的話　雖不愛吃米粥，但只要混入愛吃的菜就會吃。此外，也非常愛吃南瓜，看到南瓜就會主動張大嘴巴想吃。在7個月大時不太想吃，但最近自然想吃，自己主動要吃。順利吃20湯匙後，就開始邊玩邊吃了。

10:00

色彩豐富的蔬菜湯 55g

青花菜雞胸條肉白醬米粥 45g

18:30

南瓜吻仔魚 28g

青菜豆腐白肉魚和風煮物 40g

香蕉 15g

● 森井悠樹寶寶（8個月大）●	
身高	71cm
體重	8600g
1天的餵奶	母乳5～15分鐘×5次、牛乳80ml×1次

醫師的建議

把主食與牛乳的量互換

蔬菜、蛋白質的量可以，但主食稍嫌少。建議早餐加香蕉40g。在這個時期，斷奶食物以外的餵奶時段以3次為基準。如果吃得下更多的主食就沒問題，但要稍微控制餵奶的量。

PART1

基本中的「基本」

練習用牙齦壓碎來吃

輕度咀嚼期的進行法

斷奶後期・9～11個月大時期

已變成吃3次。飯後的母乳或牛乳如以往般，嬰兒想吃多少就給多少。但不少嬰兒飲用的量逐漸減少。

「吃＆喝」時間表例

22:00 18:00 14:00 12:30 10:00 6:00

（不餵食也沒關係）

9個月大時期

=斷奶食物 =牛乳或母乳 =水果

☆12：00的水果是為了之後準備餵食斷奶食物。

輕度咀嚼期

前期

9～10個月大時期

以能用牙齦輕鬆咬碎香蕉的軟硬度為基準。一天吃3次，因此必要的營養一半以上是從斷奶食物攝取。

這個時期的營養是

40～35% 母乳、牛乳

60～65% 斷奶食物

斷奶食物時間增加1次變成3次

在以往的2次斷奶食物時間之外再增加1次。把1次餵奶時間改為斷奶食物時間。

最初時，可把其中1次的餵食量從少量、一半左右開始，直到習慣吃3次的節奏。如果嬰兒沒有食慾，就以2次半的感覺開始練習吃3次。

遵守規定的時間，規律吃斷奶食物。

咀嚼方法雖與大人大致相同，但避免囫圇吞食

口部周圍的肌肉發達，舌除前後上下之外，也會左右活動。如果用舌壓不碎的食物就會靠向左右，用牙齦咬碎來吃。基本上咀嚼方式與大人相同，但嬰兒是使用牙齦，咀嚼力尚弱，因此食物比用舌壓碎的含住壓碎期稍硬、稍大。

實際上，從含住壓碎期進入輕度咀嚼期時，囫圇吞食的情形會增加。因為突然把所有食物都改為輕度咀嚼期的軟硬度，下顎的肌肉會容易疲累。如此一來，就可能養成不咀嚼而囫圇吞下的習慣。

只要不要突然把食物變硬，就能避免囫圇吞食。如果是3道菜的食譜，最初1～2道菜是輕度咀嚼期的軟硬度。米粥和含住壓碎期一樣是5倍濃稠米粥，把量從80公克增為90公克。這樣嬰兒就不會咀嚼得太累。等習慣後，再增加輕度咀嚼期軟硬度的菜餚。不要一下子變硬，而是逐漸習慣。

軟硬度的基準是香蕉棒狀最適合

輕度咀嚼期的軟硬度基準是香蕉。能用前齒咬下一口量，再用牙齦咬碎的小型香蕉，用來練習咀嚼大小正好。如果是一般尺寸的香蕉就切成棒狀。

烹調成香蕉般的軟硬度，依食物種類可切成塊狀或粗粒，或薄片、大致弄散等。容易鬆散的食物必須勾芡。

斷奶食物是否配合嬰兒的發育，從嬰兒吃的狀況就能看出。如果有活動口來咀嚼就沒問題。養成平時就觀察孩子吃東西時動口狀況的習慣。

幾乎所有食材都能使用

在嬰兒的消化吸收能力發達以前多數不能吃的食材，這個時期都能吃。

秋刀魚或沙丁魚、四破魚等青背魚、貝類、蝦或烏賊、螃蟹、章魚等魚貝類都能使用。鱈魚也可以。選擇新鮮的食材煮成容易入口，並擴大菜色的範圍。也可選擇脂肪少的豬瘦肉或瘦肉絞肉來使用。也能分食大人的菜餚，但請參考左頁的表，遵守蛋白質食物的量，留意過量。

第1次

較硬的米粥

作法：

較硬的米粥（參照P52）70g盛入容器。開始時是5倍濃稠米粥90g。

牛油風味豆腐佐橘子醬

作法：

豆腐50g切成小塊，放上牛油3g，蓋上保鮮膜在微波爐加熱1～2分鐘。淋上磨碎的橘子9～10g。

一口蕃茄

作法：

蕃茄果肉21～20g切成5mm大小。

牛油風味豆腐佐橘子醬

一口蕃茄

較硬的米粥

基本食材1次量＆軟硬・大小的基準

（1次量是使用各食物群1種時的基準量）

蛋白質來源食物		維生素、礦物質來源食物（蔬菜＋水果）		熱量來源食物（主食）	
白肉魚　15g	切成5mm大小後煮軟，加太白粉水勾芡。	南瓜　20～21g	煮熟後大致搗碎成粒狀。	5倍濃稠米粥（全粥）90g 稍硬的米粥（4倍濃稠米粥）70g	
全蛋　1/2個	把煮熟的蛋白切成粗粒，蛋黃搗碎，加優格來混合。	紅蘿蔔　20～21g	切成5mm大小後煮軟，稍微用力就能捏碎。		雖殘留米粒形狀，但一捏就能輕易捏碎
雞胸條肉　18g	利用絞肉，加水邊攪拌邊煮成濃稠。	菠菜　20～21g ☆其他蔬菜也同量	煮熟後連莖一起切成5mm大小，勾芡。	熟麵條　61g	切成2cm長煮軟，一捏就能輕易捏斷
豆腐　50g	原味優格 100g（鮮奶則是130ml）	＋		馬鈴薯　84g	煮熟後大致搗碎，用煮汁或鮮奶調稀。
納豆　20g	卡達乳酪　27g	蘋果　9～10g ☆其他水果也同量	切成細長的棒狀，酥脆的口感很受歡迎。	吐司麵包　25g	切成1cm塊狀，在牛奶或鮮奶中泡軟。
瘦牛肉　18g				香蕉　74g	玉米片　17g

範例菜單（吃3次）

軟硬或大小雖然比含住壓碎期增加，但都是吃起來不費力的範例菜色。
也加入水果來加強營養均衡。

第3次

焗烤馬鈴薯

作法：

馬鈴薯84g煮熟後大致搗碎。把紅蘿蔔10～11g與青花菜10g煮熟後切成粗粒。用嬰兒食物的白醬1/2杯來拌上述材料，灑上少許起司粉，在烤箱烘烤。

蘋果湯

作法：

蘋果9～10g切碎，加寡糖1/4小匙、水1/4杯來煮。

蘋果湯

焗烤馬鈴薯

第2次

煮爛麵條

作法：

把60g的烏龍麵條切成1～2cm長，倒入淹過麵條的高湯，加紅蘿蔔泥10～11g（1大匙弱）、切碎的秋葵10g煮軟。加少許醬油調味，淋入1/3個蛋汁煮熟即可。

蘋果優格

作法：

混合原味優格2大匙與蘋果泥9～10g（約2小匙）。

煮爛麵條

蘋果優格

輕度咀嚼期

後期

11個月大時期

基本上是軟飯。已能用手指高明來抓，因此常想用手抓來吃。媽媽雖然辛苦，但必須重視嬰兒的意願。

這個時期的營養是

30% 母乳、牛乳　70% 斷奶食物

「吃＆喝」時間表例

把３次的飲食變成與大人同一時段。不喝飯後的牛乳或母乳的嬰兒增多。因此在餵奶時間確實餵食。

7:30　早餐＋想喝就餵

10:00　果汁、水果

12:30　午餐＋想喝就餵

15:00　牛乳或母乳＋少許點心（不餵食也沒關係）

18:30　晚餐＋想喝就餵

22:00　牛乳或母乳

11個月大時期

=斷奶食物　=牛乳或母乳　=果汁、水果　=少許點心

針對用手抓來吃邊玩邊吃來設計菜單

此一時期因孩子邊玩邊吃而搞得亂七八糟，讓媽媽對斷奶食物時間很傷腦筋。但這只會持續一段時間，可視為嬰兒順利發育的正常現象，並採取對策來因應。

邊玩邊吃的原因是嬰兒想自己吃，因此建議設計手好抓、不會四散的菜色。

切成棒狀的小黃瓜或蘋果、熟蔬菜等，都是簡單又好抓的菜色。把小飯糰或煮成一口大小的青花菜、小蕃茄、乳酪球等五彩繽紛的排放在盤內也是個好方法，嬰兒就會思考要吃哪一種，而對吃產生興趣。

媽媽絕不可露出煩惱或凶惡的表情！面帶笑容與孩子一起度過斷奶食物時間最重要。

變成與大人相同的早午晚3餐的節奏

即將變成與大人相同的早餐、午餐、晚餐的飲食時間。不要弄亂以前的生活節奏，慢慢改變。全家人一起圍著餐桌很快樂，也容易分食大人的菜餚。

和斷奶食物時間一樣確實遵守進餐時間。三餐規律，就會形成空腹、飽足的節奏。用餐時間一到就已準備好要進食，形成能吃、能玩、能睡的健康週期。

變化很大的時期不要擔心好惡或吃剩

也常有好惡變化很大的情形。以往愛吃的食物突然不吃，或原本討厭的青花菜卻吃得津津有味。

不過，嬰兒的「討厭」，幾乎都是因不容易吃所引起，不要把吐出認為是「討厭」，設法改變烹調法。如果這樣還是不吃，就不要勉強，觀察情況再說。有時孩子看大人吃，也會因想吃而吃。

因想吃及不想吃的差異，形成「吃剩」情形；或只吃香鬆飯的

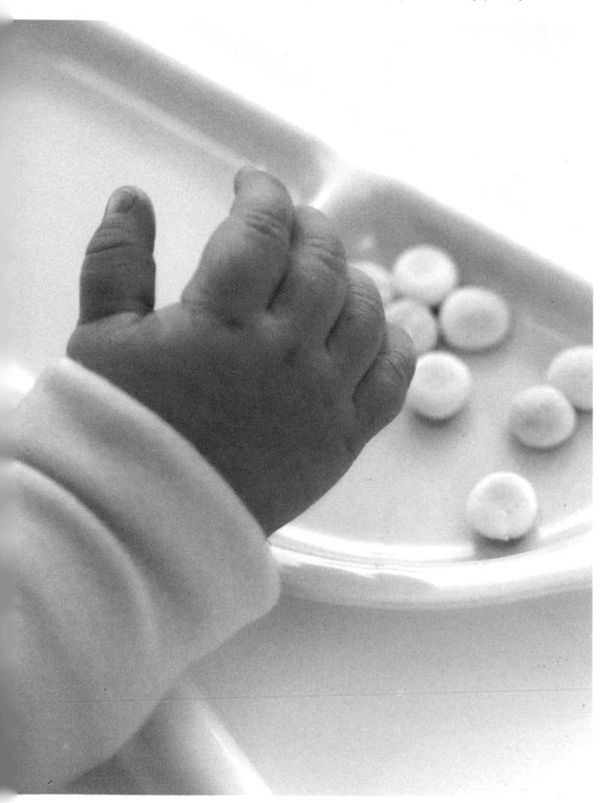

這個時期的吃法

常想用自己的手抓來吃

儘量讓孩子自己用手抓來吃。用手抓香蕉或蔬菜棒等咬來吃，嬰兒自己就會學習一口量。不要只是切碎用湯匙來餵，也要烹調成各種形狀。

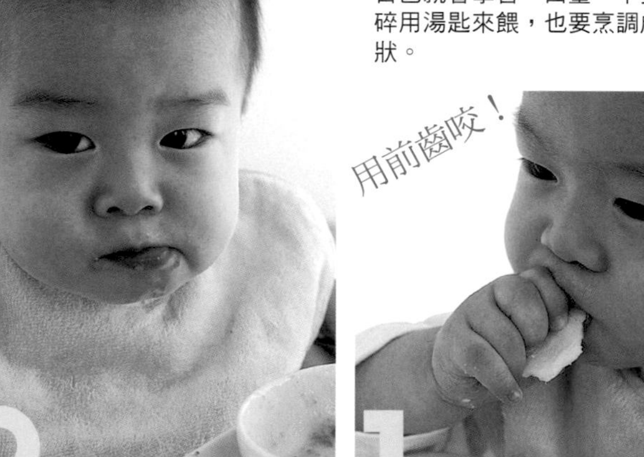

1 用前齒咬嬰兒餅乾。如果咬太大塊就會吐出，從經驗來學習一口量。

2 用舌無法壓碎，因此在口中靠左，以認真的表情咀嚼，嘴唇歪向左。

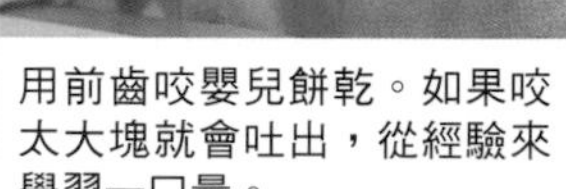

3 這是什麼感覺？用手握住來檢查軟硬度，並非放入口中，而是丟在桌上。

4 媽媽教導抓湯匙來吃，但還是想用手握住。

「只吃一種食物」的情形也很常見。這些都是暫時的現象，媽媽最好耐心看待。

留意鐵質不足 充分攝取黃綠色蔬菜

改為吃3次後，營養均衡越來越重要，因此需要特別注意的是鐵質。在輕度咀嚼期以後常見沒有症狀，但鐵質不足的嬰兒。如果持續不足會對發育帶來不良影響，因此必須留意。含鐵豐富的食物是動物性的肝類或瘦肉、魚背暗紅的肉及蛋、牡蠣等。植物性則是油菜與菠菜、大豆粉、高野豆腐、納豆、羊栖菜等。鐵質與維生素C或動物性蛋白質一同攝取就能提高吸收率。

此外，三分之一以上的蔬菜選擇黃綠色蔬菜。葫蘿蔔素等維生素、礦物質含量豐富，而且有綠色、黃色、紅色等五顏六色，讓菜餚既美觀又能刺激食慾。此外，如果能偶爾添加海草或菇蕈類，就能達到營養均衡。

開始練習使用杯子

首先嘗試使用小杯子，接下來使用普通杯子。即使喝得不熟練，但1歲過後可把目標訂在用杯子喝鮮奶，只不過還不能喝鮮奶來取代母乳，必須等到1歲過後。

Up!

吃的功能提高！

練習用前齒咬下一口量

這個時期，基本上把紅蘿蔔切成如下表般的大圓片。嬰兒會自己放入口中，用前齒的後面來感覺硬度或厚度以決定一口量，練習咬下。

厚6～9mm，嬰兒容易咬。

稍微用力就能捏碎的軟硬度。

上排的前齒長出4顆。

即將進入用力咬嚼期

在此之前，嬰兒會有這些舉動

- ■能規律吃早午晚3餐。
- ■能用牙齦咬碎香蕉般軟硬度的食物來吃。
- ■能用自己的手抓來吃。

慢慢輕度咀嚼期後期

基本食材1次量&軟硬・大小的基準

（1次量是使用各食物群1種時的基準量）

蛋白質來源食物	維生素、礦物質來源食物（蔬菜＋水果）	熱量來源食物（主食）
   白肉魚 15g；切成7mm大小，用淡味高湯煮後勾芡。	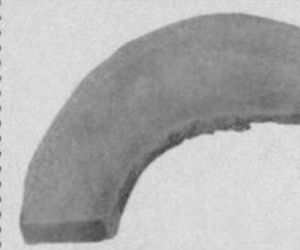 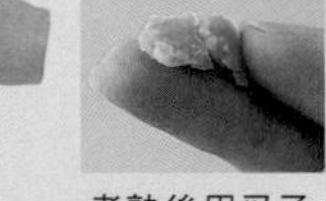  南瓜 30g；煮熟後用叉子大致壓碎，變成7mm大小的塊狀。	   軟飯 80g；看起來接近米飯，但軟硬度比較膨鬆。
     全蛋 1/2個；把煮熟的蛋白切成7mm大小，與弄碎的蛋黃混合勾芡。	 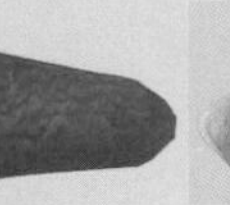 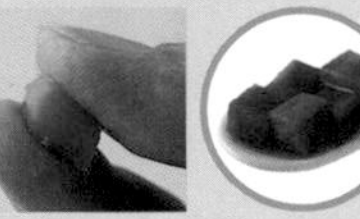 紅蘿蔔 30g；切成7mm大小的塊狀，煮成能輕易捏碎的軟硬度。	 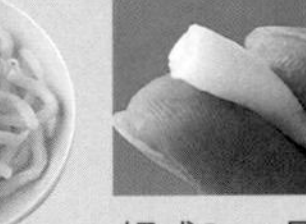  熟麵條 81g；切成3cm長，如香蕉般容易捏碎的軟硬度。
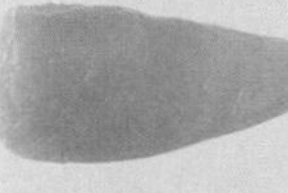   雞胸肉 18g；把絞肉與麵包粉、太白粉、水一起攪拌混合成小塊狀，用高湯煮軟。	  菠菜 30g ☆其他蔬菜也同量；煮熟後把莖與葉切成7mm大小、勾芡。	 馬鈴薯 112g；煮熟後搗碎，用煮汁或鮮奶調稀。
 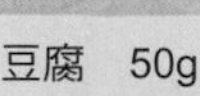 豆腐 50g； 原味優格 100g（鮮奶則是130g）		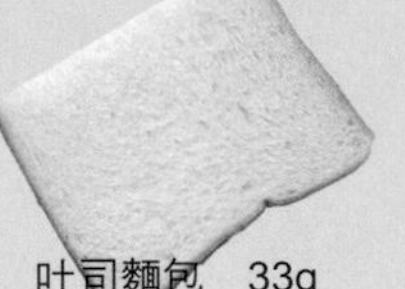 吐司麵包 33g；切成一口大小的小方塊，泡牛奶或鮮奶來吃。
  納豆 20g； 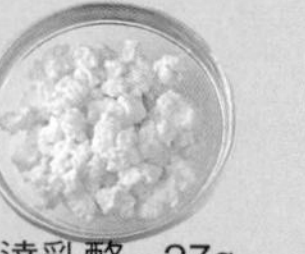 卡達乳酪 27g	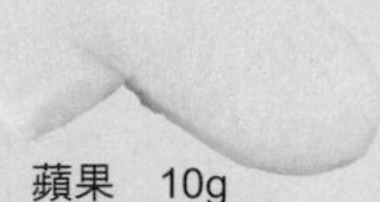  蘋果 10g ☆其他水果也同量；為了用手好抓，切成細長的棒狀。	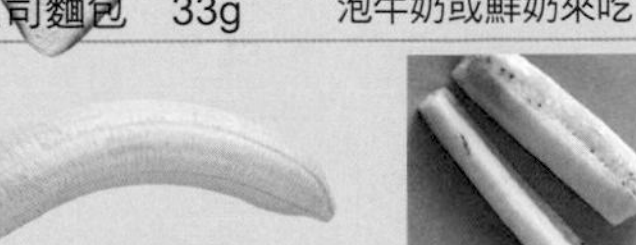 香蕉 100g；縱向切成4條棒狀。如果是小型香蕉就直接吃。
   牛瘦肉 18g		 玉米片 23g

輕度咀嚼期的基本 Q & A

隨著嬰兒的發育，有時會面臨意想不到的疑惑，媽媽不妨抱著開朗的心情認為「孩子只要心情好就沒問題」，多數案例能隨著時間經過而解決。

Q 雖然已9個月大卻還不能改為吃3次

因為起床晚，吃早餐時已接近中午，因此平時通常只吃2次斷奶食物。暫時吃2次有沒有關係？（9個月大）

A 最好在可能的範圍內趁早改為吃3次，才能攝取必要的營養素

雖然不必著急，但最好趁早改為吃3次。

在9個月大時，1天必要的營養素60％最好從斷奶食物攝取，而2次的斷奶食物很難辦到。必須讓生活逐漸規律，早一點起床調整早午晚餐的節奏。

建議目前可安排上午11時吃第1次，下午3時吃第2次，晚上7時吃第3次。正餐的間隔至少4小時以上，晚上在8時前就結束飲食，也就是太晚不要再吃，希望遵守這2點。

Q 即將從奶瓶畢業

朋友建議可以慢慢停用奶瓶。已經會用杯子喝茶或果汁，但只有牛奶還是非用奶瓶喝不可，真不知該怎麼辦？（9個月大）

A 不必勉強 還沒有關係

雖能體會媽媽希望孩子不要再用奶瓶的心情，但9個月大還是需要喝奶的時期。用杯子喝容易減少量，因此用奶瓶來喝沒問題。但隨著斷奶食物增加，就要逐漸減少牛乳的量。

滿周歲後如果還不想用杯子喝奶，就停用奶瓶，只讓孩子用杯子喝。進入此一時期的飲食量會增加，用杯子能喝的量就足夠。現在還不必勉強停用奶瓶，先設法增加斷奶食物的量。

Q 斷奶食物吃得少只想喝牛乳

我的孩子非常愛喝牛乳，1天喝1公升以上。斷奶食物時間吃得很少，只想喝奶瓶的牛乳，如果不給就哭鬧到給他喝為止。（10個月大）

A 牛乳喝太多可以告別奶瓶了

這個案例與之前9個月大的嬰兒正好相反。進入10個月大後，主要營養來自斷奶食物，1天牛乳的基準量是600毫升。如果牛乳喝太多就會妨礙斷奶食物的進展，除營養不足之外，「咀嚼力」也會有問題。在1歲半前是培育咀嚼力基礎的時期。增加斷奶食物的量，讓孩子從吃來練習咀嚼。建議停用能輕鬆喝大量牛乳的奶瓶，改用訓練杯來喝。減少牛乳後，斷奶食物的量就自然增加。可設法在斷奶食物中添加孩子熟悉的牛乳味。

Q 不會用吸管怎麼辦？

別家的孩子常用吸管來喝，但我家的寶寶卻不會用。（10個月大）

A 練習用杯子來喝比較重要

用吸管喝不必擔心灑出來，較讓人放心，但喝飲料的目標是用杯子喝。吸管的喝法與杯子不同，不會用也沒關係。

首先讓孩子用上下唇夾住杯緣，然後把杯子傾斜來喝。不要讓杯子邊緣太進入下排前齒，否則不容易喝，建議媽媽用手支撐來控制。先在杯子裝少量飲料來練習。

使用訓練杯，把杯子傾斜來練習喝的感覺。

最初由媽媽用手支撐，臉向下來喝。

Q 不咀嚼就囫圇吞下該怎麼辦？

斷奶食物一入口的瞬間就吞下，接著又馬上張口。孩子食慾旺盛雖是好事，但根本沒有咀嚼，令人擔心。（9個月大）

A 改餵不能囫圇吞下的固體食物

進入輕度咀嚼期後，用舌壓不碎的食物就用牙齦咬碎吃。太硬用牙齦咬不碎的食物，不是吐出就是囫圇吞下。尤其是小又硬的食物，很容易囫圇吞下，因此請留意。一開始不要切得太小塊，保持某種程度的大小為祕訣。譬如煮熟劃上刀痕的紅蘿蔔棒或小型香蕉等。把煮熟的根莖類蔬菜切成5元硬幣大小的薄片來吃。因為無法囫圇吞下，就自然會咀嚼來吃。

此外，媽媽不要為了趕時間而接連把湯匙送入口。如果是食慾好的孩子，通常就會囫圇吞下，因此建議餵的速度稍微放慢。

參考別家寶寶的斷奶食物時間

改變主食的種類，搭配的副菜也要改變，不要一成不變。
這個方法簡單而值得推薦。愛吃斷奶食物的嬰兒比例增多，一般來說是食慾旺盛的時期。

輕度咀嚼期前期嬰兒

張大口什麼都吃 每次都吃光光不剩

■媽媽的話　以往斷奶食物都順利進行。孩子不挑食，特別愛吃南瓜。似乎對吃本身很有興趣，食物一靠近嘴就張大，快樂地吃下，因此覺得辛苦烹調也值得。但是用餐時很不安分，不會乖乖坐著而讓人煩惱。

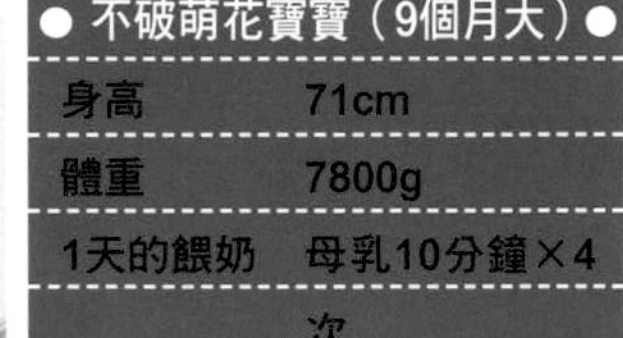

不破萌花寶寶（9個月大）	
身高	71cm
體重	7800g
1天的餵奶	母乳10分鐘×4次

醫師的建議

早晨增加穀類
晚餐增加蔬菜與蛋白質

這位媽媽在手抓菜餚上，下了不少工夫而值得稱許。建議早餐把南瓜改為1.5倍，晚餐把燴馬鈴薯改為燉蕃茄，增加蔬菜與蛋白質就更好。也可添加水果。飯後以外的餵奶以2次左右為宜。

輕度咀嚼期後期嬰兒

雖然已經吃飽 卻還想吃大人的菜餚

■媽媽的話　現在最愛吃納豆，不加醬油也照吃。也喜歡香蕉和南瓜，每天吃也吃不膩。最近開始用手抓或拿湯匙，似乎很想自己吃。雖然已經吃飽，但看到大人在吃飯，也會靠近想吃。讓人不想給都不行。

森崎翼寶寶（11個月大）	
身高	73cm
體重	9200g
1天的餵奶	母乳5分鐘×3～4次

醫師的建議

充分攝取蔬菜真好

充分攝取蔬菜非常好。午餐多半以麵條與香蕉為主食。整體來說水果也不少。建議晚餐減少一種水果，改吃蔬菜湯麵來增加攝取穀類。吃大人的菜餚時必須注意鹽分。

PART1

基本中的「基本」

養成用牙齦確實咀嚼的習慣

用力咬嚼期的進行法

斷奶結束期・1歲～1歲3個月大時期

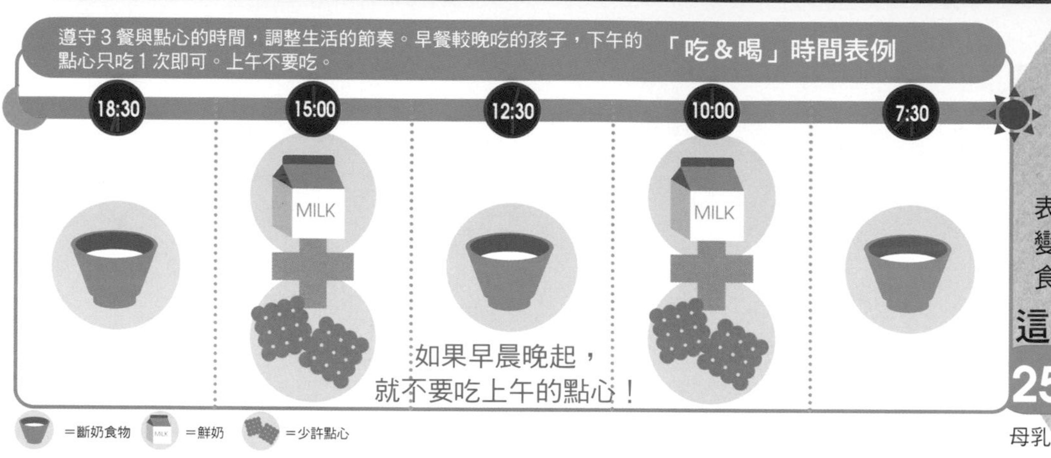

用力咬嚼期

前期

1歲大時期

表情分明，咬碎的力量也變強。確實咀嚼有咬勁的食物來打好咬嚼的基礎。

這個時期的營養是

25% 母乳、牛乳

75% 斷奶食物

口的動作能自由自在培育咀嚼力與調整力

規律攝取3餐，能有節奏地活動口來吃香蕉般軟硬的食物，就是用力咬嚼期。

用力咬嚼期是打下咀嚼基礎的時期。口的動作與大人一樣，能自由自在活動，但咀嚼力尚不充分。而且若要熟練吃各種食物，不僅需要咀嚼壓碎的力量，也需要調整力。

食物的形狀與口感各有差異，有硬的、容易咬碎的、柔軟的等。因此能夠配合食物的形狀改變咀嚼方式、高明吃的能力就是調整力。

1歲過後，大多數食物都能吃。除重口味、有刺激性、消化不良、可能誤食的情況之外，只要衛生上沒問題都能吃。確實咀嚼各種食物來吃，以培育調整力。

雖主要還是用手抓來吃但也要練習使用湯匙

即使孩子想拿湯匙自己吃，卻不能高明使用，實際上還是會用手抓來吃。建議設計用手好抓的菜色，就能用手抓來吃，也能練習使用湯匙。

孩子自己吃，就會記住一口量，而且集中精神咀嚼。叉子不能練習記住一口量，故等到會用湯匙來吃之後再使用叉子。

1歲過後仍要遵守淡味

大多數的食物都能吃之後，就會較常分食大人的菜餚，因而容易記住重口味。基本上，1歲過後也和以往一樣是「極淡味」。如果吃和大人一樣的味道就太重了，一旦記住濃重的味道後，就很難回到淡味。麵包或麵條類、牛油或瑪琪林（人造奶油）、乳酪等均含鹽分，因此主食推薦不含鹽分的米飯為主。

對點心的想法

在斷奶食物時期，基本上不需要吃點心。從斷奶食物與餵奶來攝取所有營養即可。但在早餐、午餐、晚餐與大人同時段進餐後，飲食的間隔就會拉長，此時在二餐中間吃一些點心也沒關係。不妨把點心時間當作嬰兒和媽媽共度的歡樂時光。如果早餐吃得早，就在上午與下午吃2次點心，如果早餐吃得晚，就在下午吃1次。定出時間，準備不影響正餐的少許點心（參照P46）。

1歲過後就能喝鮮奶

之前禁止用鮮奶代替母乳或奶粉。但1歲過後也可以喝鮮奶。但並非用奶瓶來喝，而是用杯子喝。鮮奶與奶粉一樣，喝太多會減少斷奶食物的量，因此以1天300～400毫升為基準。

早餐 軟飯

作法：
軟飯（參照P52）90g盛入容器。

蕃茄橘子沙拉

作法：
蕃茄果肉30g切成1cm塊狀。把沙拉油1/4小匙與少許檸檬汁混合，淋在剝去薄膜的橘子10g與蕃茄上。

牛油煎豆腐

作法：
用1小匙弱的牛油來煎50g的烤豆腐。

基本食材1次量&軟硬・大小的基準

（1次量是使用各食物群1種時的基準量）

蛋白質來源食物

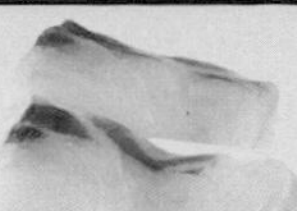
白肉魚 15g

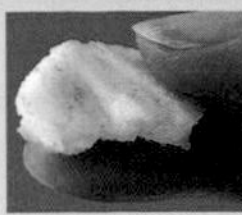

切成1cm塊狀，用少許油煎成金黃色，加水來燜。

全蛋 1/2個

把煮熟的蛋白切成1cm塊狀，蛋黃弄散，混合成柔軟狀。

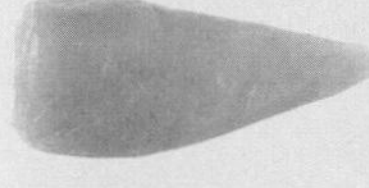
雞胸條肉 18g

煮熟後撕開，弄成柔軟。

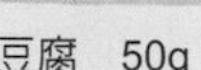
豆腐 50g

原味優格 100g（鮮奶則是130g）

納豆 20g

卡達乳酪 27g

牛瘦肉 18g

維生素、礦物質來源食物（蔬菜＋水果）

南瓜 30g

切大塊或煮熟後切成1cm大小

紅蘿蔔 30g

切成1cm塊狀。用牛油煮到能輕易壓碎的軟硬度。

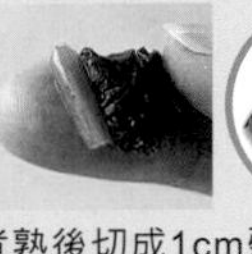
菠菜 30g
☆其他蔬菜也同量

煮熟後切成1cm弱，勾芡就容易吞嚥。

蘋果 10g
☆其他水果也同量

切成薄片。練習用前齒來咬。

熱量來源食物（主食）

軟飯 90g

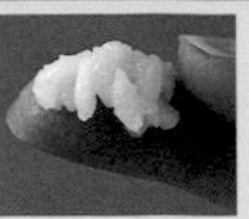

比米飯稍軟，但不會黏在一起。

煮麵條 92g

煮熟後大致弄散或切成適當的一口大小。

馬鈴薯 126g

切成喜歡的形狀、大小，也可直接吃。

吐司麵包 37g

切成一口大小的小方塊，泡牛奶或鮮奶來吃。

香蕉 112g

如果太粗就縱切一半，細的就直接吃。

玉米片 25g

範例食譜（吃3次）

早餐、午餐、晚餐和點心，每一道菜看起來都接近大人的菜單。
但調味卻非常淡，油脂的使用也控制在少量。

點心
水果玉米片鮮奶

作法：
最好用強化鐵質的玉米片10g，加切碎的哈密瓜15g，淋上2大匙鮮奶。

晚餐
蕃茄菇蕈義大利麵

做法：
把義大利麵條40g折斷成適當大小煮熟。蕃茄果肉30g與玉蕈5g切塊，用1小匙油來炒，加義大利麵拌炒，加湯（嬰兒食物）1/4杯攪拌混合，煮軟後加1小匙蕃茄醬來調味。

水果沙拉

做法：
葡萄與橘子合計10g，加過濾的卡達乳酪12g、原味優格50g、寡糖1小匙混合。

午餐
乳酪水果捲

作法：
用三明治用吐司麵包3片（40g）夾搗碎的奇異果等當季的水果10g、煮軟搗碎的南瓜15g、起司片2/3片等材料，捲起後用保鮮膜包緊，等定型後再切塊。

蔬菜湯

作法：
把紅蘿蔔及洋蔥等現成的蔬菜15g切碎，加1/2杯水、嬰兒食物的湯1袋來煮。

用力咬嚼期

後期

1歲1個月～1歲3個月大時期

牙齦變得很硬，能高明咀嚼。雖然可餵食與大人相同的食物，但還不是時候，仍是淡味、稍軟。看情況再進入幼兒食物。

這個時期的營養是

25% 母乳、牛乳 75% 斷奶食物

「吃＆喝」時間表例

與大人相同的飲食時間，但如果大人的三餐不規律，不吃早餐或深夜飲食則例外。嬰兒另外遵守規律的飲食。

7:30 斷奶食物
10:00 鮮奶＋少許點心
12:30 斷奶食物
15:00 鮮奶＋少許點心
18:30 斷奶食物

如果早晨晚起，就不要吃上午的點心！

＝斷奶食物 ＝鮮奶 ＝少許點心

吃的量雖與大人相同但因人而異

有些孩子的食慾旺盛，有多少就吃多少，有些偏好清爽的口感而吃不多，每個孩子的差異很大，與大人一樣因人而異。只要孩子健康，體重增加，可把所吃的量視為適量。

母乳與牛乳依情況而定

如果規律地吃三餐，就不必勉強喝母乳，但僅限點心時間與就寢前。隨著嬰兒的發育，感興趣的對象也變廣，從母乳轉移到其他食物上，逐漸不想喝飯後的母乳。

如果孩子只想喝母乳而不吃斷奶食物，就停喝母乳。此時即使孩子哭鬧也不要理會，2～3次後漸漸會妥協。告別母乳後，就會有食慾，嬰兒、媽媽都會比較輕鬆。

牛乳可改為鮮奶，不要用奶瓶而用杯子來喝。

為補充鈣質，1天需要300～400毫升的牛奶或鮮奶。如果孩子不喜歡鮮奶，可用乳酪或優格等乳製品來彌補。

建議使用湯匙容易舀起的碗公狀餐具

雖然已經很會用手抓來吃，但仍要設法練習用湯匙來吃。蓋飯用的稍大碗公適合用湯匙來舀，另外建議烹調像中式燴飯般的菜餚，飯粒就不會散亂而容易舀起。

不吃的食材可用相同食物群的食物來代替

孩子「不喜歡肉」「討厭紅蘿蔔」等好惡，讓媽媽非常煩惱，但不妨輕鬆以對。如果在烹調上下工夫還是不吃，那就用其他食物來代替。

如果不吃肉，就用魚貝類、豆腐或納豆等大豆製品、蛋、乳製品來代替。如果討厭紅蘿蔔，就改吃蕃茄或甜椒、南瓜、黏稠的皇宮菜等，不久，孩子就不會再挑食了。

這個時期的吃法

用手抓來吃改為湯匙 重視意願

這是孩子對自己吃有強烈意願的時期。有些孩子只用手抓來吃，有些會用湯匙來吃。孩子想怎麼吃就怎麼吃，媽媽做到基本限度即可，不需要過度幫忙。

用手抓比較快

1 原本用湯匙靠在盤子邊緣舀起來吃，但進行的不太順利。最後還是用手抓來吃。

2 吃香蕉遊刃有餘。自己拿著咬，把一口能吃的量吃進口中，確實咬斷。

3 雖然吃到一半會站起來，但吃飽後就會乖乖說我吃飽了。

因為好吃、開心用餐變得更快樂

此時，孩子已經很會咀嚼，因此可嘗試新的味道或口感。可準備色彩豐富的擺盤，孩子喜歡的可愛形狀的餐具等，一看就有歡樂的氣氛，而能湧出食慾。培育把吃當作是一件樂事，喜歡吃喝的孩子。

進展緩慢的孩子在1歲6個月大時結束斷奶食物也不要緊

有些孩子什麼都吃，但也有進展緩慢較為挑剔的孩子。每個孩子的個性不同，勿因趕不上1歲3個月結束斷奶的目標而著急，在1歲半左右結束也沒關係。進入1歲半時，前面的臼齒、第1乳臼齒上下都長齊，因此能用臼齒來咬碎食物。

斷奶食物結束的基準大致有以下2點：①用前齒咬斷固體食物，用牙齦與臼齒咬碎來吃；②從飲食能攝取大部分必要的營養素。

換言之，就是1天3餐能吃用牙齦咬得碎的斷奶食物，能用杯子喝300～400毫升的牛乳或鮮奶，這樣就可說從斷奶食物畢業了。

Up!

吃的功能提高！

練習用前齒咬下一口量

咀嚼力增強，能用前齒咬斷煮得有嚼勁的紅蘿蔔，因此可比輕度咀嚼期切更厚來練習。配奶油起司等沾醬，以點心的感覺來吃。

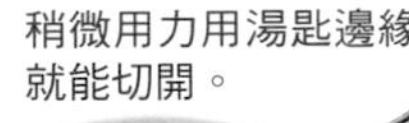

稍微用力用湯匙邊緣就能切開。

配合嬰兒的咀嚼力切成1～2cm厚。

1歲左右，上下排前齒都已長齊。

即將從斷奶食物畢業

在此之前，嬰兒會有這些舉動

- ■規律吃3餐，大部分必要的營養都是從飲食攝取。
- ■能用前齒咬斷食物，用牙齦咀嚼來吃。
- ■如果也會用杯子喝鮮奶或奶粉就更好。

用力咬嚼期後期

基本食材1次量&軟硬・大小的基準

（1次量是使用各食物群1種時的基準量）

蛋白質來源食物		維生素、礦物質來源食物（蔬菜＋水果）		熱量來源食物（主食）	
 白肉魚 18g	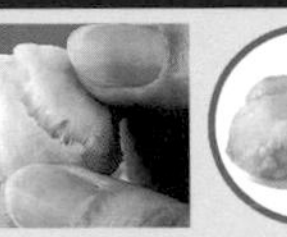  切成1.5cm大小，加數滴醬油，沾太白粉來油炸。	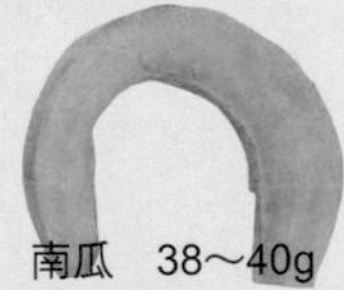 南瓜 38～40g	 切成1～2cm大小的薄片，用少許油來煎。	 米飯 80g	 終於到達終點，能吃與大人相同的米飯。
 全蛋 2/3個	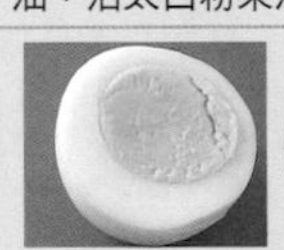 把蛋煮熟後挖出蛋黃，再把勾芡的蛋黃裝在蛋白內。	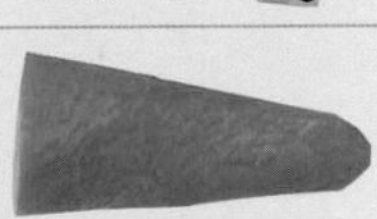 紅蘿蔔 38～40g	 切成1cm粗的棒狀。用牛油煮到用湯匙邊緣能切斷的軟硬度。	 熟麵條 112g	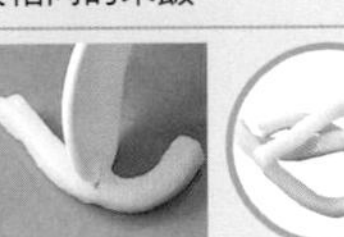 切成5cm長，用湯匙邊緣能輕易切斷的軟硬度。
 雞胸條肉 20g	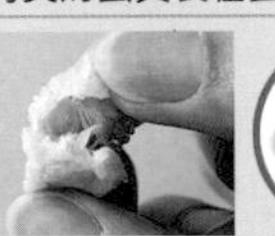 用刀背拍打後切成1cm大小。和白肉魚一樣油炸。	 菠菜 38～40g ☆其他蔬菜也同量	 煮熟後切成約1cm長，勾芡。	 馬鈴薯 155g	 煮熟後大致弄散，或切成一口大小。
 豆腐 55g	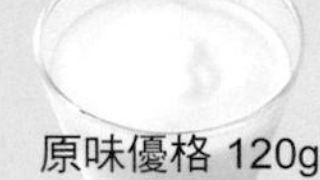 原味優格 120g（鮮奶則是156g）			 吐司麵包 45g	 切成喜好的形狀與大小，或整塊烤吐司。
 納豆 22g	 卡達乳酪 32g	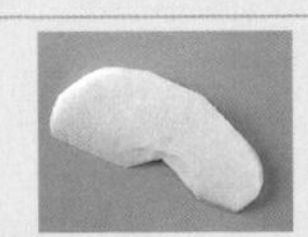 蘋果 10～12g ☆其他水果也同量	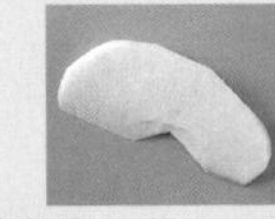 切成稍厚的薄片。用前齒能輕易咬斷。	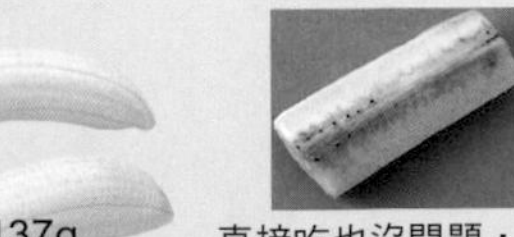 香蕉 137g	直接吃也沒問題，如果太粗就縱切一半。
 牛瘦肉 20g				 玉米片 30g	

用力咬嚼期的基本 Q&A

在斷奶食物接近結束時，有關烹調、管教、營養的問題等也隨之而來。
在此一次解決，以順利進入幼兒期。

Q 一旦記住重口味的食物，就不吃淡味的斷奶食物

我的孩子偏愛大人的菜餚，我想吃少許應該不要緊而給他吃，看到孩子吃得很開心而經常這麼做。可是之後才發現孩子對淡味的斷奶食物不感興趣。1歲過後，繼續吃大人口味的飲食有沒有關係？（1歲2個月大）

A 1餐的鹽分不超過0.5公克，必須回到淡味

鹽分過剩對嬰兒未成熟的腎臟負擔過大。1次斷奶食物使用的鹽分約0.4～0.5公克。用2根手指捏1撮的量。如果孩子不吃淡味，就採用鹹、淡兩種的作法。把鹽分集中使用在1道菜，其他則不調味，利用水果或優格、蕃茄等來添加風味。

Q 孩子不想自己吃只張口等人餵

我的孩子不餵就不吃，不想伸手自己吃，只張口等人餵，該怎麼辦？（1歲大）

A 製造孩子想自己吃的機會

可能是錯過孩子自己想吃的時期。譬如當孩子伸手想自己吃時，媽媽就說「不行」來嚴加制止，大人露出「弄髒就糟了」的凶悍表情，澆息孩子原本「想自己吃」的想法。此外，如果媽媽常說：「你喜歡吃這個對吧？」而主動送到孩子嘴邊，孩子就會認為不需要自己動手。

在這種情形下就要重新來過。讓孩子餓肚子，或給他用手抓來吃的食物，即使孩子弄得亂七八糟，媽媽也以笑臉誇獎說「自己會吃嘍！」以用手抓的菜單為主，讓孩子想要自己吃。也可把嬰兒用的手拿點心當作零食來吃。在快樂的嘗試中就會逐漸成長，一看到周圍的大人或同伴在吃，也會想要自己吃。

手抓的菜單

烤飯糰
在米飯加入麵粉與水各少許，揉成一糰來烤。

蔬菜餅
把馬鈴薯與紅蘿蔔磨成泥，瀝乾水分來烤。

Q 不愛喝牛乳及鮮奶幾乎不喝

我的孩子已經停止喝母乳，但不論是牛乳或鮮奶，幾乎都不喝，這樣有沒有關係？（1歲1個月大）

A 不喝牛乳或鮮奶的孩子要注意是否缺乏鈣質

牛乳或鮮奶如果喝到基準量，就不必擔心缺乏鈣質。但如果孩子不喝，就改為積極攝取乳酪等乳製品或左圖的食物，來補充蛋白質與鈣質。鈣質除有益骨骼或牙齒之外，也對血液及肌肉、神經有益，負責重要的生理作用。

Q 不用湯匙吃只用手抓

給孩子湯匙，但只是胡亂揮動。原本以為應該會使用，請問要如何練習？（1歲2個月大）

A 媽媽從旁協助

把食物放在湯匙上，媽媽幫忙讓孩子吃，如此練習。一旦孩子想用湯匙來吃時，不久就會用；但如果只是當成玩具，可能時期尚早。就讓他用手抓來吃即可。媽媽也可在孩子面前表演用湯匙吃，就能激發孩子的模仿慾來學習。

讓孩子用手抓來吃很重要。這樣就能記住自己一口量的感覺，而能高明咀嚼。

Q 無法安分的進食

我的孩子喜歡自己拿盤，又打翻杯子，從椅子站起來走來走去，總是無法安分地進食。每次進食30分鐘才結束，有時吃得量很少，令人擔心。（1歲1個月大）

A 邊吃邊玩是嬰兒成長過程中無法避免的必經之路

邊吃邊玩在1歲到2歲階段達到高峰，到了3歲左右就會安分進食。在能獨自進食之前，這是無法避免的必經之路，媽媽不必太操心，孩子想做什麼就讓他去做。孩子走來走去時，媽媽不要追著餵食。耐心等待，等他回到座位再餵，在15～20分鐘內就趁早結束。也不必在意吃得少，但必須在規定的時間內進食，即使其他時間想吃也不要給，這點很重要。

參考別家寶寶的斷奶食物時間

1歲的孩子邊吃邊玩是常有的事。用餐時間容易拖長，最理想的是集中精神吃20分鐘。已能明確表達好惡，討厭的食物會用手推開。

用力咬嚼期前期嬰兒

即使中途吃膩仍交互餵食 這樣就會再吃

■媽媽的話　1歲左右時想自己用湯匙來吃，但最近又喜歡被人餵。從早開始就食慾旺盛，問他好不好吃時，就會笑著繼續吃。與爸爸3人一起進餐似乎最開心。雖然吃到一半會開始玩，但只要交互餵食米飯、味噌湯、米飯、副菜，就不會吃膩而繼續吃。

●谷口寬太寶寶（1歲2個月大）●

身高	78cm
體重	10.5kg
1天的餵奶	母乳5～20分鐘×5次

醫師的建議

鮮奶會用杯子喝 點心的量也正好

早餐、午餐的蔬菜稍嫌少了點。如果在麵條或味噌湯加入蔬菜就更營養均衡。點心的量正好。鮮奶也會用杯子喝，照這個狀況逐漸增加鮮奶的量即可。

（早餐）9:30
調味海苔 4片
豆腐味噌湯 50g
肉燥煮白蘿蔔 20g
米飯 30g
煎鮭魚 15g

（點心）10:30
橘子 1個

（午餐）13:30
燙青花菜 紅蘿蔔 20g
加豆腐 烏龍麵 64g
混合絞肉 漢堡排 22g

（點心）18:30
嬰兒用餅乾 2片
鮮奶 60g

（晚餐）19:30
豆腐味噌湯 50g
乳酪拌燙青花菜 南瓜、紅蘿蔔 50g
納豆飯 40g
香蕉 1/2根

用力咬嚼期後期嬰兒

非常喜歡吃 而且會乖乖坐著進食

■媽媽的話　以往就吃得不少，因此我從未為斷奶食物煩惱。但最近開始不吃某些食物，像絞肉般鬆散的食物一吃進口就會吐出，雖然也不愛吃雞胸條肉，但只要與南瓜混合就會全部吃光。似乎比較喜歡用手抓而不愛用湯匙，還不太會用杯子喝。

（早餐）7:00
混合蔬菜 玉米湯 60g
自製麵包 30g
蛋包乳酪 40g
煮紅蘿蔔 20g
煎馬鈴薯豬肝（嬰兒食物粉末）30g

（點心）10:00
蘋果果凍 60g
豆漿 50g
嬰兒用餅乾 1片

（午餐）12:00
蕃茄 青花菜湯 50g
南瓜葡萄乾 沙拉 30g
油菜雞胸條肉奶油 義大利麵 80g

（晚餐）17:00
豬肉湯 60g
豆漿 50g
拌燕菁鮪魚 蘋果 40g
柴魚片海苔飯 60g

●櫻野花凜寶寶（1歲5個月大）●

身高	75cm
體重	8000g
1天的餵奶	鮮奶100ml、豆漿50～100ml

醫師的建議

能看出媽媽用心安排菜單，鮮奶代替豆漿

這些菜單看起來就很美味，連我也想吃。豆漿雖是優質的植物性蛋白質，但鈣質的含量較少。因此建議減少豆漿，把鮮奶改為200ml，或添加用鮮奶烹調的菜餚。

PART1

基本中的「基本」
培育能高明咀嚼與調整力

幼兒食物期的進行法

斷奶結束～5歲

幼兒期是打下生活習慣基礎的時期。飲食成為生活的中心，因此在規定的時間進食，在調整生活節奏上最重要。

飲食時間表例

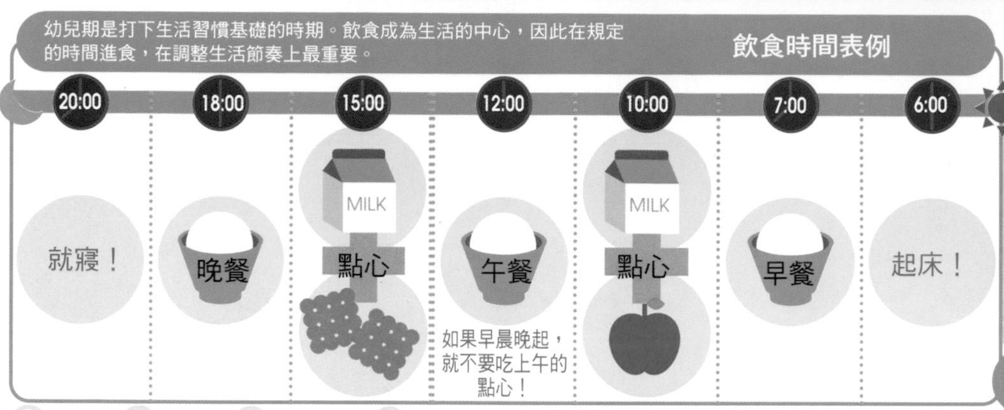

幼兒食物期

前期

斷奶結束～2歲

消化脂肪及醣類的能力或腸的免疫功能在3歲前尚未發達，把前期視為斷奶食物期的延續。

這個時期的營養是

3餐 80%　20% 零食

以淡味的菜餚為主設計稍軟的菜單

幼兒期是打下一生飲食生活基礎的重要時期。從斷奶食物結束後，容易變成以西式菜餚為主，但這樣可能會導致脂肪攝取過量。為預防因肥胖引起的生活習慣病，請留意控制脂肪成分或鹽分的飲食內容。因此建議主食是不含鹽分的米飯。此外，養成主食、主菜、副菜，以淡味的菜餚為主的飲食習慣。

長出第1乳臼齒後就練習用牙齒咀嚼

斷奶結束後，就會長出第1乳臼齒。這是開始練習「以咀嚼來咬碎」的信號。此外，在2歲半～3歲時，上下排臼齒都已長齊，孩子的齒列就生長完成。此時終於能練習用牙齒咬碎硬物來吃。

但並非能吃硬物就沒問題。必須配合食物的形狀，自由自在地調節咀嚼力。

培育這種調整力有幾項要點。

首先用前齒咬斷食物，然後靠唇的動作把食物送進口中。蔬菜棒等大塊食物可用手抓來吃，或自己用湯匙吃。把食物塞進上排前齒的裡面，在此感覺食物的形狀，以此來培育調整力。但如果大人怕孩子掉落食物而弄髒，用湯匙把食物送進孩子口中，就無法培育調整力，吃法不會進步。

長出臼齒後就能吃各種形狀的食物。能自己吃各種食物後，就能練習培育調整力。

對三餐

這個時期的吃法

儘量使用湯匙來吃！

從手抓來吃進入用湯匙來吃。用湯匙吃，孩子就會記住自己的一口量，能閉唇高明吃以後，就嘗試用叉子。但用叉子就不能練習閉唇來吃。

1 以認真的表情小心舀起優格，以免掉出來。自己很有自信能做到。

2 非常喜歡的漢堡稍大，因此打算用叉子切來吃，可是不容易切開！

3 討厭的蔬菜就不要！以堅決的表情來表達——不能吃其他蔬菜嗎？

與點心（零食）的想法

幼兒期必要的熱量與營養素，如果以體重每1公斤來計算就是大人的2～4倍。但幼兒胃小、消化能力也不充分，不能一次吃太多。從三餐不能攝取足夠的營養，因此需要點心。

點心雖有享受的意味，但另一個重要目的是做為飲食的一部分，來彌補正餐不足的營養素（參照P46）。此外，點心也是補充水分的機會，鮮奶或不含糖分的麥茶等都值得推薦。

邊玩邊吃、吃剩、偏食等問題也出現

在幼兒期所謂「吃」的行為仍在發展中。邊玩邊吃或吃剩、正餐時間拖長等問題也會持續。不論是哪一種都需要如下的因應。

首先，等孩子肚子很餓時才餵。點心餵食的時間與量，不要影響到正餐。留意適度的運動。在餐桌附近不要放玩具，讓孩子集中精神來進食。周遭人一起圍坐在餐桌，不要做其他事讓孩子分心。此外，即使孩子不吃也不要勉強，進餐在30分鐘內結束。

如果沒有認真咀嚼，不要在飲食中餵食鮮奶或麥茶、湯等水分。因為如果在飲食中常攝取水分，就容易養成不咀嚼，而藉由液體吞下的壞習慣。確認口中沒有任何食物再餵食水分，養成不急不徐的習慣。

幼兒食物期後期是3～5歲左右

進入幼兒食物期後期，如下表所示的必要熱量比前期增加30％以上。同時，消化吸收營養素所需的酵素功能也與大人一樣，腸道的免疫功能也成熟，抵抗力也提高。

心智的發達也顯著，尤其情感變得豐富。在乳兒期比較單純，如「興奮、愉快、不愉快」。但在幼兒期前期就細分為「愉快、興奮、喜悅、愛、不滿、生氣、害怕」。進入幼兒期後期再細分為「愉快、希望、喜悅、得意、愛、興奮、不滿、討厭、嫉妒、生氣、怨恨、失望、害怕、擔心」。飲食上出現好惡，也對吃更感興趣。因此只要在烹調法或盛盤、餐具等方面多下點工夫就有效果。

此外，在2～3歲左右，自我主張強，如果不能如願就會哭鬧不休，但進入4～5歲後就能某種程度的「忍耐」。

到了指尖能用力的3歲，就會使用筷子。4歲時能熟練使用筷子的孩子很多。

幼兒食物期1天食物的構成與量的基準表

把各種營養素、1天的攝取量、從何種食物來攝取較好等做成表。在3次正餐與點心時間，恰到好處的攝取此處列舉的食物就很理想。

食物		斷奶結束～2歲		3～5歲	
		1天量（g）	基準量（g）	1天量（g）	基準量（g）
蛋白質來源食物	乳製品（鮮奶）	300～400	鮮奶1.5～2盒	300	鮮奶1.5盒
	蛋類	30	蛋（大）1/2個	30	蛋（大）1/2個
	魚貝類	30	四破魚1/2片	40	牡蠣（貝）2大個
	肉類	30	薄片肉1片	40	火腿2片
	種實類	5	芝麻1小匙	5	芝麻1小匙
	大豆・豆製品	30	納豆3/4盒	40	納豆1盒
維生素、礦物質來源食物	黃綠色蔬菜類	90	紅蘿蔔1/3根+菠菜1大株	90	南瓜4cm大小3塊
	淡色蔬菜類	120	蕪菁1大個+大白菜1片	150	花椰菜1株+高麗菜葉1片+小黃瓜1/2根
	菇蕈類	5	適量	5	適量
	海草類	2	海苔1片	5	海苔1片+（味噌湯1杯份的）裙帶菜
	果實類	100	草莓6～7粒	150	橘子2個
熱量來源食物	穀類（米飯）	80	孩童飯碗鬆鬆1碗	120	女性用飯碗鬆鬆1碗
	穀類（熟麵條）	120	市售品1/2坨強	180	市售品1坨強
	穀類（麵包）	50	切8片吐司麵包1又1/4片	70	（切6片）吐司麵包1又1/6片
	芋薯類	40	1/2個	60	2/3個
	砂糖類	5	1/2大匙	5	1/2大匙
	油脂類	10	2又1/2小匙	15	1大匙+1/2小匙
軟硬・大小		能用前齒咬斷，用臼齒咬碎的煮物是軟硬度的基準。無法整個放入口中的扁平圓盤狀大小。		能用臼齒咬碎的炒物是軟硬度的基準。有大有小。	
吃法		用手抓 ➡ 用湯匙		用湯匙（叉子）➡ 筷子	

幼兒食物期前期（斷奶結束～2歲）的範例菜單（吃3次＋上午、下午的點心）

從含豐富鈣質的早餐開始，留意每餐蔬菜充足。
主食考慮採用不含鹽分、吃不膩的米飯為主。

上午的點心
草莓牛奶

作法

把鮮奶3大匙淋在3～4粒草莓上，邊咬碎邊吃。可依個人喜好加少量蜂蜜。1歲過後就能吃蜂蜜。

下午的點心
優格奶昔

作法

把原味優格1/3杯、鮮奶1/4杯、蜂蜜1小匙放入密閉容器，蓋上蓋子搖晃混合即可。

午餐
蔬菜豐富的菜飯

材料

米飯　100g　　高麗菜　30g

青花菜　25g

A（蛋汁1個份　鮮奶2小匙　起司粉1小匙　鹽少許）

作法

1. 高麗菜切成2cm塊狀，青花菜分成小朵，一同煮軟。
2. 混合A放入耐熱容器，加入熟蔬菜與米飯混合。
3. 蓋上保鮮膜在微波爐加熱40秒，全體混合後再加熱30秒。如果蛋未熟就再加熱。

碎蕃薯濃湯

材料

蕃薯　30g

A（水1/2杯　顆粒高湯１耳掏　鹽少許）

切碎的紅椒　少許

溶水的太白粉　1/3小匙

作法

1. 蕃薯把皮削厚，切成銀杏葉狀後泡水，瀝乾水分。
2. 起鍋，加入A與蕃薯，煮軟後熄火，用叉子搗碎。
3. 再開火加入太白粉水勾芡，灑入紅椒。

晚餐
鰤魚菇蕈奶油燉菜

材料

鰤魚　30g　　馬鈴薯　20g

舞茸、玉蕈 各5g　　洋蔥　15g

青豆　10g　　麵粉　少許

鮮奶　1/4杯

A（水1/4杯　顆粒高湯1耳掏　鹽少許）

牛油　1/2小匙

作法

1. 鰤魚切成一口大小，沾上麵粉。馬鈴薯切成小梳子形，菇蕈撕開，洋蔥切碎。
2. 融化牛油煎鰤魚後取出。接著炒馬鈴薯與洋蔥，炒軟加菇蕈，倒入A，開中火煮軟，加入鰤魚與青豆再煮２分鐘，加鮮奶，快要煮沸前熄火。淋在米飯上。

高麗菜湯

材料

切絲的高麗菜　20g

A（水1/4杯　顆粒高湯1耳掏　鹽少許）

作法

把A煮開後加入高麗菜煮軟，可灑入少許西芹末。

早餐
炒吻仔魚裙帶菜

材料

吻仔魚　5g　　裙帶菜、紅蘿蔔 各10g

醬油　少許　　麻油　少許

作法

1. 裙帶菜泡軟後切成1cm塊狀，紅蘿蔔切成2cm長的薄片。
2. 加熱平底鍋後倒入麻油，炒吻仔魚與紅蘿蔔，炒軟後加裙帶菜，再加1小匙水與醬油拌炒，炒乾湯汁。

涼拌綠蘆筍

材料

綠蘆筍　20g　　A（高湯1大匙、醬油1/4小匙）

柴魚片　少許

作法

綠蘆筍汆燙後先縱切一半，再切成適當大小，灑上A與柴魚片來拌。

豆腐味噌湯

材料

豆腐　20g　　金針菇　5g

高湯　1/2杯　　味噌　1小匙

作法

豆腐切成塊狀，金針菇切成1cm長，用高湯來煮，加入味噌。

紅蘿蔔橘子沙拉

材料

紅蘿蔔　20g

橘子　1/2個

A（橘子汁１大匙　鹽、砂糖各少許）

作法

1. 紅蘿蔔用削皮器削成薄片後切成適當大小煮熟。橘子剝去薄膜弄散。
2. 混合A來拌紅蘿蔔與橘子。

幼兒食物期前期的基本 Q&A

管教或禮貌、飲食習慣、營養等，出現有關飲食生活上各種疑問的時期。只要順著孩子的心情耐心對話，就能漸進式教導或訓練。

Q 從何時開始練習使用筷子？

聽說同月齡的孩子都已開始練習使用筷子，我想自己的孩子也該開始練習，可是卻連湯匙都不太會用？（1歲10個月大）

A 雖有個人差異，但從3歲左右再開始也不遲

1～2歲時即使拿湯匙來吃，但仍是以手抓來吃居多的時期。因此不太會使用湯匙也不必擔心。到了2歲就會使用湯匙與叉子，而筷子是從3歲起才會握住，而且只是挖來吃的程度。到了指尖有力，能夠握鉛筆的時期，就會正確使用筷子。因此會正確使用是在4～6歲左右。

太早使用筷子容易養成怪癖，反而不易正確使用。從長遠來看，3歲過後再練習較容易上手，因此不必急著學習。

現在能用湯匙一口接一口地送進口中，就值得大加誇獎。最重要的是讓孩子產生能夠自己吃的自信與自尊。

發現孩子有興趣時，就把筷子放在餐桌上

右／如果當天烹調用筷子容易夾的菜餚，就會準備筷子。發現孩子有興趣時不妨嘗試看看。如果孩子沒興趣就用湯匙。

最初由媽媽幫忙

中／沒有人一開始就很能順利使用筷子。由媽媽幫忙，與湯匙一樣把筷子放在孩子慣用的手上，好像二個人合作來夾的感覺。

終於會送進口中

左／從3歲左右起就會使用筷子，但能高明使用則是在4～6歲，但因人有很大的差異。不要急，慢慢來。

Q 這個時期還有什麼食物不能吃？

所有的食物都能吃嗎？還有什麼食物不能吃？（2歲大）

A 除生魚片之外，可能引起意外事故的堅果類也要避免

除刺激性強、味道重、衛生上有問題的食物以外，大多數的食物都可以吃，但可能有寄生蟲的生魚片類，在幼兒期最好不要吃。

食物阻塞喉嚨而引起窒息的意外事故中，最常見的是花生，其次是毛豆或杏仁等堅果類或豆類。除此之外，還有栗子及蒟蒻果凍、蘋果或起司片等。堅果類或豆類在4歲前不要吃。

進餐時的禮儀有防止意外事故的意義，因此必須教導孩子，譬如不要邊走邊吃，不要口含著筷子或湯匙來玩等。另外在可能緊急煞車的交通工具上也不要吃糖球等。總之，養成孩子在吃東西時，媽媽在一旁觀察的習慣。

參考別家孩子的進餐時間

晚餐食慾旺盛的孩子似乎較多。與大人一同進餐比較願意吃，但也不能為了配合大人而延遲到很晚才吃。

幼兒食物期前期的孩子
對食物很感興趣，什麼都吃

■媽媽的話　以往對食物不感興趣而不吃，令人困擾，但最近似乎產生興趣，而且不挑食，什麼都吃，讓人放心。只不過不能安分地坐在椅子上吃。進餐中或站或坐、邊玩邊吃，真令人煩惱。但如果吃自己非常愛吃的食物時，就會乖乖坐著吃。

● 內田太陽寶寶（1歲10個月大）●

身高	83cm
體重	10.8kg

醫師的建議

軟硬度和份量都不錯　注意甜食

早餐的蔬菜稍嫌不足，除此之外都沒問題。軟硬度或份量也都配合孩子的發育。點心蕨菜餅似乎太甜，因此建議把份量改為20～30g，不加蜂蜜。

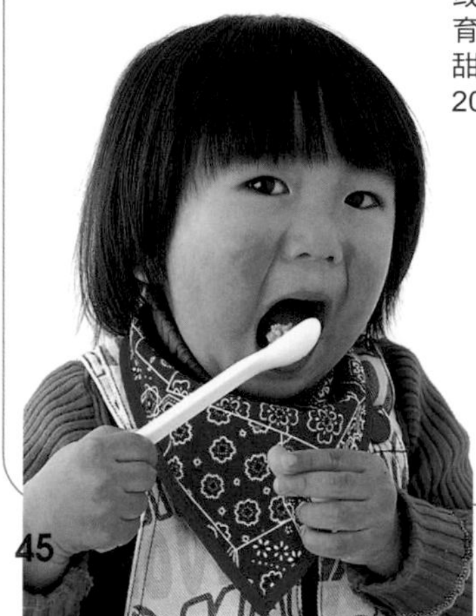

（早餐）9:00
豆腐味噌湯 50g
納豆芝麻飯 20g
蘋果 15g
維也納香腸煎蛋 10g

（點心）11:00
優格 85g

（午餐）13:00
蕃茄 15g
小黃瓜 10g
鮮奶 180g
加玉米的炒烏龍麵 150g

（點心）16:30
鮮奶 100g
蕨菜餅 50g

（晚餐）20:00
燙煮青花菜 10g
豆多的煮什錦 20g
菜飯 70g
炸雞塊 20g

PART1
基本中的「基本」
從何時起、吃多少才合適？

嬰兒的點心

對幼兒來說點心不只是一種「享受」，也是「飲食」之一。
在彌補3餐不足的營養和熱量上很重要。慎重考慮份量與內容來準備點心。

依月齡或斷奶食物的時期 吃點心的目的也不同

依月齡或年齡，點心扮演的角色也不同，以「享受」→「填飽肚子」→「飲食之一」為特徵。嬰兒食物的點心包裝上標示的「從○個月起」，只是食材或軟硬度等有關商品的參考基準而已。

乳幼兒期（1歲前）在營養上還不需要點心。

配合各時期 給予適當的份量

吃點心能讓孩子感到開心，因此大人容易給得太多；但吃點心的一大原則是「不影響正餐」。

此外，當孩子耍賴或哭鬧時，不能為了「堵住孩子的嘴」而給他點心。定出時間與份量，而且不讓孩子拖拖拉拉地吃。

何種點心 對孩子有益

孩子一旦記住重口味，就會對淡味不感興趣。不僅是甜味，鹹味也一樣。

因此在購買時，以嬰兒用點心為主要考量，媽媽自己親手製作淡味、低脂肪的簡單點心最好。

9個月

含住壓碎期 7～8個月大時期

不需要點心

練習用手抓、自己吃的時期。極少量就足夠

在含住壓碎期，在營養上還不需要點心。準備果汁或少量水果，讓孩子練習用手握來吃，餅乾偶爾吃一次即可。（包括果汁在內33～38kcal）。

輕度咀嚼期 9～11個月大時期

前點心期

正式開始前的享受

進入輕度咀嚼期，能吃的食材增加後，可逐漸開始吃點心。但從點心能攝取的熱量少，因此以1天1次為限。請注意不要妨礙到斷奶食物。

1天的點心基準量

50～65kcal

1天1次

嬰兒用點心的量

餅乾 3又1/2片 34kcal ＋ 果汁 80ml 31kcal

合計65kcal

均衡要點

依搭配的飲料
點心的份量也不同，請注意！

幼兒食物期前期以（1天140～150kcal）為例

如果是麥茶 △

蔬菜餅乾 34g 150kcal ＋ 麥茶 0kcal

乍看像是容易吃很多的菜單，但對用力咬嚼剛結束的幼兒的胃來說，餅乾的份量太多，可能會影響晚餐，必須注意。

如果是鮮奶 ○

蔬菜餅乾 12g 50kcal ＋ 鮮奶 150ml 100kcal

以1天的點心基準量140～150kcal，減鮮奶100kcal，計算出餅乾的量是50kcal。如果喝鮮奶或牛乳，就能達到營養均衡，也能吃飽。

STEP 1

時期別 想法與份量

5歲 幼兒食物期（後期／3～5歲）3歲

小型正餐期 II

點心也算1頓正餐
確實補充熱量

1天所需的熱量激增的時期。因此點心準備三明治或飯糰等接近輕食的食物。而且隨著年齡增長，鮮奶的攝取容易減少，因此必須積極攝取。

1天的點心基準量

250～280kcal

1天2次

嬰兒用點心的量

AM：玉米片 10g 38kcal ＋ 鮮奶 150ml 100kcal　合計138kcal

PM：加蜂蜜的煎餅 1片 122kcal ＋ 麥茶 0kcal　合計122kcal

1天2次 簡單！自製手工點心

牛奶凍 AM

牛奶凍 93kcal ＋ 麥茶 0kcal　合計93kcal

材料（3個份）
鮮奶　250ml
砂糖　25g
明膠粉　5g
水　2大匙

作法
明膠用水溶解。鮮奶微波加熱後，加砂糖與明膠使其完全溶解。散熱後倒入容器冷卻使其凝固。加入水果。

南瓜蒸糕 PM

南瓜蒸糕 87kcal ＋ 鮮奶120ml 80kcal　合計167kcal

材料（2個份）
烤蛋糕混合料　40g
水 30g
南瓜切塊 30g

作法
南瓜削皮，用保鮮膜包起微波1分鐘煮熟。混合烤蛋糕混合料與鮮奶倒入杯中，加入南瓜，在蒸籠蒸約7分鐘。如果微波，就蓋上保鮮膜微波1分鐘強。

3歲 幼兒食物期（前期／斷奶結束～2歲）2歲

小型正餐期 I

把點心視為輕食
給予營養均衡的食物

斷奶食物結束，進入幼兒食物時期後，選擇營養均衡的食物較好。1天的點心基準量幾乎不變，因此使用蔬菜或水果，多花點心思來自製菜餚。

1天的點心基準量

140～150kcal

1天2次

嬰兒用點心的量

合計29kcal

合計110kcal

1天2次 簡單！自製手工點心

熱香蕉奶昔 AM

合計73kcal

材料
香蕉　30g
鮮奶　70ml

作法
香蕉與鮮奶在果汁機攪打成果汁狀，微波加熱30秒。

大豆粉蕃薯 PM

合計77kcal

材料
蕃薯　40g
鮮奶　2小匙
大豆粉　1小匙

作法
蕃薯削皮後泡水去澀味，微波加熱煮熟，用叉子搗碎成柔軟狀，加大豆粉與鮮奶攪拌混合來調節軟硬度。

2歲 用力咬嚼期（1歲～1歲3個月大時期）1歲

正式的點心期

在早餐、午餐、晚餐前
給予能填飽肚子的點心

這是運動量增多的時期。午餐與晚餐的間隔長，在容易肚子餓的下午3時吃1次，或上午10時、下午3時吃2次是一般的作法。1天的點心基準量有上限，因此配合次數來調節份量或內容。

1天的點心基準量

65kcal

1天2次

嬰兒用點心的量

合計19kcal　合計44kcal

1天2次 簡單！自製手工點心

桃子優格 AM

合計38kcal

材料
原味優格　3大匙
水蜜桃（罐頭・果肉）　10g

作法
把原味優格盛入容器，加入切成適當大小的水蜜桃。

微波蘋果 PM

合計27kcal

材料
蘋果　1/4個

作法
蘋果削皮去芯，切成喜歡的形狀（可用壓模）。放在耐熱盤，蓋上保鮮膜，微波1分～1分30秒。

STEP 2

自製點心推薦的健康食譜

從「點心」＝「享受」時期起就準備這些點心

輕度咀嚼期～用力咬嚼期

豆腐佐南瓜醬

材料
嫩豆腐　30g
南瓜　20g
鮮奶　30ml

作法
1. 南瓜削皮去籽，用保鮮膜包起微波約1分鐘煮熟。
2. 1散熱後搗碎成軟爛，加鮮奶調成醬狀。
3. 把2的南瓜醬淋在切成適當大小的豆腐上（也可把少許南瓜切塊，放在上面裝飾）。（55kcal）

蘋果沙拉

材料（3個份）
蘋果　1/4個
優格　1大匙

作法
1. 蘋果削皮去芯，切成小方塊。
2. 把1放入耐熱容器，蓋上保鮮膜微波加熱1分鐘。
3. 2冷卻後與優格攪拌混合。（36kcal）

水果葛粉湯

材料
喜好的水果切塊　各10g
（照片中是蘋果、橘子、草莓、奇異果）
水　60ml
砂糖　0.5g
溶水的太白粉　少許

作法
1. 把水與砂糖放入耐熱容器，微波1分鐘。
2. 1加熱後，加入少量太白粉水勾芡。
3. 把2微波10秒，加入水果，整體攪拌混合。（20kcal）

做好的菜餚媽媽先試吃

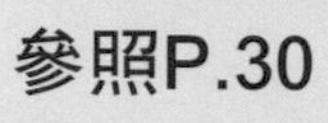
參照P.30
基本中的「基本」輕度咀嚼期

在輕度咀嚼期～用力咬嚼期，從點心攝取的熱量還不太多，因此自製時請留意卡路里與脂質為要點。為控制在低熱量，最好使用蔬菜或水果、豆腐、洋菜等。此外，與斷奶食物一樣，完成的點心由媽媽先試吃，仔細確認是否比平時的點心甜或太油。

考慮營養均衡的菜單

幼兒食物期

紅蘿蔔蛋糕

材料（小鬆餅約20個份）
烤蛋糕混合料　150g
蛋　1個
紅蘿蔔泥　70g
沙拉油　3大匙
鮮奶　50ml

作法
1. 把所有材料放入容器，混合成柔軟狀。
2. 倒入喜愛的模型，在170℃的烤箱烘烤。照片中是直徑5cm的小鬆餅模型（烘烤時間10分鐘），如果是小磅餅模型就烘烤約30分鐘，而杯子鬆餅就烘烤約15分鐘，以此為基準。（1個51kcal）

蕃薯蒙布朗

材料
蕃薯　30g
鮮奶　30ml
玉米片　10g
糖粉　少許（1g以下）

作法
1. 蕃薯切成小方塊來煮，煮熟後趁熱搗碎成泥狀。
2. 在1加入鮮奶攪拌成糊狀。
3. 把玉米片鋪在容器底部，放上蕃薯，灑上碎玉米片，再灑上糖粉。（102kcal）

五平麻糬

材料
米飯　孩童飯碗半碗份（50g）
麵粉　1小匙（3g）
花生醬　1小匙（5g）
味噌　少許
砂糖　少許（1g以下）

作法
1.把米飯與麵粉攪拌混合，用保鮮膜包起微波加熱。散熱後連保鮮膜一起搓揉使米飯變黏。
2.把米飯分成3等份，弄成橢圓形，在平底鍋把表面煎略焦。
3.混合花生醬、味噌、砂糖（如果太硬就加少量水），塗在2的表面。（131kcal）

使用穀類、蔬菜、乳製品的輕食風菜單

參照P.42
基本中的「基本」幼兒食物期

斷奶結束，開始吃幼兒食物後，是運動量激增的時期。因此消耗熱量也增加不少，點心的角色也從「享受」變成「補充營養」。觀察卡路里時，就會發現超過用力咬嚼期的1倍，佔1天希望攝取的熱量約15%（1～2歲）。因此建議嘗試攝取從飲食無法補充的營養或熱量的菜單。

簡單的手工點心菜單

活用嬰兒食物！快速點心

優格帕菲

材料
玉米片　2大匙
嬰兒食物（瓶裝香蕉＆藍莓）3大匙
原味優格　2大匙

作法
把玉米片鋪在容器底部，加原味優格與嬰兒食物的水果（照片中是瓶裝的香蕉和藍莓），灑上玉米片來裝飾。

蒸糕佐優格醬

材料
嬰兒食物（麵包混合料）1袋
優格　2大匙

作法
嬰兒食物（麵包混合料）用規定量的水（或鮮奶）溶解，微波加熱1分鐘。把蒸糕切成適當大小，搭配優格。

蔬菜蒸糕

材料
嬰兒食物（麵包混合料）1袋
綜合蔬菜　2大匙

作法
綜合蔬菜解凍後切碎（青豆剝去薄膜）。把嬰兒食物（麵包混合料）用規定量的水（或鮮奶）溶解，加切碎的綜合蔬菜，微波加熱1分鐘。

吐司佐桃子醬

材料
切8片的吐司麵包　1/2片
嬰兒食物（桃子果汁）2袋
溶水太白粉　適量

作法
嬰兒食用桃子用規定量的熱水溶解，倒入能微波的耐熱容器。微波加熱到沸騰，加少量太白粉水勾芡。再微波10分鐘。散熱後切成適當大小，配烤吐司。

參照P.106
活用嬰兒食物的輕鬆斷奶食物

麵麩起司小點心

材料
烤麩　10g
起司粉　2g
綠海苔　少許
鮮奶　1小匙弱

作法
1. 混合起司粉、綠海苔、鮮奶，薄薄塗在麩的表面。
2. 在160℃的烤箱烤約8分鐘，烤的時候小心表面烤焦。（51kcal）

優格冰棒

材料（約14個份）
優格　100g
香蕉　100g
草莓（冷凍的亦可）　1/2杯

作法
1. 香蕉、草莓分別用叉子搗碎。
2. 用1/2杯的優格分別混合2種水果。
3. 把2倒入製冰盒，插入冰棒棍，在冰箱冷凍使其凍結。（1個17kcal）

注意　蛀牙危險度一覽表

大量使用砂糖，長時間停留在口腔的食物會提高蛀牙的危險度。不要讓孩子拖拖拉拉地吃，而且吃完後要漱口。

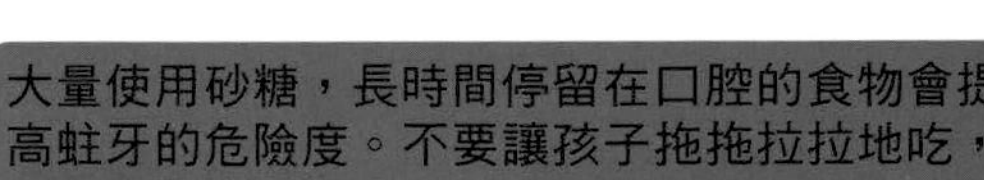

危險度5	危險度4	危險度3	危險度2	危險度1
水果糖、糖果、牛奶糖、牛軋糖等 可比喻為砂糖塊的糖果或牛奶糖最危險。在口中停留的時間長，此期間牙齒處於持續浸泡在砂糖的狀態下。	**蛋糕、巧克力、和菓子、糕餅、曲奇餅乾等** 糖分多，吃完容易留下殘渣，附著在牙齒上。此外，巧克力獨特的風味容易習慣，因此盡量不要給孩子吃。	**鬆糕、水果蛋糕等海綿蛋糕類、油炸甜點、栗餅、威化餅乾** 口感酥脆的點心，不易殘留在牙齒上，因此危險度低。但蛋糕類的糖分多，因此不能大意。	**香草冰、甜栗、不使用砂糖的餅乾** 在口中融化的冰淇淋，停留在口中的時間短，也不易留下殘渣，因此危險度低。餅乾類中不使用砂糖的餅乾也屬於這一類。	**仙貝、蘇打餅乾、零嘴** 不含砂糖、酥脆的點心雖然低危險，但鹽分或脂肪成分可能過量，因此稱不上值得推薦的點心。

STEP 3

市售點心的選法・吃法

市售點心 VS 嬰兒食物 點心選購時的檢查要點

留意斷奶時期食物或烹調的媽媽，對點心似乎比較不注重。
須和斷奶食物一樣，選擇對寶寶的消化功能溫和的種類。

原則

抑制甜度最重要！

嬰兒的點心以「抑制甜度的淡味」為鐵則。這不僅是基於預防蛀牙的理由，當孩子記住強烈的甜味後，就會對低糖的點心感到不滿足。此外，吃完甜食後，接著就會想吃鹹的食物，結果逐漸變得傾向重口味。

檢查1

注意鹽分、脂肪成分是否過量！

含多量鹽分與脂肪成分的零嘴，會為嬰兒的消化功能帶來很大的負擔。斷奶時期的基準是，每100g的食物鈉含量以200mg為上限（食鹽濃度則為0.5％）。大人吃的零嘴因食鹽量太多而不能吃。但幼兒用的零嘴有抑制鹽分與脂肪成分，故可以少量食用。

檢查2

適量食用熱量不過多

比起嬰兒用點心，市售的點心一般都是高熱量。同樣種類的點心，如果選擇市售的種類，因只能少量食用，孩子會不滿足。如果想吃多少就給多少，熱量又會過多。但如果是選擇嬰兒用的點心，就能吃到滿足的量。

檢查3

添加物零或極少

在我們的飲食生活中，很難完全杜絕食物添加物。但包括點心在內的嬰兒食物都是無添加，或使用天然素材的添加物，因此比市售的加工食物或點心的安全度更高。

檢查4

能夠確實咀嚼、吞嚥的點心

在商品包裝上標示的「從○個月起」只是一種參考的基準。媽媽仍要仔細確認孩子能咀嚼時再給。

此外，容易阻塞喉嚨的糖球類在3歲前不要吃，可能進入支氣管或肺而造成危險的堅果類在4歲前不要吃。其他點心也必須大人在旁觀察時食用。

檢查5

擔心過敏的孩子必須確認原材料

有引起過敏反應之虞的孩子，不論是嬰兒用或市售點心，在購買時必須確認包裝上的標示。現在幾乎於製造過程中使用的少量油脂都會標示出來。明膠是很可能引起食物過敏的食物之一。因此包括果凍類在內，其他點心也可能會使用，請注意。

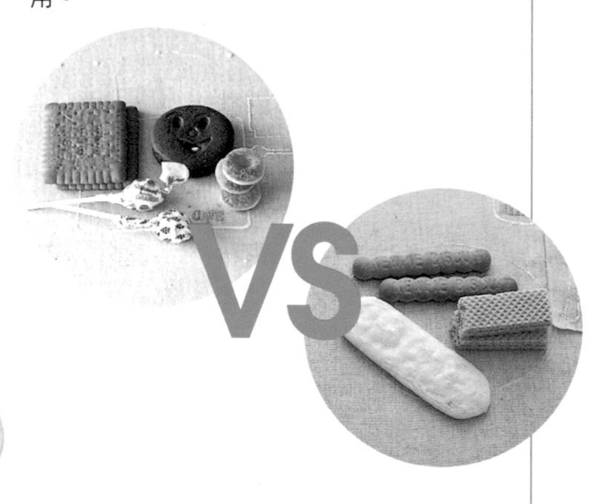

QQ糖

棉花糖

堅果類

飴類

用力咬嚼期 嬰兒點心能吃的量

近年來嬰兒點心的種類五花八門，能嚐到各種材料或形狀、口感！
＊點心的量是一般種類的基準量。

蝦餅 約15g
軟硬度或材料都各不相同。吃之前先仔細確認。

小甜餅 5片（約13g）
酥脆的口感，爽口的味道。也有添加鈣的種類。

嬰兒威化餅乾 3片
甜度適中，嬰兒很愛吃。甜度或熱量沒有大人吃的那麼高，可安心食用。

口餅乾 約14g
最普遍的嬰兒點心。添加蔬菜等口味也很受歡迎。

嬰兒用仙貝 9片
從幼小時期就常吃的點心種類。也可練習用手抓來吃。

配麥茶 100ml
有關份量，以用力咬嚼期1天上限65kcal來說，配麥茶100ml（0kcal）時大概的基準（約60kcal）。

蔬菜風味仙貝 約16g
對胃口較大的孩子，推薦這種低熱量的點心。

芝麻餅乾 3片（約11g）
1歲過後吃的點心，熱量豐富，因此請留意是否過量。

零嘴球 約12g
入口即化的小零嘴很受孩子歡迎。先觀察吞食力再給。

蕃薯片 約15g
適合對蛋或鮮奶、小麥過敏的孩子。主要使用蔬菜或小米、稗等食材。

小魚仙貝 約12g
斷奶食物進展後，就可給孩子吃有咬勁而稍硬的點心。

乳酪餅乾 13g
可愛動物造型的餅乾。能引起食慾的乳酪風味很受歡迎。

參照P.139
能吃的食物．不能吃的食物

這些點心能不能吃？

配鮮奶150ml的點心基準量為50kcal

☆在輕度咀嚼期所有點心都不能吃。在用力咬嚼期（1歲以後）可「偶爾」「極少量」。基本上不要養成習慣。如果份量太多，幼兒食物期也不行。 ☆份量是在幼兒食物期前期，1天點心約150kcal，配鮮奶150ml（100kcal）時的上限量。

在幼兒食物期「偶爾」「少量」

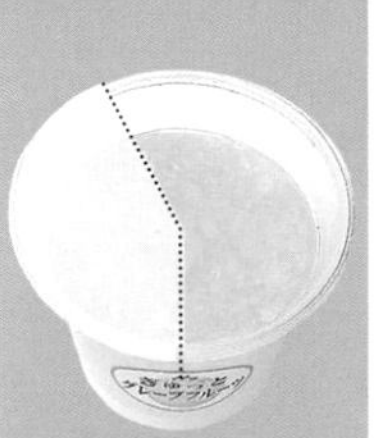
葡萄柚果凍
3/5（85g）

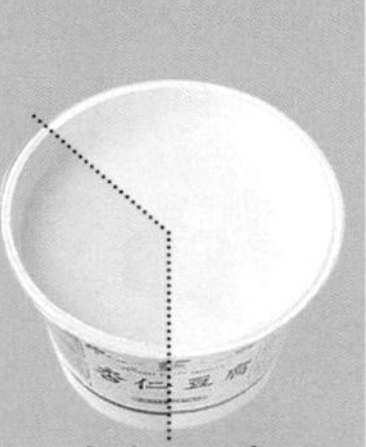
杏仁豆腐
1/3（42g）

布丁
1/4（40g）

甜品系列

糖分多，使用明膠的種類也多，因此必須留意，不要給整杯，取規定的量來吃。

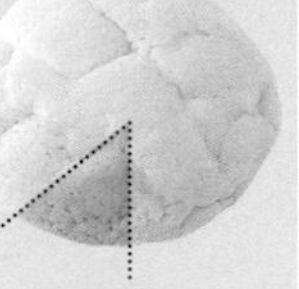
香瓜麵包
1/6個

曲奇餅乾
1片

麵粉系列

容易以為適合嬰兒或幼兒吃，但糖分或脂肪成分多，因此只能吃極少量。當然不能代替主食。

冰淇淋
68g

冰沙
2/7（58g）

日式冰品
1/6（31g）

香草冰淇淋
1/5（25g）

甜甜圈
1/5個

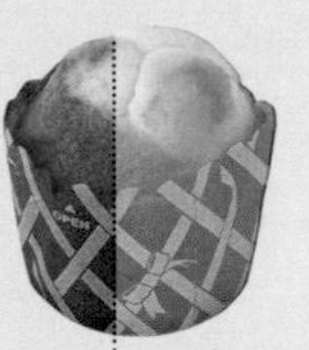
鬆餅
1/3個

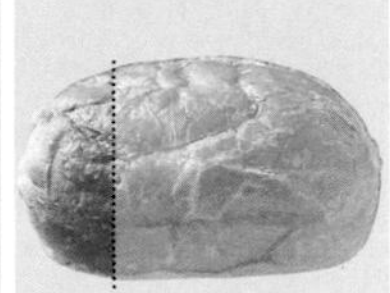
丹麥麵包
1/4個

不能做為每天的點心

盡量少吃

巧克力塊
10g

巧克力棒
3根

蛋糕・巧克力類

全部在「用力咬嚼期可以少量吃」，但有蛀牙的危險，接近不易吞嚥。因此僅在生日或做客時等特別日子少量吃。

甜鹹麻糬球
1/2串
★有阻塞喉嚨的危險，因此2歲前不能吃。

和菓子類

「餡」的材料，紅豆可以，但令人擔心的是砂糖與添加物。選擇優質又低糖的種類，如果是紅豆包，就以皮為主給予少量。

馬鈴薯片
10g

零嘴類

零嘴的食鹽含量對嬰兒來說太多。所刊載的基準量是從熱量計算出來。以食鹽含量來說，可能大半都不能吃。

蒟蒻果凍
2個
★切碎來吃以免阻塞喉嚨！

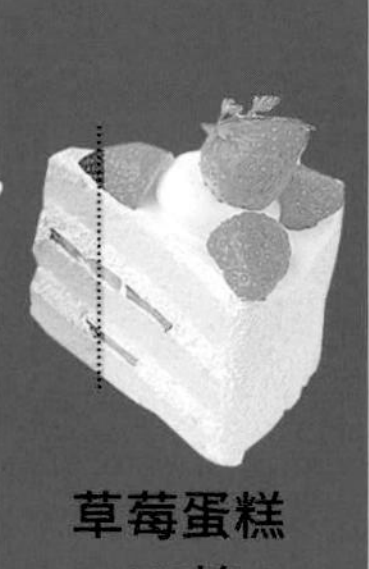
草莓蛋糕
1/5塊

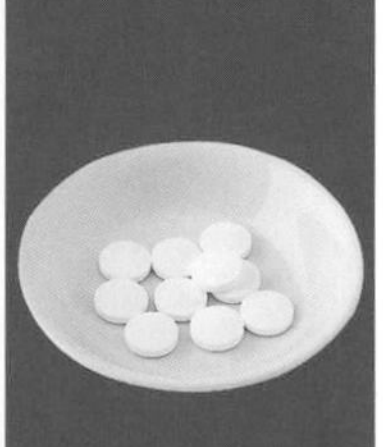
優格風味甜餅
10粒

銅鑼燒
1/4個

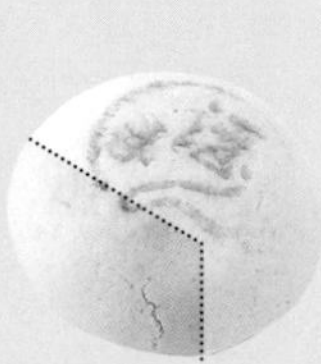
蒸甜包子
1/3個

仙貝
1片半

米菓式零嘴
14g

PART1

基本中的「基本」

即使是烹調新手也沒問題！

製作斷奶食物的基本技巧

「斷奶食物盡量自己親手製作」，這是多數媽媽們的想法。不要因「但似乎有點困難…」而擔心。只要了解基本的烹調技巧，從今天起你就是斷奶食物高手！

最初給嬰兒吃的食材是米。稀飯是斷奶食物基本中的基本。配合發育階段來增減水量，就能做出軟綿美味的稀飯。

煮稀飯

簡單技巧

用電鍋（電子鍋）＆杯子

這是煮1次份稀飯的簡單技巧。與平時一樣準備電鍋（電子鍋），把耐熱杯或茶杯放在內鍋的中央，裡面裝1次份稀飯用的米與水（參照下表）來煮。如此就能和大人吃的米飯同時煮好稀飯。但有些機種不能這麼煮，請留意。

用微波爐＆米飯

用微波爐也能煮稀飯。其中煮得最美味的是軟飯。米飯50g（5大匙）加水60ml（3～4大匙），蓋上保鮮膜在微波爐（500W）煮2～3分鐘，視狀況加熱。之後燜一下就完成軟飯。

稀飯的水量一覽表

標示煮稀飯時的水量。如果照規定份量來煮會過多，但改為少量又煮不成。可設法一次多煮一些，冷凍起來保存備用。（參照P122）

	10倍濃稠米粥	7倍濃稠米粥	全粥（5倍濃稠米粥）	稠粥（4倍濃稠米粥）	軟飯	米飯
時期	只會吞嚥期前期	只會吞嚥期後期	含住壓碎期	輕度咀嚼期前期	輕度咀嚼期後期 用力咬嚼期前期	用力咬嚼期後期
用米飯來煮	米飯：水 1：9	米飯：水 1：6	米飯：水 1：4	米飯：水 1：3	米飯：水 1：2	
用生米來煮	米：水 1：10	米：水 1：7	米：水 1：5	米：水 1：4	米：水 1：3	米：水 1：1.2

基本的煮法

稀飯從生米開始煮比較美味，但在此解說用米飯煮的簡便方法。用剛煮好的米飯來煮就很美味。

米飯加水弄散

使用厚鍋或砂鍋來煮就能慢慢傳熱，加入規定量的米飯與水弄散。如果是從生米開始煮，就在煮前20分鐘洗淨米泡水，使其充分吸水。

一開始用大火之後改小火

完全蓋緊鍋蓋會溢出，因此把筷子插入、開大火煮，煮開後改小火。如果是從生米開始煮，也是一開始開大火，煮開後改小火。

煮好蓋上鍋蓋燜

如果是10倍濃稠米粥就燜30分鐘，軟飯就燜5分鐘，其他則燜15分鐘。如果是從生米開始煮，就以50分鐘為基準，煮軟後熄火，蓋上鍋蓋燜10分鐘。

在只會吞嚥期需要搗碎

在「只會吞嚥期」，用磨缽磨碎到不殘留米粒的程度。研磨過濾能使口感更好，不妨試試看。

方便製作斷奶食物的用具

濾網

不僅能過濾高湯或湯類，也可代替篩子瀝乾材料的水分，也能用來研磨過濾。把麵條類裝入燙煮亦可。

廚房剪刀

可代替刀來使用，不會弄髒砧板而省事。可用來剪汆燙的肉，也可直接在鍋中剪麵條類。

量匙

大匙是15ml、小匙是5ml。如果2種都有就應該夠用，但也有量1/2或1/3的匙，因此不妨準備齊全。

量杯

通常把200ml的量杯稱為1杯。如果是耐熱玻璃製，也能在微波爐加熱，以及計量熱開水。

配合孩子發育的軟硬度或大小
天然的湯類或高湯的風味
這就是「美味」的開始

可用來做為料理的湯底或煮蔬菜、肉類，用途廣泛。美味的高湯＆湯類是料理的基本。不妨藉此機會學習。

製作高湯＆湯類

蔬菜湯

可用來做為斷奶食物開始前「習慣味道」的蔬菜湯。除每天的斷奶食物之外，在身體不適時，最適合補充水分、維生素、礦物質。

準備怪味少的蔬菜

紅蘿蔔、高麗菜、白蘿蔔、蕪菁、洋蔥等怪味少又久煮不爛的蔬菜，最適合用來煮湯。高麗菜芯也能使用，切成薄片或長條形。

撈出浮泡慢慢煮

蔬菜入鍋，倒入淹過材料的水，開中火煮。煮開後改小火，撈出浮泡，慢慢煮約15分鐘。

過濾保存

用萬能過濾器過濾蔬菜，冷卻後在冰箱冷藏保存，趁早用完。如果冷凍就能保存更久。僅湯也可，但也可配合月齡加入食材。

和風高湯

以下介紹活用柴魚片與海帶美味的基本和風高湯的作法。試一試就會發現意外簡單，也能讓每天的料理更升級。

海帶泡水後煮

在鍋內加水2杯，放入劃上刀痕使美味滲出的海帶10cm塊狀，浸泡10～15分鐘。之後開中火來煮，快煮開前撈出。

加柴魚片煮

水煮開後改小火，加入柴魚片（柴魚片1包5g）2包，煮2～3分鐘，充分煮出柴魚片的美味後熄火。

過濾保存

柴魚片下沉後，用濾網或廚房紙巾過濾。冷卻後在冰箱冷藏或冷凍保存。當然也能使用在大人吃的菜餚中。

簡單技巧

海帶＆冷藏庫

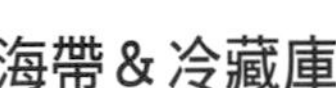

把海帶與水裝入嬰兒食物等空瓶，在冰箱冷藏保存。數小時後海帶的美味滲出就能使用。再補足水，可換水2～3次使用。在3～4天內用完。

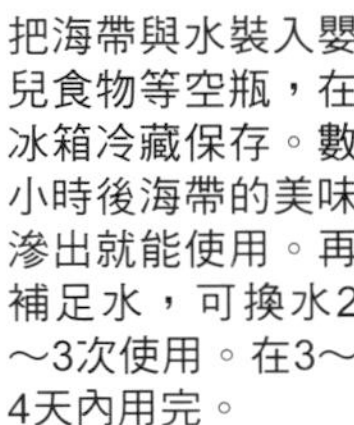

小魚乾＆微波爐

把去頭去內臟的小魚乾2～3尾與水1/2杯裝入耐熱容器。在微波爐加熱煮開，冷卻後用濾網過濾來保存。在2～3天內用完。

高湯包＆微波爐

把無添加的高湯包1包與少量的水裝入嬰兒食物等空瓶內，在微波爐微波1～2分鐘，小心溢出。冷卻後取出高湯包，蓋上瓶蓋在冰箱冷藏保存。請在2～3天內用完，如果太濃就稀釋使用。

刨子

只需更換刨刀，就能簡單製作配合嬰兒各時期的粗細或厚薄的食材。再把細絲切碎即可。

研磨器

方便將蔬菜大致磨碎。磨蔬菜時可使用塑膠製研磨器，磨生白蘿蔔時就用不鏽鋼製研磨器。

削皮器

不僅能削皮，削薄片時也方便。也可用來把紅蘿蔔切成薄片，用途廣泛。

小型打蛋器

混合少量斷奶食物時最好用。最適合用來搗碎豆腐等柔軟的食物或熟馬鈴薯。

塑膠袋＆麵棍

拍打、搗碎時好用的麵棍。把玉米片等裝入塑膠袋來拍碎，就不會四處飛散。

搗碎

如果有磨缽和磨棒，豆腐或白肉魚、芋薯類或南瓜、稀飯等就能簡單做成容易吞嚥的稀爛狀。這是只會吞嚥期、含住壓碎期好用的技巧。

用磨缽磨碎

馬鈴薯或南瓜等煮軟後放入小型磨缽，趁熱用木棒搗碎。從上方用力邊壓邊磨。

用高湯或湯類來調稀

如果僅搗碎，因水分少而不易吞嚥。可加高湯或湯類，拌優格或鮮奶等，調成容易吞嚥的狀態。

搗碎肉

把煮軟的肉放入磨缽搗碎。比白肉魚硬，因此使用稍大的磨缽就能容易搗碎。

搗碎魚

煮熟後去骨去皮，撕碎再放入磨缽搗碎。白肉魚的口感較為粗乾，因此必須以勾芡來調節。

磨碎

使用研磨器或磨板就能使食材變細而容易吃。從只會吞嚥期後期到含住壓碎期都適用。依磨板的粗細，成品也不同。

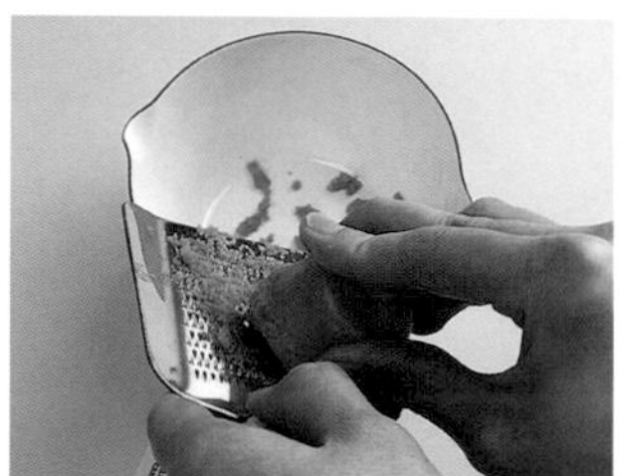

直接磨入鍋

如果要把紅蘿蔔煮成稀爛，可採用先煮熟後切碎，再磨碎的方法，但以生的狀態磨碎再煮，就更省時間。

加水煮

在磨碎的紅蘿蔔加入湯類或高湯煮軟，加太白粉水勾芡。研磨時與纖維呈直角來磨就能磨得比較細軟。

在只會吞嚥期是燙煮後再磨

如果想使口感更滑溜，就先燙煮再磨碎。大塊連皮一起從冷水開始煮，煮軟後搗碎成泥。

雞胸條肉、菠菜也有冷凍後再研磨的技巧

生的雞胸條肉去筋，菠菜燙煮後擰乾水分，二者都冷凍。使用時以冷凍的狀態磨成泥，再用高湯等來煮，就能使口感更滑順。

研磨過濾

在只會吞嚥期，把食材做成稀爛狀時的實用技巧。容易吞嚥，因此即使不愛吃的食材可能也會吃。使用斷奶食物的過濾器。

燙煮後切碎

青菜的纖維多，因此經過研磨過濾後就容易吞嚥。燙軟後，把葉切碎。莖的纖維多，宜由大人食用。

將網目傾斜使用

如果少量，用濾網或斷奶食物用過濾器或粗網目濾茶器即可。使用傾斜網目時，用湯匙或磨棒壓住，向前拉，邊磨邊過濾。

加高湯或湯類調稀

研磨過濾的食物糊，用高湯或湯類調稀，調製成容易吞嚥的濃度。如果是只會吞嚥期，就做成稀爛狀，習慣後再減少水分。

南瓜等

南瓜或馬鈴薯等柔軟的食材在研磨過濾時，用湯匙背即可。趁熱研磨過濾，因冷卻後就不易過濾。

燙煮

大人直接燒烤蔬菜食用即可，但嬰兒原則上是燙煮變軟後再食用。燙煮能去除澀味或脂肪，也有殺菌效果。

根莖類蔬菜是從冷水開始煮

芋薯類或紅蘿蔔、白蘿蔔等「在土中生長的蔬菜」是從冷水開始煮。馬鈴薯或蕃薯有澀味，因此先泡水再燙煮就美味。

葉菜類用煮沸的熱水

油菜或高麗菜、青花菜或青豆等「在土上生長的蔬菜」是用煮沸的熱水燙煮。燙煮後泡冷水去除澀味。

白肉魚燙煮後弄散

必須用煮沸的熱水燙煮。燙煮能去除腥味及油脂。燙煮後，骨或皮比生的狀態容易去除。小心殘留小刺。

絞肉先在水中弄散再煮

絞肉如果整坨直接放入熱水中就會結塊，因此在鍋中加入絞肉與5倍量的冷水，弄散後再開火煮。煮至變色後用濾網過濾。

勾芡

應用篇

在食物中有不少原本就「黏稠」的種類。可加以利用輕鬆勾芡。思考適合搭配的種類加以組合也很有趣。

香蕉

生香蕉搗成稀爛後很黏，冷凍後磨成泥就能用來勾芡。

皇宮菜

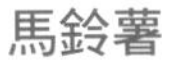

把果葉迅速加熱後切碎攪拌即可。因黏性強而容易吞嚥。煮過的秋葵亦可。

馬鈴薯

把生的馬鈴薯磨成泥，加入做好的斷奶食物加熱。澱粉質會變得濃稠而容易吞嚥。

優格

柔和的酸味與滑溜的口感，因而容易吞嚥。可與碎雞胸條肉混合。

嬰兒食品 白醬

嬰兒食品中的人氣第1醬。任何食材都能搭配，很方便。

嬰兒食品 米粥

在完成斷奶食物時，加入1匙嬰兒食品的米粥或麵包粥就能使口感變得更滑順。

勾芡

太白粉篇

使斷奶食物容易吞嚥的重要技巧就是勾芡。讓食物能順利通過喉嚨。這是從只會吞嚥期到用力咬嚼期最常用的技巧。

用倍量的水溶解太白粉

勾芡的基本是太白粉。如果把粉直接加入就會結塊，因此必須先用水溶解。基本是太白粉：水為1：2的比例。地瓜粉也一樣。

煮開再淋入

材料煮開後再淋入，迅速攪拌混合後熄火。冷卻後會變黏，因此做成較稀的程度為祕訣。

也可使用微波爐…

如果覺得「以上的方法不易調節濃度」，可先把太白粉水在微波爐加熱成黏稠狀，然後視情況淋在煮好的食物上混合。

切碎

把食材切碎是斷奶食物的基本。最好配合食材或時期來改變切法。以下介紹用刀切碎的方法，但也可利用烹調剪刀或削皮器。

切碎紅蘿蔔

輕度咀嚼期切成5～7mm塊狀。先切成5～7mm厚的薄片，再切成5～7mm寬的細條。然後從一端開始切成小方塊。

切碎菠菜

葉菜類的纖維多，因此在含住壓碎期只取柔軟的葉尖使用。煮熟後先縱切，再橫向切碎。如果太長就不易吞嚥，請注意。

切碎青花菜

把花蕾部分分成一口大小的小朵，在煮沸的熱水中燙煮。用刀削下花蕾部分再切，就能簡單切細。

壓碎・弄散

進入含住壓碎期後，嬰兒就能用舌與上顎來壓碎食物。配合這個能力，較常以壓碎或弄散做成容易食用的程度。

用叉子壓碎

如果是南瓜或馬鈴薯，就能在盤內輕鬆壓碎。毛豆等因容易滾動，故用拇指抵住叉子指腹壓在盤上來壓碎。

用叉子弄散

煮熟的白肉魚或蛋黃等，用叉子尖弄散。雞胸條肉在煮之前先去筋，用叉子尖挑出即可。

用湯匙弄散

只要是煮軟的食材，用湯匙背也能壓碎，有時會滾動或壓不碎，建議放在斷奶食物用的磨缽上，就能輕鬆壓碎。

用壓碎器來壓碎

量多時，使用馬鈴薯泥器就能一口氣壓碎。冷卻後就不易壓碎，因此盡量趁熱壓碎。

有益的NOTE

保護嬰兒不罹患細菌性腸胃炎（食物中毒）

廚房的衛生＆烹調的「規則」

嬰兒對病原體或毒物的抵抗力弱，因此在衛生管理上必須特別注意。建議重新評估以往的廚房＆烹調！

不僅在梅雨季節一直到9月左右都要注意！

嬰兒的抵抗力比大人弱。雖然全家人都吃同樣的食物，但嬰兒卻可能因食物中的細菌而引起急性腸胃炎（細菌性腸胃炎＝食物中毒），而導致重症化之虞。

引起食物中毒的主要原因如下表所示，但如果出現腹瀉或嘔吐等令人擔憂的症狀，就要立即去小兒科就診。罹患食物中毒時容易引起脫水症狀，非常危險。

不僅在梅雨季節，一直到初秋之前都是食物容易腐敗、細菌繁殖的時期，因此媽媽、爸爸必須特別留意。

預防食物中毒的基本3項

1 不讓細菌附著

引起食物中毒的細菌或病毒，有時會附著在蔬菜或肉類、魚等食材，經由手的觸摸可能污染烹調器具或其他食物。烹調時必須勤洗手或清洗烹調器具，烹調器具還要時常煮沸消毒。

2 不讓細菌增殖

細菌在溫度上升時會急遽繁殖，因此不要大批購買食材。此外，必須採取以下的對策：①烹調好的食物立即食用；②食物在冰箱冷藏、冷凍保存；③魚貝類在4℃以下保存；④必須加熱到75℃以上再吃。

3 消滅細菌

細菌或病毒的種類多半不耐熱，因此烹調時徹底加熱食材，完全煮熟。如果擔心肉或魚等半生不熟，一併利用微波爐加熱即可。此外，也要仔細消毒廚房。

了解就安心・食物中毒的原因與症狀

細菌的名稱	原因食物	症狀・特徵
沙門氏菌	肉或蛋、美乃滋等使用雞蛋的食物	腹痛、腹瀉、發燒，潛伏期間8～48小時。有時會附著在蛋殼上，請注意。
桿菌	肉、飲料、生蔬菜、鮮奶	腹痛、腹瀉、發燒、不快感、噁心，潛伏期間2～7天。嬰兒最常見的食物中毒。
病原性大腸菌（O－157等）	牛肉、牛肉加工品、生蔬菜、便當等	腹瀉、腹痛、嘔吐，潛伏期間1～2天。烹調時中心溫度在75℃以上就能殺死細菌。
腸炎弧菌	魚貝類	特徵是激烈的腹痛與腹瀉、嘔吐。夏季最常發症的食物中毒。細菌在5℃以下就不會增殖。
金黃色葡萄球菌	飯糰、三明治等。觸摸化膿的傷口、青春痘等膿包，手必須注意	噁心、嘔吐、腹痛、腹瀉。潛伏期間是飯後30分鐘～6小時。加熱不能預防，因此必須注意。
肉毒桿菌	火腿、香腸、罐頭、瓶裝食物、日式醋醃魚飯	3天以上的便秘會引起①吸奶力變弱；②哭聲變弱；③呼吸困難等。因此必須徹底加熱食物。
魏氏梭狀芽孢桿菌	大量烹調、保存的食物	腹瀉、腹痛、噁心等。烹調加熱殺不死，置於常溫會增殖，請留意。
NORO病毒	生蠔	噁心、腹痛、腹瀉、發燒等。二片貝（蚌）徹底加熱後再吃。

烹調前檢查！*CHECK!*

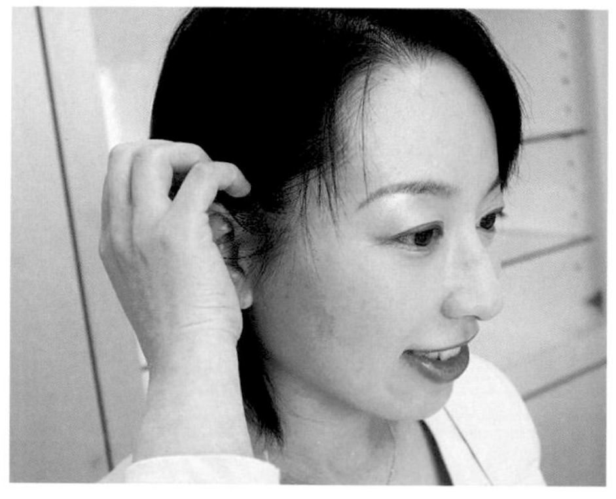

觸摸過頭髮或鼻的手要清洗

摸頭髮或臉是一般人下意識常做的動作。如果摸過後，沒洗手就直接烹調，可能會附著細菌。頭髮請用髮夾等固定。

換尿布後必須洗手

不僅在烹調時，平日也要養成幫嬰兒換尿布後洗手的習慣。孩子腹瀉時，更要仔細洗手。

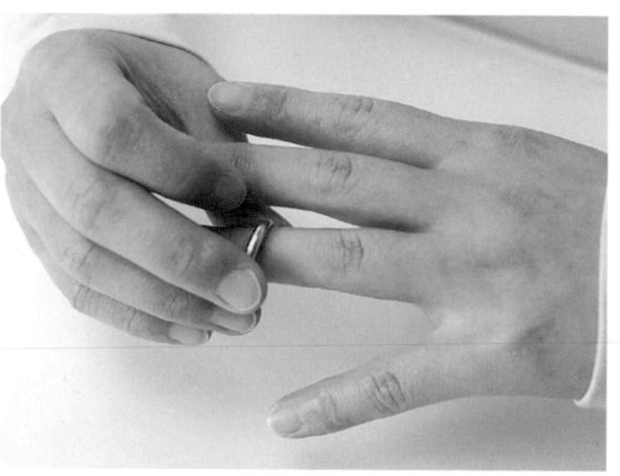

烹調中經常保持手的清潔

烹調中勤洗手。取下戒指，因為可能殘留細菌。此外，不可用圍裙擦手，因可能成為細菌的溫床。

保護嬰兒不罹患食物中毒的安全斷奶食物！製作與保存上的注意事項

1 了解想要保存的食材

因流通狀況改善，有關食材的鮮度較令人安心，但基本上建議購買當天要吃的份量即可。此外，在購買法、保存方法方面，也有以下必須注意的事項。①蛋挑選殼未破裂的。因為蛋殼破裂，鮮度就會急遽下降，而有繁殖沙門氏菌等之虞。②在斷奶食物常用的豆腐，一次用完。因為裝在盒子泡水、在冰箱冷藏保存很不衛生。

2 徹底清洗・加熱

食材的中心溫度達到75℃以上後再加熱1分鐘以上，多半就能殺死黴菌。除用平底鍋煎之外，也可用蒸的或利用微波爐。

養成把菠菜等蔬菜清洗2次的好習慣。第1次放在裝水的容器，連根一起清洗，之後用流水沖洗髒污。

斷奶食物通常一次整批做好，但這樣可能會附著空氣中的黴菌或細菌，必須注意。為使溫度趁早下降，可把鍋泡在裝冰水的容器中急速冷卻。也可應用燙煮後冷卻的方法散熱，使及早結凍。

3 冷凍・冷藏保存都要迅速！

若是冷凍稀飯或蔬菜泥，要薄薄攤平，這樣全部都能接觸到冷氣。此外，只取出烹調份量，其餘立即放回冷凍庫。利用能記載日期的市售密閉袋就更方便。

基準是冷藏1天、冷凍1週

斷奶食物通常水分多，味道淡，因此容易繁殖黴菌或細菌。亦即原本就容易腐敗，所以不能和大人的食物一同保存。基準是冷藏1天、冷凍1週，但豆腐等食材容易腐敗，必須注意。

不讓黴菌附著並殺死的基本 廚房&烹調器具的消毒方法

1 煮沸、淋熱水

刀勤於煮沸消毒。煮沸是浸泡在熱水中5分鐘以上為基準。此外，即使洗淨刀刃上的污垢，但刀柄卻容易忽略。因此養成使用後連刀柄部分一起清洗的好習慣。刀刃與刀柄相連部分也勿忘消毒。

抹布很容易繁殖黴菌。如果以潮濕的狀態放置，黴菌就會慢慢繁殖。因此養成每天清洗後曝曬或煮沸的好習慣。使用廚房紙巾來代替抹布更好。

濾網或磨缽是製作斷奶食物不可欠缺的用具，但網目部分或溝內容易殘留污垢，經常被忽略。使用能插入網目或溝內的刷子來清洗，烹調完畢後煮沸消毒。之後勿忘晾乾。

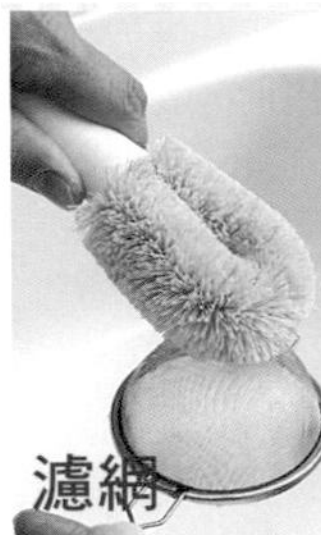

食材直接接觸的砧板，表面會留下刀痕，而容易繁殖黴菌。在烹調中間也要勤用清潔劑清洗上面殘留的蛋白質，淋熱水時可利用燙煮蔬菜後的熱水。肉、魚、蔬菜分開使用砧板更衛生。

注意！ 不直接觸摸消毒過的奶嘴

雖然已經消毒過，但如果用髒的手摸過就等於零。嬰兒口直接接觸的奶嘴或裝飲料容器的口部、瓶內側等，都不可直接用手觸摸。

2 流理台・排水口・垃圾箱周邊也要保持清潔

這是流入垃圾或排水的地方，因此養成使用和清洗餐具不同的海綿來清洗的習慣。排水口深處的污垢，定期用牙刷刷洗乾淨，用漂白劑來保養消毒。

流理台的側面是容易藏納污垢而被忽略之處。清洗餐具後，用清潔劑清洗，最後淋熱水，並擦乾水分。

垃圾箱也是容易繁殖黴菌或細菌的場所。尤其是裝生食廚餘的垃圾箱，建議選擇有蓋的類型，這樣空氣中的雜菌或黴菌孢子等就不易附著。

冷藏庫內也勿忘檢查！ CHECK!

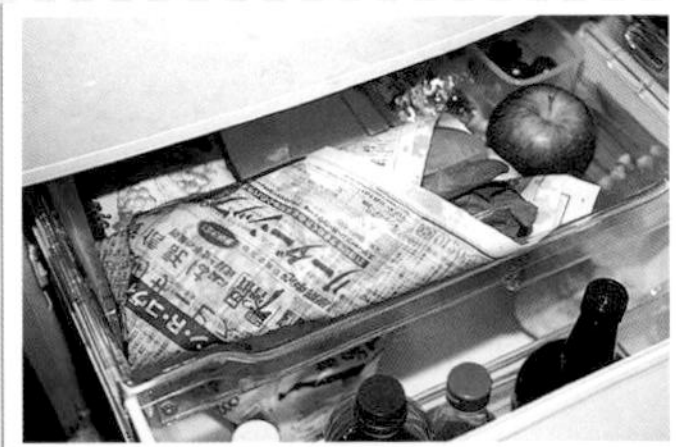

用濕報紙包蔬菜

其實裝蔬菜的外袋也可能會附著黴菌。因此在放入冷藏庫前從袋子裡取出，用濕報紙包住就更衛生。雖然是古老的作法，但這樣也能長久保持蔬菜的鮮度。

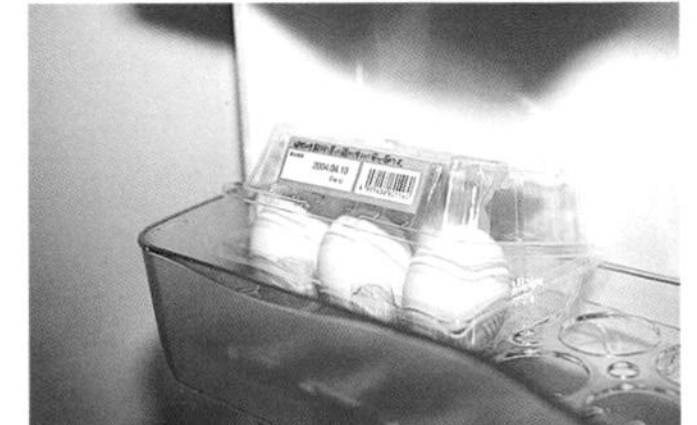

連蛋盒一起保存

蛋殼沾有沙門氏菌。為防止附著在冷藏庫，蛋連盒子一起放在蛋架上保存才對。同時也要檢查蛋殼是否破裂。

內容物不超過60%，減少開關門

冷藏庫內裝太滿時會妨礙冷氣的流通，為能確實冷藏，內容物以60% 為基準。此外，盡量減少開關門，這是導致冷藏庫內的溫度上升的原因之一。

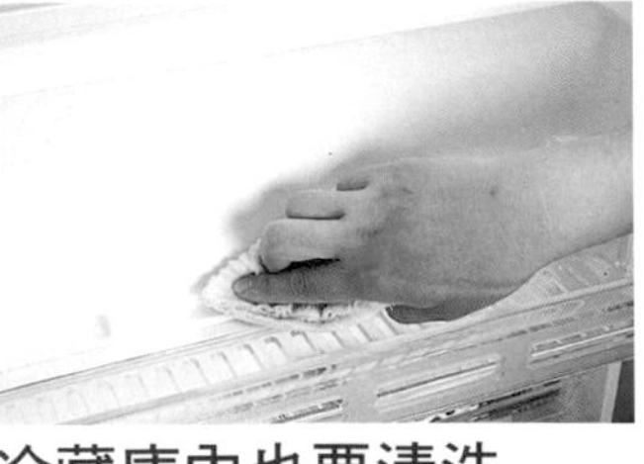

冷藏庫內也要清洗

冰箱的蔬菜室或棚架也要定期清洗。用沾熱水的抹布擦去污垢，之後利用市售的廚房用除菌噴劑更有效果。除內側之外，也勿忘門及把手。

有益的NOTE

高明使用・輕鬆烹調

製作每日斷奶食物好用的器具

因為是常用的器具，故必須重視功能性。以下介紹媽媽們愛用的代表性品目。

斷奶食物烹調用具組

手工製作不可欠缺
廣泛涵蓋烹調作業

在「磨碎」「搗碎」等製作斷奶食物必要的作業時，使用這些用具就很省事。因為是小型器具，少量也能烹調。

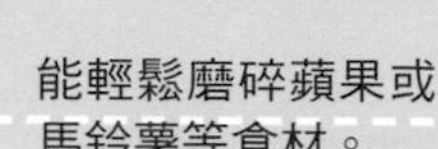

能輕鬆磨碎蘋果或馬鈴薯等食材。

在只會吞嚥期不可欠缺，蔬菜或稀飯的研磨過濾器。

稀飯炊具

能與大人食用的米飯一起煮而省事

把米與水裝入杯中，放入電鍋（電子鍋）與大人食用的米一起煮。依照刻度來增減水量，就能煮成5倍濃稠米粥、7倍濃稠米粥等。

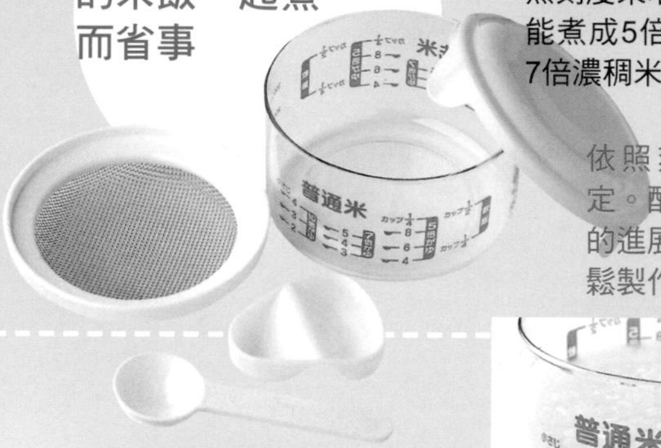

依照刻度仔細設定。配合斷奶食物的進展狀況，能輕鬆製作稀飯。

分裝盒

能少量保存斷奶食物。除用來冷藏或冷凍之外，也可當作外出時的餐盒。內容物一目了然。

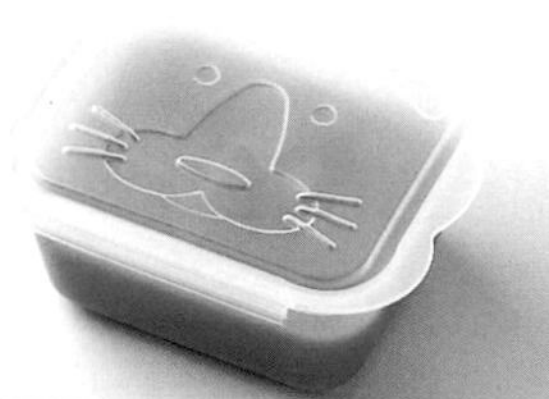

保存搗碎、研磨過濾的蔬菜，就能省下每次烹調的麻煩，相當的方便。

建議經常
使用的食材
整批製作
冷凍保存備用

研磨器

麻煩的事先準備
加快速度

水果或蔬菜以及綜合菜等都能研磨成糊狀。容器與刀都能煮沸消毒，衛生上沒問題。

使用NICE！ 向媽媽推薦的方便器具

除嬰兒用品之外，還有各種製作斷奶食物或保存方便的用品。只要善加利用就能快樂製作斷奶食物！

小型橡皮刮刀

糊狀的斷奶食物或瓶裝的嬰兒食品經常挖不乾淨而大量殘留在容器內，讓人困擾。此時如果有製作糕餅時使用的小型橡皮刮刀就很方便。

小尺寸保鮮膜

適合嬰兒用餐具尺寸的小尺寸保鮮膜。容易使用，不會造成浪費，經濟又實惠。

附蓋子的簡易容器

保存斷奶食物時，可直接放入微波爐加熱的容器。分成１次量來保存，每次製作斷奶食物時就方便。

製冰盒

可保存只會吞嚥期等1次量少的時期的蔬菜或高湯。定出「1大匙」等份量、分成小份來分裝，就能取用必要的份量，而不會造成浪費。

嬰兒食品空瓶

用來保存冷凍乾燥或粉末型的嬰兒食品很方便。能確實密封，用不完的嬰兒食品也不會受潮。

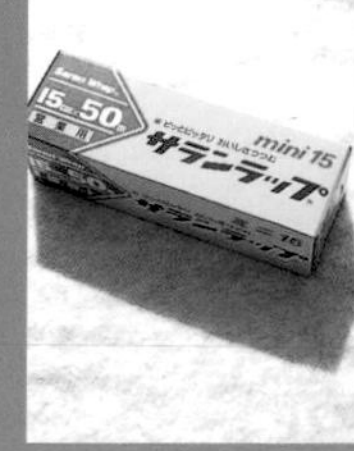

牙刷

清洗或保養烹調斷奶食物時使用的磨缽或濾網，牙刷很好用。可徹底清除海綿洗不到的細部殘留的污垢，非常方便。

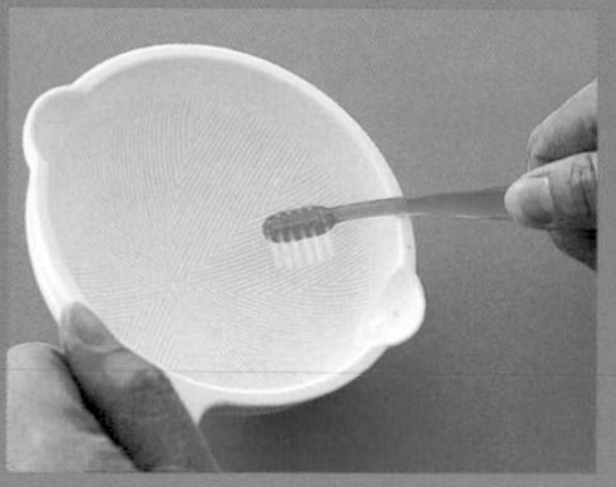

廚房剪刀

分取烏龍麵或熟麵條等麵類時方便的廚房剪刀。可直接在容器內使用，非常省事。準備斷奶食物專用，在衛生方面也安心。

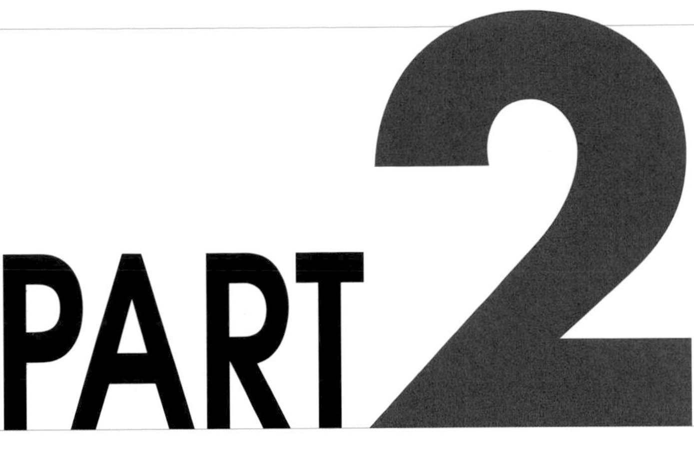

基本菜單篇

一目了然！迅速完成！附步驟解說＆精美圖片

嬰兒最愛吃！基本菜單

不要因「似乎很困難」而不敢動手製作！只要記住祕訣，斷奶食物其實意外簡單！以下介紹米粥等嬰兒愛吃的超人氣基本菜單。

PART2

基本菜單篇

只會吞嚥期

5～6個月大時期

最初的1個月是習慣斷奶食物的時期。不需考慮食譜，從1道開始即可。

參照P.18～

基本中的「基本」／只會吞嚥期

熱量來源食物菜單

這個時期推薦

- 米
- 馬鈴薯
- 蕃薯
- 香蕉
- 麵包

只會吞嚥期是從1道或1種食物開始。最初餵食的是消化吸收好、不會增加腸胃負擔的「米」（米粥）。纖維多的蕃薯或香蕉等，在只會吞嚥期的後期再加入。

參照P.133 能吃的食物．不能吃的食物

如何使用

活用食譜重點

蘋果粥

材料

米飯 ………………………… 15g

蘋果 ………………………… 1/10個

※ 照片上省略調味料或冷水、熱水等。蔬菜湯、高湯是用規定的倍量熱水溶解嬰兒食物而成。

材料與份量一目了然！

取菜單所需的食材，依份量放在板子上。如此，即能馬上看出哪種食材、準備多少。

只會吞嚥期前期～

「前期」「後期」請參考記號

在只會吞嚥期、含住壓碎期等時期，依食材分為「前期」「後期」，可加以參考。

作法

1.蘋果削皮去芯，泡在加少許鹽的水中，以防止變色。

2.米飯用刀切碎，加水1/2杯煮軟，趁熱研磨過濾（冷卻後會變硬不易研磨過濾）。散熱後把1的蘋果磨泥加入，攪拌混合。

從照片能清楚了解烹調過程

只有文字說明不易了解烹調過程，若以照片解說，就能解決不知該怎麼做的疑問！而且程序簡單。

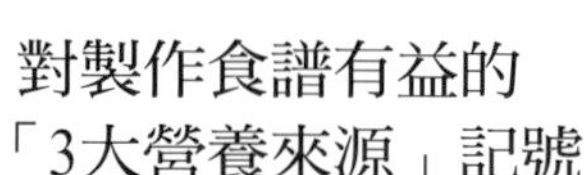

對製作食譜有益的「3大營養來源」記號

- 熱量來源食物
- 維生素、礦物質來源食物
- 蛋白質來源食物

這3種營養來源記號1天準備3種，以做為設計食譜的基準。

POINT

蘋果磨泥

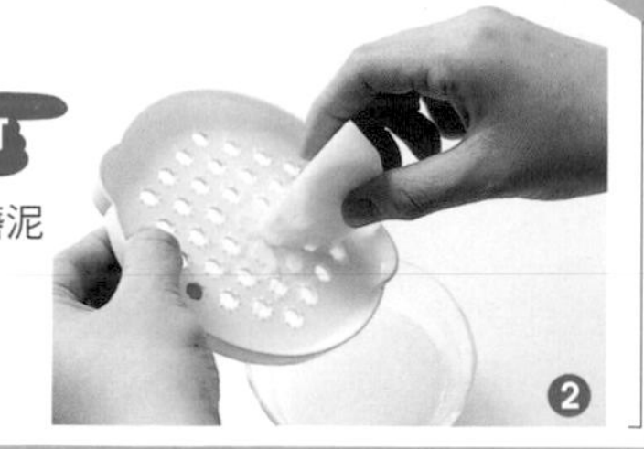

在烹調的祕訣或要點加註記號

把烹調使用食材時的基本技巧或祕訣部分加註記號，只要記住就能自由應用，順利製作斷奶食物。

豆腐粥

材料
米飯 ……………………… 1大匙
嫩豆腐 ………………………10g
太白粉水 ……………………少許

只會吞嚥期前期

作法
1.米飯（冷飯）切碎。放入耐熱容器，加熱水1/3杯，在微波爐加熱1分鐘。

2.把1做好的稀飯與豆腐研磨過濾（或搗碎）。

3.放入小鍋，煮稀飯與豆腐，煮開後加太白粉水勾芡。

南瓜粥

材料
5倍濃稠稀飯 ……………1大匙
熱水 ……………………… 1大匙
南瓜 ………… 10g（約2小匙）

只會吞嚥期前期

作法
1.把5倍濃稠稀飯搗碎成柔軟，加熱水調成稀爛狀。
2.南瓜削皮後用保鮮膜包起，在微波爐加熱1分鐘。隔著保鮮膜捏碎變軟後，加在1中磨碎調均。

POINT 用保鮮膜包起加熱，用手指就能輕易捏碎。

蕃茄糊白粥

材料
蕃茄…小1/6個（10g，約2小匙）
10倍濃稠稀飯搗碎 ………2大匙

只會吞嚥期前期

作法
1.如果蕃茄量少，就用刀剝皮去籽。
2.搗碎成柔軟的糊狀不殘留塊狀。
3.在微波爐加熱30秒，攪拌混合後再加熱1分鐘成濃稠狀，放在白粥上。

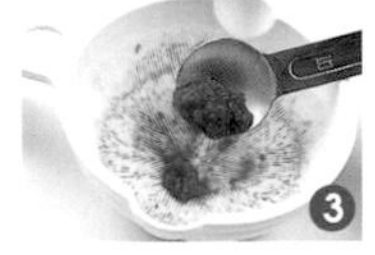

濃稠馬鈴薯

材料
馬鈴薯……10g
小蕃茄……1個
蔬菜湯……2大匙

只會吞嚥期前期

作法
1.馬鈴薯削皮，挖除芽。
2.小蕃茄橫切一半去籽；果肉部分壓在濾網上研磨過濾，去皮。
3.在小鍋加入蔬菜湯與水1/4杯，把去皮的馬鈴薯磨碎加入，開火煮。邊攪拌混合邊煮成濃稠狀。盛入容器，放入2。

芽必須去除乾淨

馬鈴薯白肉魚糊

材料
馬鈴薯……30g
白肉魚（真鯛）……5g
（生魚片約1/2片）

作法
馬鈴薯削皮，切成小塊，從冷水開始煮。馬鈴薯煮軟後加入白肉魚，煮熟。搗碎馬鈴薯與白肉魚，用煮汁調稀來調節濃稠度以利吞嚥。

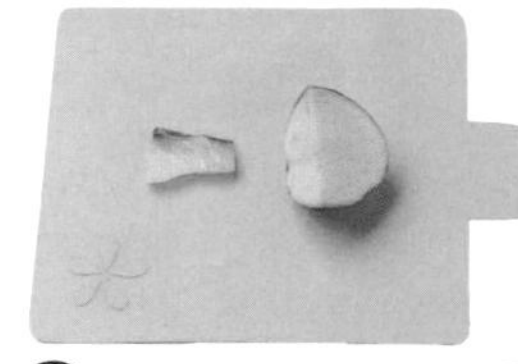

只會吞嚥期後期

POINT

先放馬鈴薯，再加入白肉魚。

蕃茄味麵包糊

材料
吐司麵包（切8片，去邊）1/4片
水……1/2杯
鮮奶……2～3大匙
蕃茄（全熟）……小1/8個

只會吞嚥期後期

作法
1.在小鍋加入水與撕成小塊的吐司，開小火煮成稀爛狀，加鮮奶，煮開後離火。
2.蕃茄用刀去皮去籽。
3.把蕃茄放入磨缽磨碎，一點一點加入1，搗碎成稀爛狀。

POINT

蕃茄去籽後再使用

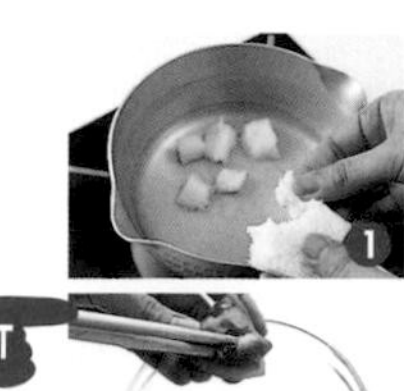

蛋黃麵包糊

材料
三明治用吐司麵包 ………10g
煮熟的蛋黃 ………… 1/2小匙
蔬菜湯 …………………… 1/2杯

只會吞嚥期後期

作法
1.麵包切碎，用叉子把煮熟的蛋黃壓碎、弄散。
2.在小鍋煮開蔬菜湯後加入1的麵包，煮軟。趁熱在濾網研磨過濾。盛入容器，加上蛋黃。

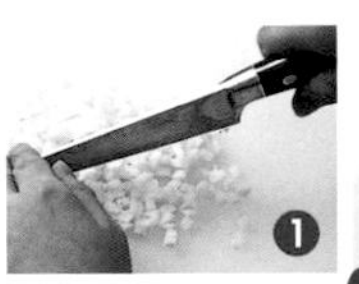

POINT 趁熱研磨過濾為祕訣

香蕉優格

材料
香蕉 ………………………… 25g
原味優格………………1.5大匙

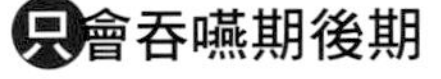

只會吞嚥期後期

作法
1.香蕉剝皮，搗碎成柔軟狀。
2.加入原味優格攪拌混合。

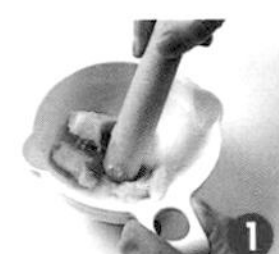

橘子蕃薯糊

材料
蕃薯 ……………………………20g
橘子汁 …………… 1～2大匙

只會吞嚥期後期

作法
1.蕃薯皮削得稍微厚一些，泡水去澀味並洗去表面多餘的澱粉。
2.泡水5分鐘後瀝乾水分，放入耐熱容器，加水1小匙，覆蓋保鮮膜，在微波爐加熱1分鐘，變軟後研磨過濾。
3.用同量的冷水調開橘子汁，一點一點加在2中，攪拌混合成稀爛狀。

POINT 皮削稍厚、泡水

維生素、礦物質來源食物菜單

這個時期推薦

- 南瓜
- 青花菜
- 蕪菁
- 紅蘿蔔
- 菠菜
- 甜椒
- 洋蔥
- 茄子
- 蕃茄
- 高麗菜
- 大白菜
- 橘子
- 蘋果
- 草莓

在只會吞嚥期推薦容易搗碎、怪味少的蔬菜或水果。可吃的食物數多，但與其增加食材種類，不如慢慢讓嬰兒習慣更重要。讓嬰兒熟悉食材的原味。

參照P.144 能吃的食物・不能吃的食物

高湯煮南瓜

材料
南瓜 …………………… 淨重10g
高湯 …………………… 2～3大匙

作法
1.把南瓜放入耐熱容器，加高湯。覆蓋保鮮膜，在微波爐加熱1分鐘。
2.趁熱連煮汁一起研磨過濾、去皮。如果過濾後仍乾稠，就再加高湯調稀。

只會吞嚥期前期

菠菜桃子糊

材料
菠菜（葉尖）…………………10g
桃子 …………………………… 5g
蔬菜湯 ……………………1.5大匙

作法
1.菠菜只使用葉尖的部分。
2.燙熟後泡冷水去澀味。
3.切碎或磨碎。
4.在3加入桃子（如果使用罐頭就水洗後再使用）搗碎成軟爛，加蔬菜湯調成稀爛狀。

只會吞嚥期前期

菠菜燙熟後
泡冷水去澀味

紅椒蘋果泥

材料
紅椒……10g
蘋果……5g

只會吞嚥期前期

作法
1.紅椒去籽。在小鍋煮開熱水，加入紅椒煮10分鐘以上。放在濾網冷卻後用手剝皮，將果肉搗碎成軟爛。
2.蘋果磨成泥，與1混合，盛入容器。

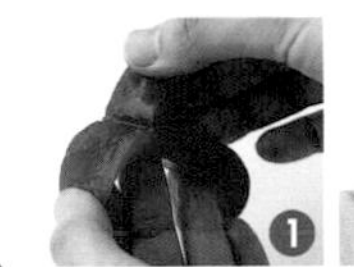

POINT 紅椒去籽剝皮後再使用

高麗菜濃湯

材料
高麗菜……10g
馬鈴薯……10g
蔬菜湯……2大匙

作法
1.高麗菜切成大片來燙煮，與梗的方向平行來切。
2.1的高麗菜去梗後重疊，切碎（縱橫切將纖維切斷，以免噎住）。
3.馬鈴薯切薄片。在小鍋加入蔬菜湯與水1/2杯、馬鈴薯開火煮，煮開後加入高麗菜煮軟。連煮汁一起研磨過濾後盛入容器。

POINT 燙煮使纖維變軟再切

只會吞嚥期前期

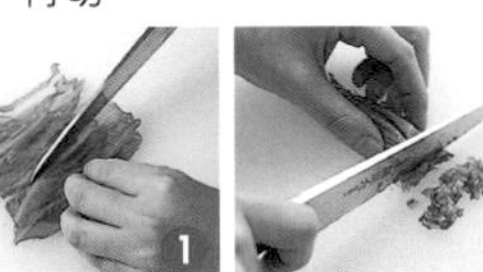

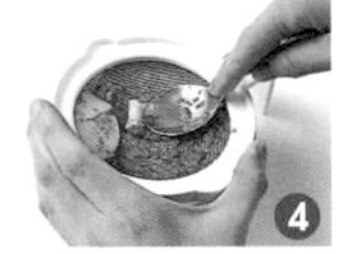

蕃茄拌豆腐

材料
小蕃茄……1個（10g）
豆腐……20g

只會吞嚥期前期

作法
1.小蕃茄去蒂，橫切一半。
2.用筷尖挖出籽，壓在濾網上研磨過濾果肉，去皮。
3.豆腐在熱水中迅速汆燙，同樣用濾網研磨過濾，與2混合後盛入容器。

POINT 小蕃茄連皮研磨過濾

青花菜豆漿湯

材料
青花菜 …………………… 10g
豆漿 …………………… 1/4杯

只會吞嚥期前期

作法
1.青花菜用剪刀剪碎尖端的花蕾部分。
2.煮軟後搗碎到不殘留粒狀。
3.把豆漿煮到即將沸騰，加在2中磨碎（可用濾網研磨過濾）後盛入容器。

POINT 用剪刀剪碎花蕾部分

紅蘿蔔乳酪

材料
紅蘿蔔 …………………… 10g
蔬菜湯 …………………… 1大匙
卡達乳酪 …………………… 5g

只會吞嚥期前期

作法
1.把削皮的紅蘿蔔切成大塊，加淹過材料程度的水煮熟，倒掉煮汁。
2.加蔬菜湯與水1/3杯再煮，煮軟後連煮汁一起研磨過濾。
3.卡達乳酪研磨過濾（如果是已過濾的種類就直接使用）。加在2的紅蘿蔔中攪拌混合，如果太稠就加蔬菜湯調成濃湯狀。

POINT 燙煮紅蘿蔔時切成大塊

白蘿蔔豆腐羹

材料
白蘿蔔 …………………… 10g
冷凍乾燥的豆腐 ………… 3g
高湯 …………………… 1大匙
太白粉水 …………………… 少量

只會吞嚥期後期

作法
1.白蘿蔔在距皮的表面1～2mm內側有硬的纖維層，因此皮稍微削厚一些。
2.在小鍋加入高湯與水1/4杯。再加入白蘿蔔泥。
3. 冷凍乾燥的豆腐磨碎後加熱。開火煮開，白蘿蔔煮至透明變軟後，用太白粉水勾芡。

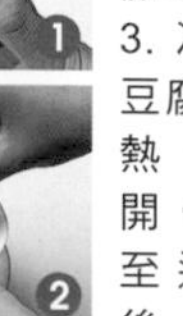

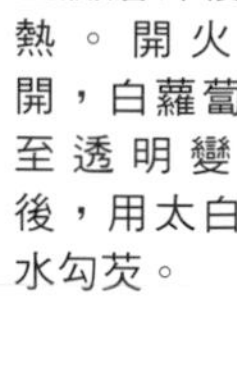

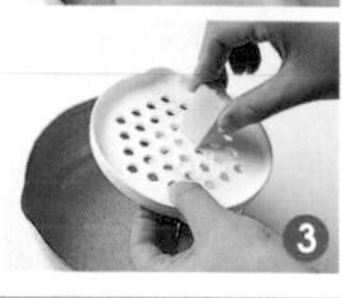

只會吞嚥期

5~6個月大時期

蛋白質來源食物菜單

這個時期推薦

- 豆腐
- 大豆粉
- 白肉魚（真鯛）
- 吻仔魚乾
- 蛋黃
- 原味優格
- 卡達乳酪
- 豆漿
- 鮮奶（加熱烹調）

在只會吞嚥期，增加蛋白質食物種類與量必須慎重。為避免造成嬰兒尚未發育完全的臟器負擔，每1種確實遵守食用量的基準是很重要的。喝鮮奶雖是在1歲過後，但這個時期只要加熱就能少量用於烹調。

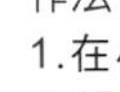
參照P.146 能吃的食物・不能吃的食物

豆腐草莓醬

材料
嫩豆腐……20g
草莓……1個

只會吞嚥期前期

作法
1.在小鍋煮沸熱水，加入豆腐迅速汆燙。瀝乾水分後搗碎，盛入容器。
2.草莓去蒂後研磨過濾，把2小匙果汁淋入1中。

真鯛羹

材料
真鯛……5g
蔬菜湯……2大匙
太白粉水……少量

只會吞嚥期前期

作法
1.把真鯛與蔬菜湯放入耐熱容器，覆蓋保鮮膜，在微波爐加熱1分鐘。
2.連湯研磨過濾1，入鍋。加入2大匙水開火來煮，煮開後淋入太白粉水勾芡。

POINT 魚片和湯一起微波加熱即可

紅蘿蔔優格

材料
紅蘿蔔與洋蔥泥 …………10g
原味優格 ………………2大匙

只會吞嚥期前期

作法
1.把紅蘿蔔削皮，切成薄銀杏葉形，洋蔥也切碎，準備做成泥。
2.在鍋中加入蔬菜與淹過材料的水來煮，煮開後改小火煮軟。
3.蔬菜煮軟就熄火，在磨缽搗碎成泥狀，加入少量煮汁調成稀爛狀。
散熱後放在盛入容器的優格上。

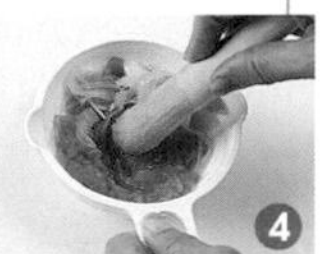

吻仔魚蔬菜泥

材料
菠菜（葉子）………………10g
紅蘿蔔 ……………………… 5g
吻仔魚乾 …………………… 5g

只會吞嚥期後期

作法
把菠菜葉與削皮的紅蘿蔔煮軟。吻仔魚乾放入耐熱容器加水，在微波爐迅速加熱去鹽。把所有材料混合磨碎，如果不易吞嚥，就加入白開水調稀。

POINT
吻仔魚乾必須去鹽

蛋黃粥

材料
10倍濃稠稀飯 ………… 30g
煮熟的蛋黃……………1/2個

只會吞嚥期前期

作法
1.用湯匙背壓碎10倍濃稠稀飯，研磨過濾。
2.煮熟的蛋黃用湯匙搗碎，加在盛入容器的1上。邊混合邊餵。

葡萄風味卡達乳酪

材料
卡達乳酪……10g
葡萄汁（嬰兒食物）…1大匙

只會吞嚥期前期

作法
1.卡達乳酪研磨過濾（如果是已研磨過濾的種類就直接使用），一點一點地加入用規定量冷水調稀的果汁。
2.混合乳酪與果汁，變成稀爛狀。

大豆粉香蕉

材料
大豆粉……1小匙
香蕉……25g

只會吞嚥期後期

作法
1.香蕉放入磨缽搗碎，再研磨成軟爛。
2.加入大豆粉攪拌混合，加適量的熱水調稀，做成容易吞嚥的稀爛狀。

餵食前再加大豆粉混合！

豆腐茶碗蒸

材料
嫩豆腐……15g
高湯……1大匙
蛋黃……1/3個

只會吞嚥期後期

POINT
錫箔紙的中央打洞

作法
1.把瀝乾水分的豆腐研磨過濾。
2.把不含蛋白的蛋黃與研磨過濾的豆腐、高湯混合。
3.倒入容器，蓋上中央打洞的錫箔紙，在微波爐加熱20～30秒，看情況加熱。

含住壓碎期

7～8個月大時期

基準是用舌能壓碎的豆腐般軟硬度。
把濃稠狀的食物或柔軟塊狀的食物均勻混合。

熱量來源食物菜單

只會吞嚥期推薦的食材再加上

- 烏龍麵
- 細麵
- 粉絲
- 葛粉條
- 玉米片
- 芋頭

這個時期的基本是5倍濃稠稀飯。也可在只會吞嚥期的食材加上烏龍麵或細麵、粉絲等，但使用時必須留意鹽分。此外，能常溫保存的玉米片也值得推薦。

參照P.24 基本中的「基本」／含住壓碎期

豆腐紅蘿蔔粥

材料
米飯 ………………………… 25g
紅蘿蔔 ……………………… 10g
蔬菜湯 ……………………… 1/2杯
豆腐 ………………………… 10g

作法
1.米飯切碎。紅蘿蔔削皮後切碎煮軟，瀝乾水分。豆腐迅速汆燙。
2.把1與蔬菜湯放入耐熱容器，覆蓋保鮮膜，在微波爐加熱1分鐘。趁熱加入豆腐搗碎，全體攪拌混合。

含住壓碎期前期

中式麵包粥

材料
三明治用吐司麵包 …… 15g
白肉魚（真鯛） ……… 10g
青江菜（葉） ………… 15g
高湯（嬰兒食物）……1/3杯

作法
1.麵包切成粗粒。白肉魚煮熟後去皮去骨、撕碎。
2.青江菜燙熟後泡冷水，瀝乾水分，縱橫切碎。在鍋加入高湯與水1/8杯煮開，加1與青江菜煮軟。

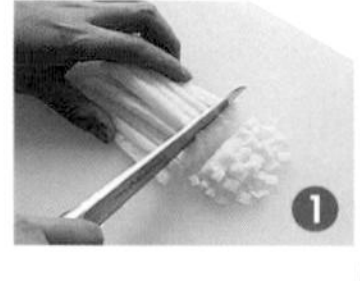

POINT 青江菜燙熟後泡冷水

含住壓碎期前期

大豆粉烏龍麵

材料
熟烏龍麵 ………………… 20g
高湯 …………………… 2大匙
大豆粉 ………… 1/2～1小匙

含住壓碎期前期

作法
1.在烏龍麵加淹過材料程度的水，在微波爐燙煮。
2.把1切碎後放入耐熱容器，倒入高湯，覆蓋保鮮膜，在微波爐加熱1分鐘。
3.趁熱連煮汁一起大致搗碎。盛入容器，灑入大豆粉。
★混合大豆粉後再餵食。

POINT 燙煮烏龍麵是為了去除鹽分

白肉魚高麗菜烏龍麵

材料
熟烏龍麵……………………35g
白肉魚（真鯛）…………10g
高麗菜………………………15g
高湯……………………… 1/4杯
太白粉水 ……………… 少量

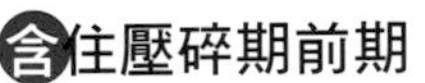

含住壓碎期前期

作法
1.白肉魚煮熟後瀝乾水分，去皮去骨，用指尖捏碎。汆燙的烏龍麵切碎。在小鍋加入高湯與熱水2大匙來煮，把烏龍麵煮軟後搗碎。
2.高麗菜汆燙後瀝乾水分，縱橫切碎。在1的鍋中加入高麗菜與白肉魚來煮，用太白粉水勾芡。

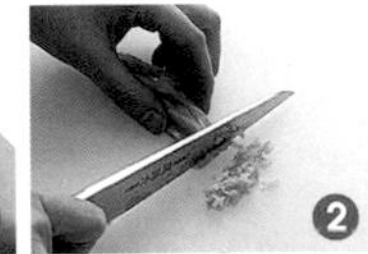

青花菜白肉魚細麵

材料
青花菜………………………20g
白肉魚（真鯛）…………10g
細麵…………………………15g
蔬菜湯 …………………1/4杯
太白粉水 ……………… 少量

含住壓碎期前期

作法
1.青花菜分成小朵。白肉魚煮熟後去皮去骨，撕碎。細麵折成1～2cm長。
2.在小鍋煮沸熱水燙煮青花菜，撈出切碎。把蔬菜湯與水1/4杯煮開，加入青花菜、白肉魚、細麵煮熟後勾芡。

POINT 細麵折成1～2cm長

鮭魚花椰菜燕麥粥

材料
燕麥 ………… 10g
生鮭魚 ………… 10g
花椰菜 ………… 20g
蔬菜湯 ………… 1/4杯
太白粉水 ………… 少量

含住壓碎期前期

作法
1.在小鍋中加入熱水1/2杯煮沸，加入燕麥。邊攪拌邊煮熟，再燜一下。鮭魚煮熟後去皮去骨、撕碎。
2.花椰菜用刀切下花蕾燙煮，在1的鍋中放入鮭魚與花椰菜來煮，煮熟後盛入容器。再把蔬菜湯勾芡後淋入。

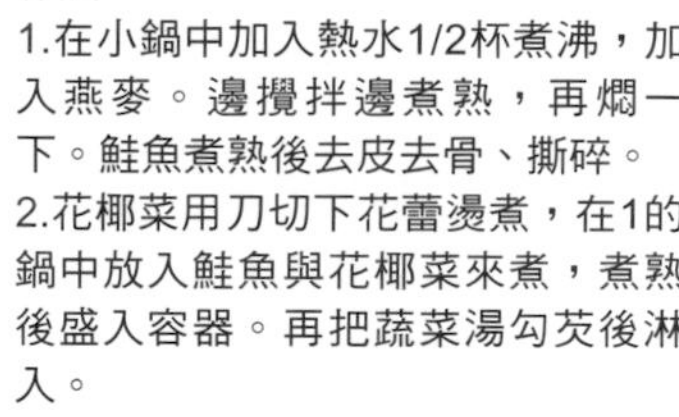

蔬菜湯煮蕃薯吻仔魚

材料
蕃薯 ………… 40g
洋蔥 ………… 20g
吻仔魚乾 ………… 5g
蛋汁 ………… 1/4個份
蔬菜湯 ………… 1/2杯
太白粉水 ………… 少量

含住壓碎期後期

作法
1.蕃薯皮削稍厚、泡水。洋蔥切碎，吻仔魚乾淋熱水去鹽後切碎。
2.用蔬菜湯1/4杯與水1/2杯把蕃薯與洋蔥煮軟。
3.搗碎蕃薯加在吻仔魚乾中，倒入蛋汁來煮熟。
4.盛入容器，把剩餘的蔬菜湯勾芡加入。

香蕉西式茶碗蒸

材料
香蕉 ………… 40g
南瓜 ………… 10g
蛋黃（小） ………… 1個份
鮮奶 ………… 1/4杯

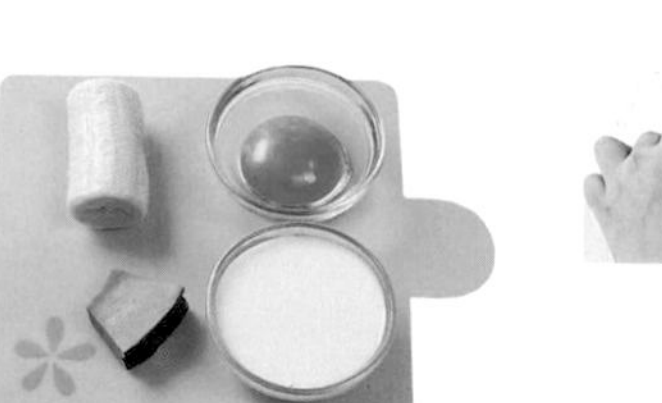

含住壓碎期後期

作法
1.香蕉大致搗碎。南瓜在微波爐加熱變軟，去皮後搗碎。
2.混合蛋黃與鮮奶，加在1混合。倒入耐熱容器，蓋上中央打洞的錫箔紙，在微波爐加熱1分40秒。

覆蓋的錫箔紙必須打洞

含住壓碎期

7～8個月大時期

維生素、礦物質來源食物菜單

只會吞嚥期推薦的食材再加上

- 秋葵
- 蔥
- 四季豆
- 豌豆莢
- 小黃瓜
- 萵苣
- 甜椒
- 綠蘆筍
- 烤海苔

這是能少量加入纖維多的食材的時期。使用時要切碎以切斷纖維為要點。煮成能用舌壓碎的軟硬度，一開始壓碎再餵，習慣後切成2～3mm大小。

參照P.144 能吃的食物．不能吃的食物

蔬菜湯煮洋蔥南瓜

材料
洋蔥 ………… 15g
南瓜 ………… 5g
蔬菜湯 ………… 2大匙

作法
1.洋蔥切碎，南瓜削皮後切成3～4塊。在小鍋中加入蔬菜湯與水1/4杯、洋蔥煮軟。
2.加入南瓜，煮軟後搗碎南瓜，熄火。

含住壓碎期前期

煮馬鈴薯青花菜

材料
馬鈴薯 ………… 20g
青花菜 ………… 10g
蔬菜湯 ………… 2大匙
水煮罐頭鮪魚 ………… 5g

作法
1.馬鈴薯削皮，切成薄片後泡水。青花菜燙煮，削下花蕾尖端。在鍋中加入蔬菜湯與水1/2杯、馬鈴薯一起煮，煮軟後加入青花菜。
2.鮪魚放入濾網淋熱水後，加在1中。全體煮軟後用壓碎器壓碎，熄火。

馬鈴薯切成薄片後泡水

含住壓碎期前期

蔬菜湯煮馬鈴薯洋蔥紅蘿蔔

材料

紅蘿蔔 …………………… 10g
洋蔥 …………………… 10g
馬鈴薯 …………………… 30g
吻仔魚 …………………… 3～4條
蔬菜湯 …………………… 1/4杯

作法

1.紅蘿蔔削皮後煮軟，切成1cm塊狀。洋蔥與馬鈴薯切成1cm塊狀。吻仔魚淋熱水去鹽，切碎。

2.在小鍋中加入蔬菜湯與水1/2杯、1的材料來煮。煮軟後用壓碎器壓碎塊狀，盛入容器，放上吻仔魚。

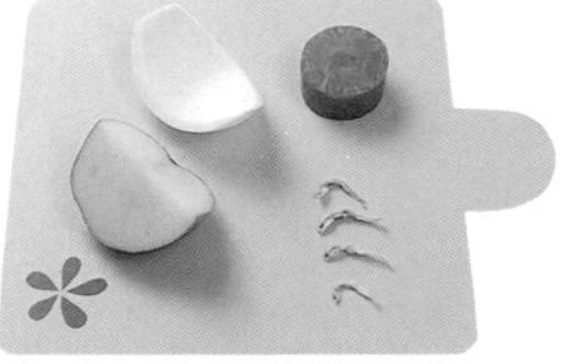

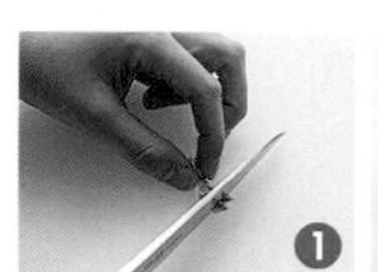

含住壓碎期前期

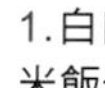

蕪菁白肉魚粥

材料

蕪菁 …………………… 20g
蕪菁葉 …………………… 少許
白肉魚（真鯛） ……… 10g
米飯 …………………… 25g
高湯 …………………… 2大匙

作法

1.白肉魚燙煮後去皮去骨，撕碎。米飯切碎。在小鍋煮開高湯與水1/4杯，把白肉魚與米飯煮軟。

2.把去皮的蕪菁磨成泥加入1的鍋中。蕪菁葉汆燙後縱橫切碎。蕪菁煮軟後熄火盛入容器，放上蕪菁葉。

含住壓碎期前期

菠菜蛋黃粥

材料

菠菜（葉子） ………… 10g
米飯 …………………… 20g
蛋黃 …………………… 1/2個份
高湯 …………………… 1/2杯

作法

1.菠菜燙煮後擰乾水分、切碎。米飯也切碎。

2.在小鍋煮開高湯後加入米飯，煮5～6分鐘。加入菠菜煮。

3.蛋黃打散後淋入，迅速攪拌混合，蛋黃煮熟就熄火。

含住壓碎期後期

高麗菜乳酪麵包粥

材料

高麗菜 …………………… 20g
玉米醬 …………………… 10g
卡達乳酪 ………………… 5g
三明治用吐司麵包 …… 15g
蔬菜湯 ………………… 2/3杯

作法

1.高麗菜切碎，放入煮開蔬菜湯的小鍋煮。煮軟後加入玉米醬、將研磨過濾的卡達乳酪煮開。
2.麵包切碎加在1中，迅速煮熟。盛入容器，用湯匙搗碎麵包就容易吃。

含住壓碎期前期

秋葵雞胸肉羹

材料

秋葵 ……………………15g
雞胸條肉 ………………10g
高湯 …………………… 1大匙

作法

1.秋葵去蒂後縱切一半，用湯匙挖出籽、切碎。雞胸條肉削成薄片，用刀拍碎成絞肉狀。
2.在小鍋加入高湯與水1/4杯煮開，加入雞胸條肉煮，煮熟後加入秋葵煮爛。

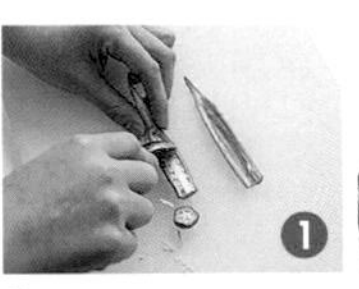

含住壓碎期前期

秋葵去蒂
挖出籽

裙帶菜馬鈴薯蛋花

材料

馬鈴薯 …………………20g
裙帶菜（泡軟） ……… 5g
蛋黃 ………………… 1個份
高湯 ………………… 1/4杯

作法

1.馬鈴薯削皮後切成1cm塊狀，泡水。裙帶菜去除硬的莖部。
2.裙帶菜縱橫切碎。在小鍋加熱高湯與水1/2杯、馬鈴薯一起煮。煮軟後搗碎馬鈴薯，加入裙帶菜與蛋黃攪拌混合，煮熟。
★海藻類，觀察孩子的胃腸狀況後再餵食。

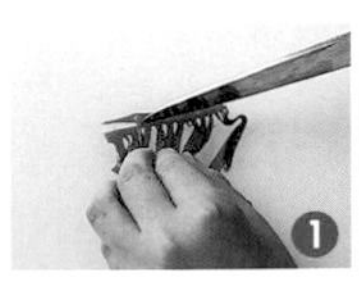

含住壓碎期後期

裙帶菜的硬
莖部不使用

蔬菜蛋豆腐

材料
青花菜 …………… 1朵（15g）
蛋黃……………………1/2個份
豆漿 ……………………… 2大匙
高湯 ……………………… 2大匙
太白粉…………………1/4小匙

含住壓碎期後期

作法
1.青花菜燙煮後削下花蕾部分、切碎。
2.混合蛋黃與豆漿，加入青花菜，倒入容器。
3.覆蓋保鮮膜，在微波爐加熱1分鐘。
4.高湯在微波爐加熱40秒煮開，立即加入1/2的太白粉水，迅速攪拌混合。如果不夠黏稠，就再加熱10秒攪拌混合，淋在3上。

蔬菜拌香蕉

材料
香蕉 …………… 4cm（30g）
紅蘿蔔 … 1cm圓片1片（10g）
高麗菜…10cm塊狀1片（10g）

含住壓碎期前期

作法
1.把削皮的紅蘿蔔、高麗菜切碎、煮軟。
2.香蕉用叉子壓碎。
3.瀝乾煮熟蔬菜的水，拌香蕉。

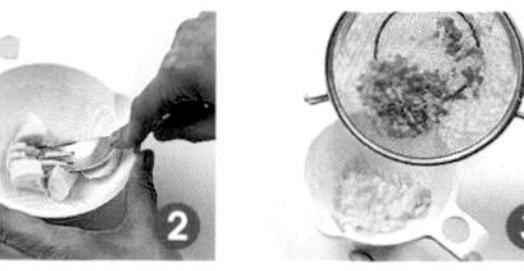

蘋果醬南瓜乳酪

材料
南瓜 ………………………… 15g
卡達乳酪 …………………… 10g
蘋果………………………………5g
蔬菜湯 …………………… 1/4杯

含住壓碎期前期

作法
1.蘋果削皮去芯。把蔬菜湯倒入耐熱容器，加入蘋果泥，覆蓋保鮮膜，在微波爐煮開。
2.南瓜灑上少許水，在微波爐加熱變軟，去皮後搗碎。卡達乳酪研磨過濾，與南瓜攪拌混合後盛入容器，淋在1上。

含住壓碎期

7～8個月大時期

蛋白質來源食物菜單

只會吞嚥期推薦的食材再加上

- 鮪魚
- 鰹魚
- 鮭魚
- 高野豆腐
- 四季豆
- 碎納豆
- 雞胸條肉
- 雞胸肉
- 雞絞肉
- 肝類
- 全蛋（後期）
- 鵪鶉蛋（後期）

可吃一部分肉類、紅肉魚類。從脂肪少的、少量開始，看情況再逐漸增加。全蛋從8個月以後就能吃。之前與只會吞嚥期一樣只使用蛋黃。

參照P.146 能吃的食物‧不能吃的食物

豆腐紅蘿蔔泥

材料

嫩豆腐 ························ 30g
紅蘿蔔 ························ 20g
高湯 ························ 2大匙
太白粉水 ························ 少量

作法

1.豆腐迅速汆燙後，用湯匙背搗碎盛入容器。

2.紅蘿蔔削皮後切成銀杏葉形，與高湯、水1/4杯一起加入小鍋煮，煮軟後，用壓碎器壓碎，與1一起盛入容器。

含住壓碎期前期

蔬菜湯煮乳酪蕃薯

材料

卡達乳酪 ························ 20g
蕃薯 ························ 20g
蔬菜湯 ························ 2大匙

作法

1.蕃薯把皮削稍厚，切成4塊泡水去澀味。在小鍋中加入蔬菜湯與水1/2杯、瀝水的蕃薯煮軟。

2.加入研磨過濾的卡達乳酪煮，用壓碎器大致壓碎蕃薯與乳酪就熄火。

含住壓碎期前期

青花菜煮蛋

材料
蛋黃 …… 1個
青花菜 …… 15g
蔬菜湯 …… 1/4杯

含住壓碎期後期

作法
1.青花菜燙煮，把梗切成薄片後切碎。
2.在小鍋煮開蔬菜湯與水1/2杯後，再加入1煮。把蛋黃打散加入，攪拌混合到完全煮熟。

納豆青菜烏龍麵

材料
碎納豆 …… 15g
菠菜 …… 10g
熟烏龍麵 …… 35g
高湯 …… 1/4杯

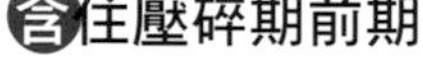

含住壓碎期前期

作法
1.鋪上保鮮膜，放上碎納豆，再用刀拍打後切碎，這樣收拾起來就很省事。菠菜燙煮後泡冷水，擰乾水分後切碎。
2.烏龍麵切碎後汆燙。在小鍋煮開高湯與水1/4杯後，加入麵條，煮軟後加入1煮。

POINT
要點：
碎納豆用刀
拍打後切碎

南瓜泥拌碎雞胸條肉

材料
雞胸條肉 …… 10g
嬰兒食物南瓜（冷凍乾燥）2塊
蔥葉末 …… 1/2根份

含住壓碎期前期

作法
1.雞胸條肉去筋去皮，與蔥末一起煮。取少量煮汁備用。
2.雞胸條肉切碎，加入蔥末、煮汁混合，盛入容器。
3.用規定量的熱水溶解嬰兒食物南瓜，淋在2上。

真鯛油菜粥

材料

真鯛 …… 10g
油菜 …… 15g
米飯 …… 25g
蔬菜湯 …… 1/4杯

作法

1.把真鯛放入耐熱容器加水，在微波爐加熱1分鐘去除水分。油菜燙煮後切碎。米飯也切碎。

2.在耐熱容器加入1與蔬菜湯，覆蓋保鮮膜，在微波爐加熱1分～1分30秒。把真鯛弄散後全體混合，再覆蓋保鮮膜燜一下。

含住壓碎期前期

高湯煮鮭魚白蘿蔔

材料

鮭魚 …… 10g
白蘿蔔 …… 10g
高湯 …… 2大匙
太白粉水 …… 少量

作法

1.白蘿蔔以切斷纖維的方式切成薄片，再切成細絲。

2.鮭魚煮熟後弄碎，去皮去骨。在小鍋中加入高湯與水1/2杯、白蘿蔔一起煮，白蘿蔔煮軟後加入鮭魚煮，用太白粉水勾芡。

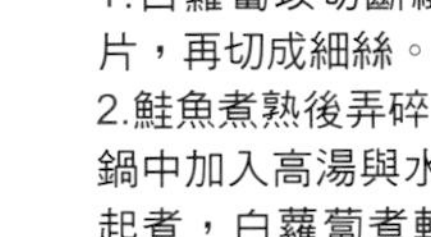

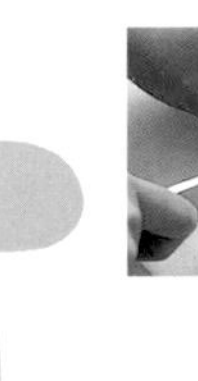

鮭魚煮熟後去皮去骨再使用

含住壓碎期前期

白蘿蔔泥鮪魚

材料

鮪魚 …… 13g
白蘿蔔 …… 20g
高湯 …… 1/3杯
太白粉水 …… 2～3小匙

作法

1.白蘿蔔削皮後磨成泥，加高湯煮。鮪魚切碎。

2.白蘿蔔煮熟變透明後加入1的鮪魚，邊弄碎邊煮。煮好加入太白粉水，迅速攪拌混合勾芡。

含住壓碎期前期

PART2
基本菜單篇

輕度咀嚼期 9～11個月大時期

逐步進展！不要突然變硬，
組合軟硬適中的食材。

熱量來源食物菜單

含住壓碎期推薦的食材再加上

- 義大利麵
- 通心麵
- 中華麵
- 烤蛋糕
- 蘇打餅乾

在米飯或烏龍麵等傳統食物之外，加上義大利麵或通心麵等各種口味的食材品嘗。以用牙齦能咬碎的軟硬度為基準，逐步嘗試。

參照P.142 能吃的食物／不能吃的食物

白肉魚蔬菜羹丼

材料
米飯 ………… 40g
油菜 ………… 10g
蕃茄 ………… 10g
白肉魚 ………… 10g
蔬菜湯 ………… 1/4杯
太白粉水 ………… 少量

作法
1.油菜燙煮後縱橫切碎。蕃茄去皮去籽後切碎。白肉魚煮熟後去皮去骨、弄碎。
2.米飯切碎，加入水3大匙，在微波爐加熱1分鐘，燜一下。在鍋內加入蔬菜湯與1來煮，煮開後改小火1～2分鐘，用太白粉水勾芡，淋在盛入容器的米飯上。

輕度咀嚼期前期

納豆烏龍麵

材料
熟烏龍麵 ………… 60g
納豆 ………… 20g
裙帶菜（泡軟） ………… 5g
豌豆莢 ………… 5g

作法
1.烏龍麵切成3cm長，用熱水汆燙去除鹽分，瀝乾水分。納豆用刀拍碎。
2.裙帶菜淋熱水後瀝乾水分，切碎。豌豆莢去筋汆燙，瀝乾水分後切碎。加納豆混合，淋在盛入容器的烏龍麵上。

輕度咀嚼期前期

勾芡炒麵

材料

細麵……20g
紅蘿蔔……15g
冬蔥……5g
豬瘦肉薄片……10g
油……1/2小匙
蔬菜湯……50ml
太白粉水……少量

作法

1.細麵折成3cm長。在小鍋煮沸熱水後加入細麵煮軟，放入濾網水洗後瀝乾水分。
2.紅蘿蔔削皮後切成細絲，冬蔥切末，豬肉去除肥肉後切碎。
3.在平底鍋加熱油，炒肉與蔬菜，再加入細麵拌炒後盛入容器。在小鍋煮開蔬菜湯，用太白粉水勾芡後淋上。

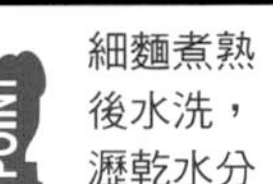

POINT 細麵煮熟後水洗，瀝乾水分

輕度咀嚼期前期

part 2 基本菜單篇

卡達乳酪煎馬鈴薯餅

材料

馬鈴薯……85g
卡達乳酪……10g
牛油……1/4小匙（1g）

作法

1.馬鈴薯削皮後磨成泥。
2.馬鈴薯加卡達乳酪攪拌混合，用湯匙舀起放入融化牛油的平底鍋，把兩面煎出顏色。

POINT 馬鈴薯以生的狀態磨泥

輕度咀嚼期前期

旗魚蕃薯丸

材料

蕃薯……60g
鮮奶……1/4杯
旗魚……8g

作法

1.蕃薯皮削稍厚泡水。瀝乾水分後入鍋，加入淹過材料的水煮軟後搗碎。加鮮奶攪拌混合，煮成濃稠，熄火散熱
2.旗魚煮熟後切碎。用保鮮膜包起約1小匙的蕃薯泥，加少量旗魚揉成丸子狀，盛入容器。

輕度咀嚼期前期

蔬菜玉米片粥

材料
玉米片 …………………… 17g
蛋汁 ………………… 1/2個份
青花菜 …………………… 20g
蔬菜湯 ………………… 1/2杯

輕度咀嚼期前期

作法
1.把玉米片裝入塑膠袋，用手指揉碎。蛋汁倒入平底鍋炒碎。青花菜燙煮後分成小朵。
2.在小鍋煮開蔬菜湯後加入青花菜，煮軟後加入玉米片來煮。煮熟後熄火，盛入容器，放上炒蛋。

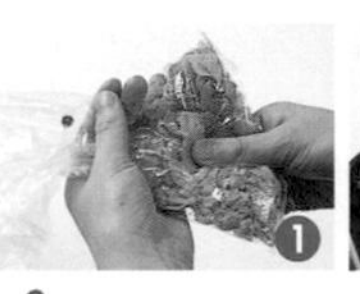

玉米片裝入塑膠袋揉碎就省事

法國吐司

材料
切8片的吐司麵包………1片
紅蘿蔔 …………………… 5g
青花菜 ……………………15g
蛋汁 ………………… 1/3個份
鮮奶 ………………… 2大匙
牛油……………………少許

輕度咀嚼期前期

作法
1.紅蘿蔔削皮後磨成泥。把大朵的青花菜燙煮後瀝乾水分，分成小朵。混合紅蘿蔔、蛋汁、鮮奶。
2.把1的蛋汁淋在切掉邊、撕成適當大小的吐司上，全體滲入蛋汁後，在平底鍋融化牛油，兩面都煎，盛入容器，配上青花菜。

香蕉蒸糕

材料
香蕉 …………………… 40g
紅蘿蔔 ………………… 20g
蒸麵包混合料 ………… 10g
鮮奶 ………………… 2大匙

輕度咀嚼期前期

作法
1.紅蘿蔔削皮後磨成泥，香蕉用指尖剝成小塊加入。
2.在1加入蒸麵包混合料混合。倒入耐熱容器，放入冒蒸氣的蒸籠蒸5～6分鐘。

香蕉不切，而是用手指剝塊

維生素、礦物質來源食物菜單

含住壓碎期推薦的食材再加上

- 裙帶菜
- 海帶絲
- 菇蕈
- 牛蒡
- 蓮藕
- 竹筍

這個時期，可吃牛蒡或蓮藕等纖維多的蔬菜類。此外，菇蕈或海藻類等含豐富礦物質的食物也能吃，菜色富變化的時期。

參照P.144 能吃的食物・不能吃的食物

蔬菜湯煮南瓜丸

材料
南瓜 ………………………… 15g
雞胸絞肉 …………………… 10g
米飯 ………………………… 10g
牛蒡 ………………………… 5g
蔬菜湯 …………………… 1/2杯
太白粉水 …………………… 少量

作法
1.南瓜灑少量水，在微波爐加熱後去皮搗碎。加雞絞肉與切碎的米飯搓揉到發黏。
2.把1揉成丸子，用蔬菜湯1/4杯來煮。在另外的鍋用剩餘的湯煮軟切成薄片的牛蒡，取出切碎。與丸子一起盛入容器，把煮汁勾芡後淋上。

輕度咀嚼期前期

大力水手炒蛋

材料
菠菜 ………………………… 15g
洋蔥 ………………………… 5g
蛋汁 …………………… 1/2個份
蔬菜湯 …………………… 2大匙
牛油 ………………………… 少許
蕃茄醬 ……………………… 少許

作法
1.在小鍋煮沸熱水，放入洋蔥燙煮後取出，瀝乾水分。加入菠菜汆燙後泡冷水，冷卻後擰乾水分。
2.把1的材料分別切碎。在平底鍋融化牛油，炒洋蔥與菠菜，加入蔬菜湯煮。加入蛋汁拌炒，蛋炒熟後盛入容器，擠上蕃茄醬。

輕度咀嚼期前期

青花菜鰹魚煮物

材料
青花菜……………………20g
蕃薯……………………20g
鰹魚……………………15g
高湯……………………1/4杯
太白粉水……………………少量

輕度咀嚼期前期

作法
1.青花菜煮軟，從花蕾的根部切成薄片。蕃薯皮稍微削厚一些、切成1cm塊狀，泡水去澀味，瀝乾水分。
2.鰹魚去血，切成1cm塊狀。在小鍋加入高湯、水1/4杯與蕃薯一起煮，煮熟後加入鰹魚煮。加入青花菜煮到煮汁快要收乾時勾芡。

羊栖菜旗魚蔬菜煮物

材料
芋頭……………………30g
紅蘿蔔……………………10g
旗魚……………………15g
羊栖菜……………………5g
高湯……………………1/3杯
醬油……………………極少量
太白粉水……………………少量

輕度咀嚼期前期

作法
1.芋頭與紅蘿蔔都削皮，切成7～8mm塊狀。旗魚也切成相同大小的塊狀。在小鍋煮紅蘿蔔，加入芋頭與旗魚一起煮。把羊栖菜煮軟。
2.羊栖菜瀝乾水分切碎。在小鍋煮開高湯，加入芋頭、紅蘿蔔、旗魚、羊栖菜一起煮。滴入醬油，用太白粉水勾芡。

POINT
羊栖菜汆燙後再切碎

納豆拌烤茄子紅蘿蔔

材料
茄子……………………10g
紅蘿蔔……………………10g
納豆……………………20g
裙帶菜（乾燥）……………1g

輕度咀嚼期前期

作法
1.茄子用錫箔紙包起，在烤架的烤網上烤5分鐘。烤好原狀冷卻，用手剝皮後切碎。
2.在小鍋加水將去皮的紅蘿蔔煮軟、切碎。納豆用刀拍碎，裙帶菜泡水變軟後切碎。把所有材料盛入容器攪拌混合。

POINT
烤茄子冷卻後再用手撕皮

芝麻醬拌高麗菜雞胸條肉

材料
高麗菜 …………………… 20g
雞胸條肉 ……………… 15g
芝麻醬 ……………… 1/2小匙
砂糖、醬油 ………各極少量
太白粉水 …………………少量

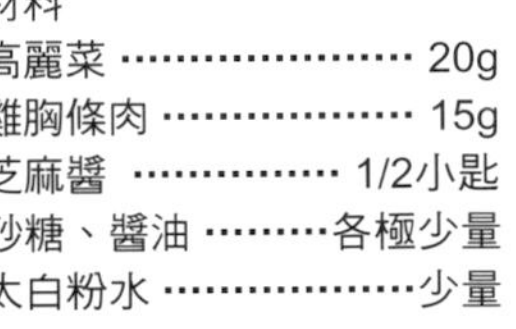

輕度咀嚼期前期

作法
1.高麗菜汆燙後用廚房紙巾擦乾水分，縱橫切碎。雞胸條肉煮熟後用指尖撕開，切碎。
2.在小鍋加入水1/3杯、芝麻醬、砂糖、醬油煮開，用太白粉水勾芡。把1盛入容器，淋上醬汁。

蕪菁雞肉蕃茄奶油燉菜

材料
蕃茄 ……………… 淨重10g
雞胸條肉 ……………… 10g
蕪菁 …………………… 10g
蕪菁葉 ……………… 少量
蔬菜湯 ……………… 1/2杯
鮮奶 ………………… 2大匙

輕度咀嚼期前期

作法
1.蕃茄去皮、去籽切成粗粒。雞胸條肉煮熟後用手撕開，切碎。蕪菁削皮後切成7～8mm塊狀，蕪菁葉汆燙後切碎。
2.在小鍋中加入蔬菜湯煮開，加入雞胸條肉與蕪菁煮軟；再加入蕃茄煮，之後再加蕪菁葉與鮮奶，快要煮沸前熄火。

紅蘿蔔細麵

材料
紅蘿蔔 …………………… 15g
細麵 ……………………… 18g
豬腿肉薄片 …………… 10g
高麗菜……………………5g
高湯 ……………… 1/4杯
太白粉 ………… 1/4小匙

輕度咀嚼期後期

作法
1.紅蘿蔔削皮後用刨子刨成細絲。細麵折成3cm長。豬肉切碎後灑太白粉混合。高麗菜煮軟後切成稍大塊一些。
2.在小鍋放入1的紅蘿蔔與水煮。煮開後加入細麵煮軟，放在濾網。煮開高湯後煮豬肉，加入細麵與紅蘿蔔煮。盛入容器後放上高麗菜。

若要切成細絲，用刨子就更方便了。

蛋白質來源食物菜單

含住壓碎期推薦的食材再加上

- 青背魚（四破魚、秋刀魚、沙丁魚）
- 鱈魚
- 干貝
- 牡蠣
- 甜蝦
- 烏賊絲
- 牛瘦肉
- 牛瘦肉絞肉
- 水煮大豆

嬰兒的內臟功能已經發育，除控制蛋白質來源食物以免引起過敏之外，其餘大都可以吃。但必須遵守基準量，充分加熱。肉類避免使用肥肉部分，僅使用瘦肉。

參照P.146 能吃的食物・不能吃的食物

海苔拌白煮蛋芋頭

材料
白煮蛋 ……………… 1/2個
芋頭 ………… 30g（1/2個）
烤海苔 ……………4cm塊狀
醬油…………………… 極少量
蔬菜湯……………1～2大匙
太白粉水………………… 少量

輕度咀嚼期前期

作法
1.芋頭連皮用保鮮膜包起，在微波爐加熱1分鐘，翻面再加熱1分鐘，散熱。
2.把1削皮後搗碎。白煮蛋的蛋白切碎，蛋黃弄散，烤海苔撕碎後加在芋頭中，滴入醬油攪拌混合，盛入容器。煮開蔬菜湯勾芡後淋上。

POINT 芋頭連皮用保鮮膜包起加熱

綠海苔起司拌豆腐

材料
木綿豆腐 ……………… 30g
起司粉…………………………3g
綠海苔 ……………… 1/2小匙

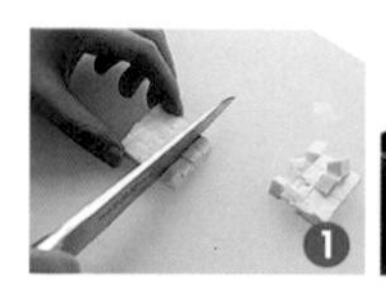

作法
1.豆腐切成7～8mm塊狀。
2.在小鍋煮沸熱水後迅速汆燙豆腐，用網杓撈起瀝乾水分。把起司粉與綠海苔在容器攪拌混合，拌入豆腐。

輕度咀嚼期前期

馬鈴薯乳酪玉米沙拉

材料
馬鈴薯 …………………… 20g
鮮奶油乳酪 …………… 10g
玉米醬 …………………… 10g
蔬菜湯 ……………1～2大匙

作法
1.馬鈴薯削皮後切成7～8mm塊狀，煮軟後瀝乾水分。鮮奶油乳酪恢復室溫，用竹片攪拌到柔軟。
2.在乳酪加入馬鈴薯、玉米醬，整個攪拌混合。再逐次少量加入蔬菜湯攪拌混合，把乳酪與玉米調成美乃滋般的軟硬度。

輕度咀嚼期前期

納豆拌花椰菜

材料
納豆 ………………………… 20g
紅蘿蔔 …………………… 10g
花椰菜 …………………… 10g
高湯 ……………………… 1/4杯

作法
1.粒狀納豆用刀拍碎，紅蘿蔔削皮後切成銀杏葉形薄片。
2.花椰菜分成指尖般大小的小朵。在小鍋中加入高湯、紅蘿蔔與花椰菜一起煮。蔬菜煮軟後，把湯汁煮到快要收乾就離火，散熱後伴入納豆。

輕度咀嚼期前期

POINT 納豆用刀拍碎

芝麻醬拌鮪魚丼

材料
鮪魚 ………………………… 15g
冬蔥 ………………………… 10g
芝麻醬……………… 1/2小匙
鹽 …………………………極少量
軟飯 ……………………… 80g

作法
1.鮪魚切成7～8mm塊狀煮熟，瀝乾水分。
2.冬蔥切段迅速汆燙後泡冷水，冷卻後用指尖搓揉去除內側的黏液後切碎。與1一起伴入芝麻醬與鹽，放在盛入容器的軟飯上。

輕度咀嚼期後期

POINT 冬蔥內側的黏液用指尖搓揉去除

鰆魚青花菜

材料
鰆魚 …………………… 15g
青花菜 …………………… 20g
高湯 …………………… 1/4杯
太白粉水 ……………………少量

輕度咀嚼期前期

作法
1.鰆魚放入耐熱盤，灑1小匙水，覆蓋保鮮膜，在微波爐加熱1分鐘。冷卻到不燙手再去皮。
2.用手撕碎1的鰆魚，去骨。青花菜分成小朵後煮熟，切成小塊。在小鍋煮開高湯後，加入鰆魚與青花菜煮，用太白粉水勾芡。

煎鱈魚片

材料
香蕉……………4cm（30g）
鱈魚 ………… 1/5片（15g）
小蕃茄 …………………… 2個
麵粉、油 ……………各少量

輕度咀嚼期前期

作法
1.小蕃茄劃上刀痕，在微波爐加熱20秒，皮裂開後去皮、去籽。
2.用叉子搗碎小蕃茄，在微波爐加熱20秒，以製作醬汁。
3.鱈魚切成薄片，沾上麵粉，在塗油的平底鍋煎出焦色後，加入切成圓片的香蕉略煎一下，灑1小匙水，蓋上鍋蓋燜燒20秒，盛入容器淋上醬汁。

茄子四破魚羹

材料
四破魚 …………………… 10g
茄子 …………………… 淨重15g
四季豆 …………………… 5g
高湯 …………………… 1/4杯
太白粉水 ……………………少量

輕度咀嚼期前期

作法
1.四破魚去皮去骨後切碎。再用刀拍爛成絞肉狀。茄子削皮後切成7～8mm塊狀、泡水，瀝乾水分。四季豆切成小塊。
2.在小鍋煮開高湯與水1/4杯，放入1煮。材料煮軟、湯汁變少，用太白粉水勾芡。

POINT
茄子去皮
僅使用果肉

肝馬鈴薯燉菜

材料
加肝的嬰兒食物 …… 1/2袋
馬鈴薯 …… 30g
鮮奶 …… 1～2小匙
鵪鶉蛋 …… 1個
牛油 …… 少量
汆燙的荷蘭芹末 …… 少量

作法
1.馬鈴薯煮熟後搗碎，加入用規定量熱水溶解的嬰兒食物，再加鮮奶調節稀稠度。
2.把1放入塗牛油的耐熱容器，打入蛋，覆蓋錫箔紙。在烤箱烤5～6分鐘，蛋完全煮熟後，灑上荷蘭芹。

輕度咀嚼期前期

蔬菜湯煮雞肉丸子

材料
雞胸條肉絞肉 …… 15g
麵包粉 …… 2小匙
鮮奶 …… 1小匙
太白粉 …… 少量
蔬菜湯 …… 1/2杯
紅椒 …… 10g
洋蔥 …… 10g
太白粉水 …… 少量

作法
1.把雞絞肉混合麵包粉、鮮奶、太白粉，攪拌搓揉到發黏。
2.紅椒、洋蔥切碎。在小鍋煮開湯，把1搓成丸子狀，逐一放入煮。
3.肉丸子煮熟後加入紅椒與洋蔥，再次煮沸後用太白粉水勾芡。

輕度咀嚼期前期

牛肉通心麵湯

材料
牛腿瘦肉薄片 …… 15g
蕃茄 …… 淨重10g
洋蔥 …… 10g
通心麵 …… 15g
蔬菜湯 …… 1/2杯
太白粉水 …… 少量

作法
1.牛肉切碎，再用刀拍爛。蕃茄去皮去籽後切成7～8mm塊狀，洋蔥切碎。通心麵煮軟後瀝乾水分，切成粗粒。
2. 在小鍋煮開蔬菜湯與水1/2杯，放入牛肉煮。肉變色就加洋蔥與通心麵，洋蔥煮到透明時，再放入蕃茄煮。用太白粉水勾芡。

輕度咀嚼期後期

牛肉切碎後再用刀拍爛

用力咬嚼期 1歲～1歲3個月大時期

能用左右兩邊牙齦有節奏地咀嚼就是用力咬嚼期。
建議增加可用手抓來吃的菜單。

熱量來源食物菜單

參照輕度咀嚼期
的食物

米飯在用力咬嚼期前期是軟飯，後期與大人一樣即可。推薦如飯糰等能用手抓來吃形狀的食物。大多數的主食食物都能食用，但烏龍麵等必須先氽燙去鹽分。

參照P.142 能吃的食物・不能吃的食物

納豆炒飯

材料
- 軟飯 …… 90g
- 碎納豆 …… 20g
- 洋蔥 …… 30g
- 綠海苔 …… 1/2小匙
- 橄欖油 …… 少量

作法
1.洋蔥切碎，覆蓋保鮮膜，在微波爐加熱1分鐘。在平底鍋倒入橄欖油，加入米飯與洋蔥拌炒。
2.加入納豆拌炒，最後加綠海苔均勻混合。

用力咬嚼期前期

菠菜牛肉羹丼

材料
- 菠菜 …… 20g
- 牛腿肉薄片 …… 18g
- 高麗菜 …… 10g
- 高湯（嬰兒食物）…… 1/4杯
- 太白粉水 …… 少量
- 醬油 …… 極少量
- 軟飯 …… 90g

作法
1.牛肉切碎成1cm長。菠菜、高麗菜分別燙煮後切碎。
2.將高湯與水1/4杯在鍋中煮開，再加肉煮。煮熟後加菠菜、高麗菜煮。勾芡後加醬油，放在盛入容器的軟飯上。

用力咬嚼期前期

青豆飯糰

材料
軟飯 ························ 90g
煎豬瘦肉 ·················· 15g
青豆 ························ 20g
烤海苔 ···················· 1/4片

作法
1.煎豬肉切碎後汆燙，瀝乾水分。青豆煮熟後泡冷水冷卻。
2.去除青豆的薄皮，大致搗碎。與1的煎豬肉一起拌軟飯，搓成喜好形狀的飯糰，用海苔捲起。

POINT 青豆剝去薄皮、大致搗碎

用力咬嚼期前期

煎飯糰

材料
米飯 ························ 60g
切碎的洋蔥 ············ 1大匙
小蕃茄 ···················· 1個
高麗菜 ···················· 20g
牛瘦肉絞肉 ·············· 10g
蔬菜湯 ··················· 6大匙
麵包粉 ···················· 少量
油 ·························· 1小匙

作法
1.小蕃茄去皮去籽後大致切碎。配菜用的高麗菜切成1cm塊狀，用半量蔬菜湯煮軟。

2.在小鍋放入剩餘的蔬菜湯，加入米飯、洋蔥、小蕃茄、牛肉來煮，熄火冷卻。

3.把2搓成一口大小，沾上麵包粉。在平底鍋加熱油，邊滾動邊把表層煎得酥脆。

用力咬嚼期前期

韭菜蛋焗烤飯

材料
韭菜 ························ 20g
蛋汁 ················· 1/4個份
軟飯 ························ 90g
白醬（嬰兒食物） ··· 1/2袋
起司粉 ···················· 少量

作法
1.韭菜切碎後燙熟，使用濾網就能直接瀝乾水分。
2.散熱後輕輕擰乾1的水分，與軟飯和蛋汁混合。
3.在2淋上用規定量的熱水溶解的白醬，灑上起司粉。在烤箱烤1分30秒～2分鐘至略焦的程度。

POINT 切碎的蔬菜用濾網汆燙就省事

用力咬嚼期前期

焗烤蔥吻仔魚麵包

材料
吐司麵包（切8片）……1片
長蔥切末 ……… 3～4cm份
吻仔魚乾 ……………… 1大匙
切碎的鮮香菇 ……… 1大匙
油 …………………………少量
鮮奶 ………………… 1/4杯
水 …………………………… 1/4杯
起司粉 ……………………少量

作法
在加熱油的平底鍋炒長蔥、香菇、淋熱水的吻仔魚，加鮮奶與水來煮，煮開後加入去邊切成一口大小的吐司麵包（圖）。麵包泡軟後放入耐熱容器，灑上起司粉，在烤箱烤約1分鐘。

用力咬嚼期前期

蛋乳酪三明治

材料
吐司麵包 ………………… 2片
白煮蛋 …………………… 1/3個
鮮奶油乳酪 ……… 1/2大匙

作法
1.白煮蛋用叉子壓碎，與鮮奶油乳酪攪拌混合。
2.麵包切一半，用刀切縫做成袋狀。把1/4量的1塞入麵包的切縫中，捏緊。

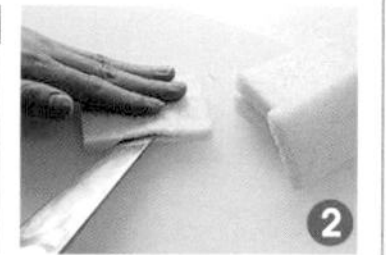

用力咬嚼期前期

麵包用刀切縫做成袋狀

蕃茄糊拌馬鈴薯球

材料
馬鈴薯 ………………… 100g
麵粉 ……………………… 2大匙
蕃茄 ……… 30g（淨重量）

作法
1.蕃茄去皮去籽後切碎，在微波爐加熱1分鐘做成糊狀。馬鈴薯用保鮮膜包著，在微波爐加熱3～4分鐘變軟，剝皮搗碎到不殘留粒狀，加麵粉攪拌搓揉。
2.把1的馬鈴薯球材料搓成一口大小的丸子，放入煮沸的熱水煮，煮到浮上即可，盛入容器，淋上蕃茄糊。

用力咬嚼期前期

嬰兒義大利肉醬麵

材料
- 蕃茄 ………………… 淨重20g
- 洋蔥 ………………………… 10g
- 牛腿肉薄片 ……………… 20g
- 綠蘆筍 …………………… 10g
- 義大利麵條 ……………… 25g
- 蔬菜湯 ………………… 1/2杯
- 太白粉水 ………………… 少量

作法

1.蕃茄去皮去籽後切成1cm塊狀。洋蔥切碎，牛肉用刀剁碎成絞肉狀。綠蘆筍切成5mm寬的小塊。

2.在小鍋煮開蔬菜湯，放入洋蔥與牛肉來煮。加蕃茄與綠蘆筍煮軟後勾芡。

3.把義大利麵條折成4～5段，煮軟後瀝乾水分，盛入容器，淋上肉醬。

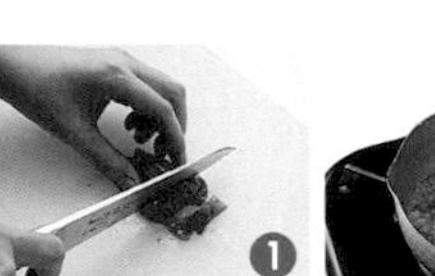

用力咬嚼期後期

蕃薯煮肉丸子

材料
- 蕃薯 ………………………… 80g
- 豬腿肉絞肉 ……………… 18g
- 太白粉 …………………… 少量
- 高湯 …………………… 1/4杯
- 醬油 ……………………… 少量

作法

1.豬腿肉加太白粉搓揉。在小鍋放入高湯與水1/2杯、醬油煮開，把豬絞肉搓成小丸子後，加入一起煮。

2.蕃薯皮削稍厚，切成1cm塊狀泡水5分鐘。瀝乾水分後加入1的鍋中，慢慢煮軟。

用力咬嚼期前期

牛奶咖哩烏龍麵

材料
- 熟烏龍麵 ………………… 90g
- 蕪菁 ………………………… 15g
- 蕪菁葉 ……………… 3小片（5g）
- 紅椒 ………………………… 10g
- 豬腿肉薄片 ……………… 10g
- 太白粉 …………………… 少量
- 高湯 …………………… 1/4杯
- 鮮奶 …………………… 1/4杯
- 咖哩粉 ……………… 極少量

作法

1.熟烏龍放在砧板上，以同一方向排列，切成6cm長後汆燙。蕪菁與蕪菁葉、紅椒分別切碎後一起燙煮，瀝乾水分。

2.豬肉切成粗粒，沾上太白粉。在小鍋煮開高湯與水1/2杯，加豬肉與1的蔬菜煮，再加烏龍麵煮軟。最後加鮮奶與咖哩粉來煮。

豬肉沾太白粉就會滑溜而容易食用了

用力咬嚼期前期

用力咬嚼期 1歲～1歲3個月大時期

維生素、礦物質來源食物菜單

輕度咀嚼期推薦的食材
再加上

● 綜合蔬菜（冷凍）

此時期，大多數的蔬菜都可以食用，因此準備能品嘗不同口味的菜單。必要時建議採用可少量使用又省事的方便食材──綜合蔬菜。 ※青豆的薄皮用手指擠壓剝除後使用。

參照P.144 能吃的食物・不能吃的食物

芝麻醬拌南瓜雞肉

材料
南瓜 ………… 25g
雞胸肉 ………… 15g
洋蔥 ………… 5g
蔬菜湯 ………… 1/4杯
芝麻醬 ………… 1小匙
三溫糖、醬油 ………… 極少量

作法
1.南瓜去皮後切成1cm塊狀。在小鍋煮開蔬菜湯，加入南瓜、雞肉、洋蔥一起煮。
2.煮軟後撈出雞肉與洋蔥。雞肉用手撕開切碎，洋蔥也切碎。南瓜加煮汁混合，盛入容器。淋上混合芝麻醬與三溫糖、醬油而成的醬汁。

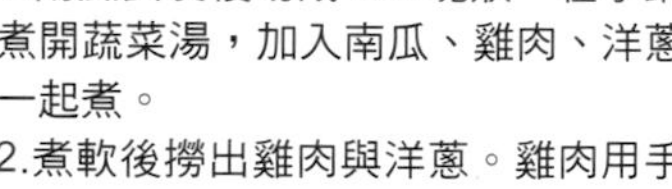

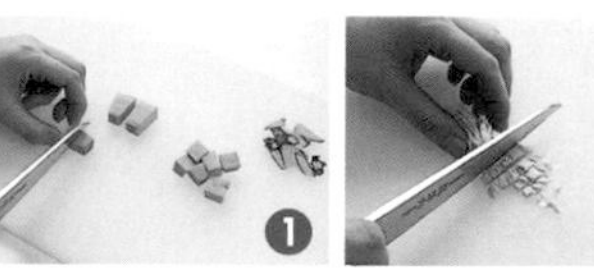

用力咬嚼期前期

什錦南瓜丸

材料
南瓜 ………… 15g
白蘿蔔、紅蘿蔔、燙菠菜 ………… 合計約15g
雞肉 ………… 15g
高湯 ………… 1杯
麵粉 ………… 2大匙

作法
1.紅蘿蔔、白蘿蔔削皮後切成7mm塊狀，菠菜切碎。雞肉切成小塊。南瓜去皮去籽後用保鮮膜包著，在微波爐加熱30秒，隔著保鮮膜用手捏碎。
2.在容器加入碎南瓜與麵粉，逐次加入2～3大匙的水，攪拌混合到適當的稠稀度，製作丸子料。
3.在鍋內加入高湯與白蘿蔔、紅蘿蔔、菠菜、雞肉來煮。用湯匙舀一坨2放入並煮3分鐘。

POINT
雞肉用手撕開後再切碎

用力咬嚼期前期

紅蘿蔔鰤魚羹

材料
紅蘿蔔 ………………… 30g
鰤魚 ………………… 18g
裙帶菜 ………………… 少量
高湯 ………………… 1/4杯
三溫糖、醬油 ……… 極少量
太白粉水 ……………… 少量

作法
1.鰤魚去皮去骨後切成1cm塊狀。水煮沸後放入鰤魚，煮熟瀝乾水分。裙帶菜泡水變軟後淋熱水，切成大塊。
2.紅蘿蔔削皮後切成棒狀，煮軟切成1cm塊狀。在小鍋煮開高湯後加入三溫糖與醬油，再加入鰤魚與紅蘿蔔來煮。最後加入裙帶菜勾芡、熄火。

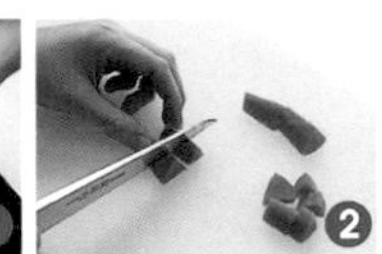

用力咬嚼期後期

烤洋蔥佐乳酪沾醬

材料
洋蔥 ………………… 20g
筍瓜 ………………… 10g
白煮蛋 ……………… 1/3個
鮮奶油乳酪 ………… 1大匙
鮮奶 ………………… 2大匙

作法
1.洋蔥切成3mm厚，用牙籤插入固定，以免散開。筍瓜縱切一半。把蔬菜放在鋪烤紙的盤上，在烤箱烤7～8分鐘。
2.白煮蛋切碎，加入乳酪、鮮奶攪拌混合後盛入容器，蔬菜配沾醬來吃。

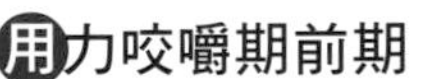

POINT
鋪錫箔紙
在烤箱燒烤

用力咬嚼期前期

青花菜烏賊丸子煮物

材料
青花菜 ……………… 30g
烏賊 ………………… 15g
蔥末 ………………… 少量
太白粉 ……………… 少量
高湯 ………………… 1/3杯
太白粉水 …………… 少量

作法
1.青花菜分成指尖般大小的小朵，燙煮變軟。烏賊去皮去軟骨，用廚房紙巾摩擦表面就能簡單去皮。
2.烏賊切碎，加入蔥、太白粉混合，用刀剁碎。
3.在小鍋煮開高湯，用筷尖夾1撮烏賊弄成一坨，放入高湯煮。煮熟後勾芡，加青花菜一起煮。

POINT
烏賊的皮用廚房紙巾摩擦就能簡單去除

用力咬嚼期前期

迷你高麗菜捲

材料
高麗菜 …………………… 20g
牛瘦肉絞肉 ……………… 18g
洋蔥……………………………5g
玉蕈 …………………………2根
紅蘿蔔 ……………………… 5g
蔬菜湯 ……………………1/4杯
太白粉水……………………少量

用力咬嚼期前期

作法
1.高麗菜汆燙後切一半，就容易捲起。洋蔥切碎，紅蘿蔔削皮後切成1cm塊狀煮軟。絞肉與洋蔥攪拌混合，等份放在高麗菜上捲起。
2.在小鍋煮開蔬菜湯與水1/2杯，放入1與玉蕈煮3分鐘。把高麗菜捲翻面再煮3分鐘，將高麗菜捲與玉蕈切成適當大小盛入容器，把煮汁勾芡後淋上。

POINT 高麗菜切一半
就容易捲起

涼拌涮肉蕃茄

材料
蕃茄 …………………… 1/2個
涮涮鍋用牛肉片 1片（18g）
裙帶菜（泡軟） ……… 15g
麵粉 ………………………少量
高湯 ……………………1大匙
醬油 ………………… 1/5小匙

POINT 蕃茄的皮汆燙過就容易剝除

用力咬嚼期後期

作法
1.蕃茄劃上十字刀痕，整塊放入熱水汆燙，皮裂開就撈起。
2.蕃茄剝皮後切成一口大小。
3.牛肉灑上麵粉，放入1的鍋中迅速燙煮後切成一口大小
4.裙帶菜迅速汆燙後切成一口大小，把肉與蕃茄裝盤，把高湯與醬油混合後淋上。

菠菜絞肉煎餅

材料
菠菜 ……………… 1株（40g）
麵粉 ……………………2大匙
蛋汁 ………………… 1/3個份
鮮奶 ……………………1大匙
豬腿絞肉 ……………… 5～7g
油 …………………………少量

用力咬嚼期後期

作法
1.菠菜連莖一起煮軟，泡冷水冷卻，瀝乾水分縱橫切碎。
2.麵粉加蛋汁與鮮奶混合，製作煎餅的材料。絞肉燙煮後瀝乾水分，稍微冷卻後加入煎餅的材料，再加入菠菜。
3.在平底鍋加熱油，開小火倒入2材料來煎。煎2分鐘後翻面再煎1～2分鐘，取出切成適當大小。

蛋白質來源食物菜單

輕度咀嚼期推薦的食材
再加上

- 鯖魚
- 蝦
- 章魚
- 烏賊
- 水煮鮪魚罐頭
- 豬瘦肉
- 豬瘦肉絞肉
- 混合絞肉

除生魚片等生的食材之外，其餘大多數的蛋白質來源食物都能吃。但肉或烏賊不易咀嚼，必須事先切碎。魚肉香腸等加工食物只要是無添加物就能食用。

參照P.146 能吃的食物・不能吃的食物

蕃茄青花菜炒蛋

材料
- 蛋汁……1/2個
- 蕃茄……20g（淨重）
- 青花菜……10g
- 牛油……1/4小匙

作法
1.蕃茄去籽去皮後切碎，青花菜煮軟後切碎，加蛋汁混合。
2.把牛油放入平底鍋，融化後加入1拌炒。

用力咬嚼期前期

起司煎真鯛

材料
- 真鯛……10g
- 南瓜……20g
- 起司片……1/4片
- 麵粉……少量
- 牛油……少量
- 蔬菜湯……1～2大匙
- 太白粉水……少量

作法
1.真鯛削片，沾上薄薄一層麵粉。南瓜灑1小匙水，在微波爐加熱1分鐘，去皮後大致搗碎、盛入容器。
2.在平底鍋融化牛油，放入真鯛煎。煎熟後放上起司再煎，起司融化就盛入1的容器。蔬菜湯在微波爐煮開後加太白粉水勾芡，淋在南瓜上。

用力咬嚼期前期

烤鯖魚蔬菜羹

材料

- 鯖魚 ………………………… 15g
- 紅蘿蔔 ……………………… 20g
- 鮮香菇 ………………………5g
- 高湯 ……………………… 1/4杯
- 太白粉水 ……………………少量

作法

1. 鯖魚在中火的烤架上烤4～5分鐘，散熱到不燙手就去皮。
2. 1的鯖魚用手撕碎盛入容器。紅蘿蔔削皮後切成7～8mm塊狀煮熟，香菇切碎。在小鍋加入高湯與紅蘿蔔、香菇來煮，煮軟後勾芡，淋在鯖魚上。

用力咬嚼期前期

三色丼

材料

- 蛋黃 ………………………… 1個
- 菠菜（葉尖）………… 20g
- 雞絞肉 ……………………… 10g
- 三溫糖 ………………………少量
- 醬油 ……………………極少量
- 高湯 ………………………1大匙
- 軟飯 ………………………… 90g

作法

1. 在小鍋放入蛋黃，用小火不停攪拌完全煮熟成炒蛋。冷卻後弄碎。菠菜汆燙後大致切碎，加高湯混合。
2. 雞絞肉放入耐熱容器，加入三溫糖與醬油攪拌混合。覆蓋保鮮膜，在微波爐加熱20秒煮熟，冷卻後弄散。把絞肉、炒蛋、菠菜分別放在盛入容器的軟飯上。

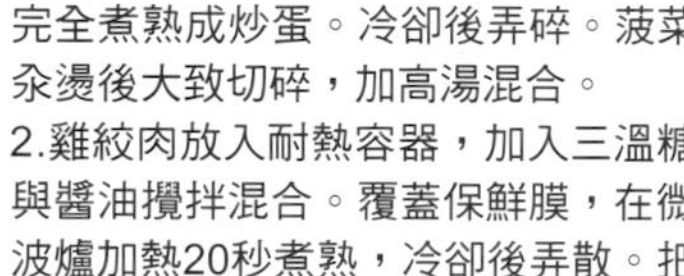

POINT 炒蛋時開小火不停攪拌

用力咬嚼期前期

豆腐煎餅

材料

- 木綿豆腐 ………………… 30g
- 雞絞肉 ……………………… 8g
- 蔥 …………………………… 10g
- 太白粉 ………………… 1/2小匙
- 麻油 …………………………少量
- 高湯 ……………………… 1小匙

作法

1. 在小鍋煮沸熱水，放入豆腐汆燙後撈出，用布巾包裹擰乾水分。在同鍋煮熟雞絞肉，以濾網瀝乾水分。蔥迅速汆燙後切末。
2. 在豆腐中加入雞絞肉與蔥、太白粉搓揉混合，弄成扁圓形，放入加麻油的平底鍋，開小火兩面各煎2～3分鐘。淋入高湯，煎煮到湯汁收乾後切成一口大小。

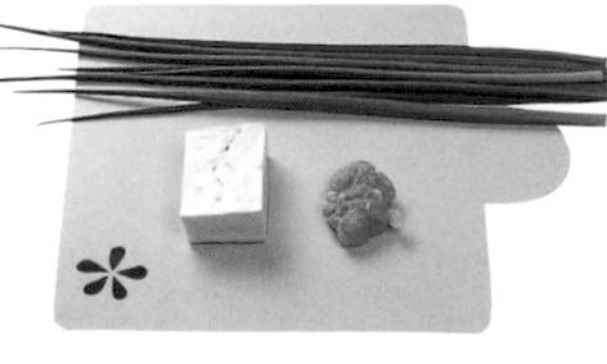

用力咬嚼期後期

雞肉漢堡排

材料
雞胸絞肉 ………………… 18g
洋蔥 ……………………… 10g
麵包粉 ……………… 2大匙
蔬菜湯 …………… 1/2大匙
植物油 …………………少量

作法
1.把雞絞肉放入容器。加入切碎的洋蔥，再加麵包粉搓揉混合。
2.把1弄成扁橢圓形，放入加熱油的平底鍋，開較弱的中火來煎。煎2～3分鐘出現焦色就翻面，淋入蔬菜湯來煮，不蓋鍋蓋翻面數次把整個煮到熟透，切成一口大小，盛入容器。

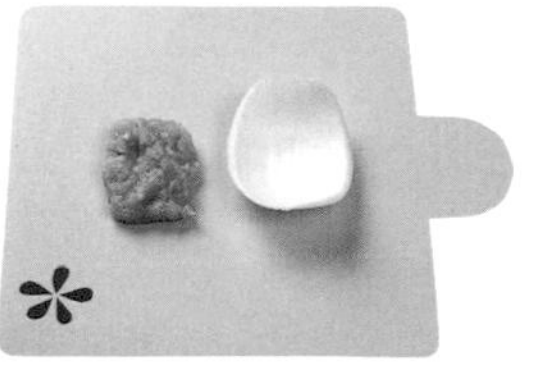

用力咬嚼期前期

和風豬肉牛蒡

材料
豬腿肉薄片 …………… 20g
洋蔥 ……………………… 20g
牛蒡 ……………………… 10g
高湯 …………………… 1/4杯
太白粉 …………………少量
砂糖、醬油 …………各少量

作法
1.豬肉灑上薄薄一層太白粉，放入熱水中氽燙後瀝乾水分。洋蔥切成1cm塊狀，牛蒡切碎後泡水，瀝乾水分。
2.1的豬肉切成1cm塊狀。在小鍋加入高湯、水1/2杯、洋蔥與牛蒡煮沸後，加砂糖與醬油，最後加豬肉煮熟。

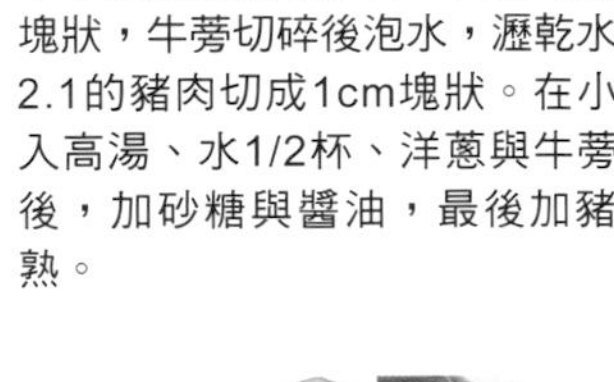
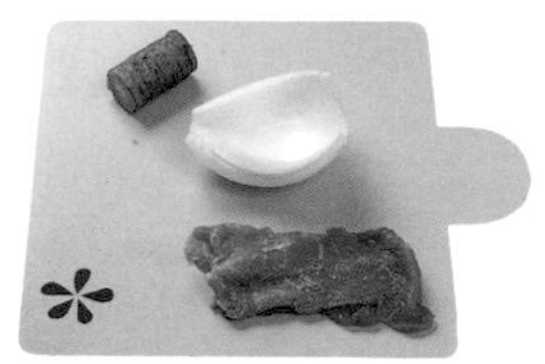

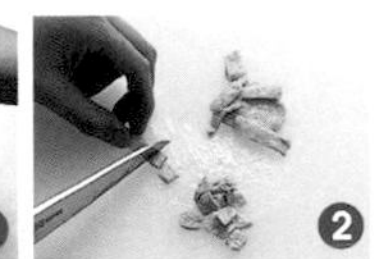

用力咬嚼期後期

鮪魚馬鈴薯焗菜

材料
馬鈴薯 …………………… 50g
水煮罐頭鮪魚 ………… 10g
蔬菜湯 ……………… 2大匙
鮮奶 ………………… 2大匙
起司片 …………… 1/4片弱

作法
1.馬鈴薯削皮，用刨子刨絲後泡水5分鐘去澀味，瀝乾水分。
2.鮪魚放入濾網淋熱水氽燙後撕碎。在耐熱容器放入1與鮪魚、蔬菜湯，在微波爐加熱1分30秒。全部攪拌混合後，加鮮奶再加熱20秒，趁熱放上起司片使其融化。

鮪魚淋熱水去除鹽分

用力咬嚼期後期

PART2

基本菜單篇

不僅身體，連腦也會大幅成長！

培育腦與心的滿分斷奶食物

在斷奶食物期不僅身體成長而已，連腦也會大幅成長發育。在此介紹有關腦的結構。以最新研究的「育腦的營養素」來培育寶寶健全的心理！

育腦就是培育健全的心理

育腦一詞聽來好像很吸引人。一般人似乎認為只要育腦，就能變成頭腦好的孩子、很會讀書的孩子、藝術或學問優秀的孩子。

不過，根據某位腦研究者表示，「育腦的最大目的在於培育幸福的能力」。也就是與人交往順利、能體會他人的感受、充滿好奇心、依照興趣或意願來採取行動……如果能做到這些，就能讓自己或周遭人變得幸福。此外，掌管這種行動或思考的器官就是「腦」。不執著眼前的「頭腦好」，而以寬廣的視野觀察、培育孩子。

那麼，育腦首先應了解的是「腦也是身體的一部分」。牢記只要身體健康成長，腦也能健康成長。

出生後至6個月前，嬰兒的營養從母乳或牛乳中攝取就已足夠。尤其是母乳，含豐富對腦有益的成分，從最近的研究已逐漸了解其重要性。但隨著嬰兒的成長，只喝母乳或牛乳，營養素就會不足，因此斷奶食物在營養上扮演的角色也愈來愈重要。不論對身體或腦都一樣。

頭腦快速成長的乳兒期 確實攝取五大基本營養素 也要積極攝取「育腦的營養素」

人的腦從出生後數年間會快速成長，在2～3歲時就達到與大人大致相同的重量。在斷奶食物期的成長尤其顯著，出生時僅成人25％大的腦，到了斷奶食物開始期（出生後5個月大）就成長為50％，斷奶結束時則成長為70～80％。僅1年左右就變成3倍的腦量，主要是因為從食物中攝取的營養。由此可知，斷奶食物期的飲食對腦是何等的重要。

刻意攝取提高思考力與記憶力的營養

另一方面，在這個時期不僅「大小」「重量」等骨格架構方面的成長，思考力與記憶力也會大幅成長。

出生後不久的新生兒，已擁有一千億個腦神經細胞，但還不能像大人般思考判斷。這是因為神經細胞之間尚未順利連結所致。尚未連結的神經細胞，就像孤立的電話機一樣不具任何意義。等到扮演如電話線般角色的「突觸」的接續部位形成，神經細胞之間才會連結而傳送資訊。

此外，神經細胞傳送接受資訊，則需要靠突觸釋放出的「神經傳導物質」。釋放這種物質才能在神經細胞網傳送資訊，進行思考、想像、認知等活動。

而與製造這種神經傳導物質有關的是從食物攝取的營養素。舉例來說，先前受到矚目

腦的相對容積

100（%）
50
25
0 6 10 成人
出生後的年齡（歲）

腦的大小在3歲時達到成人的約90%、1500g，到了6歲就完成與成人相同的功能。

茁壯成長「育腦」

6項營養要點

的「磷脂質卵磷脂」，是蛋或納豆等大豆製品富含的營養素，也是腦內乙醯膽鹼的神經傳導物質的材料，有助提高記憶力。

腦細胞膜含大量能使頭腦變好、有名的DHA，可使細胞膜變柔軟，順利發揮傳達資訊的功能。而且，在掌管腦記憶的「海馬」領域也含量豐富，因而被認為能綜合提高思考、判斷、記憶等腦力。

因此，在育腦上，首先要確實攝取基本的營養素，並刻意攝取能「育腦」的營養素。

一般嬰兒通常能攝取充分的營養，因此不必因孩子「討厭魚」或「少食」而擔心，營造快樂的進餐時間反而來得更重要。

1 基本是均衡攝取5大營養素！

在腦的成長或發育上，均衡攝取除脂質、醣類、蛋白質3大營養素之外，再加上維生素與礦物質而成的「5大營養素」最重要。因為腦的構造約60%是脂質，約40%是蛋白質（水分除外），而醣類是供應腦唯一熱量來源的葡萄糖營養素。而代謝這3種並可加以利用、不可欠缺的是維生素與礦物質。5大營養素不僅對身體重要，對腦也重要。

2 從米飯或稀飯來補充腦的熱量

可成為腦熱量來源的是醣類被分解吸收後形成的葡萄糖。而且在出生後數個月間，總熱量消耗量約50%是使用在腦的活動上，但腦不能儲存葡萄糖。值得推薦做為葡萄糖供應來源的是米飯或稀飯。與其他穀類相比，消化吸收和緩，能長時間對腦供應熱量，也含優質的蛋白質與卵磷脂，因此最適合育腦。

3 積極食用魚！

腦存在許多n-3系的脂肪酸，在魚油中含量多。鮪魚、鯖魚、沙丁魚等含量多的DHA（二十二碳六烯酸）及EPA（二十碳五烯酸）等脂肪酸為其代表。DHA是促進頭腦功能聞名的脂肪。此外，魚類含豐富優質的蛋白質及必須氨基酸。因此，建議積極食用育腦營養素寶庫的魚類。（鯖魚在輕度咀嚼期後再吃）

4 必須注意鐵質的不足

斷奶食物期的嬰兒最容易不足的營養素是鐵。鐵製造血液中的血紅蛋白，在體內扮演搬運氧氣的重要角色，因此不足就會影響腦補充營養或氧氣。此外，也與神經傳導物質合成有關，因此和學習能力也有密切關係。極端不足時，會造成智能障礙等深刻的影響，不過，以一般孩童來說，只要攝取一般的飲食就不必憂慮。

5 形成規律的生活節奏

規律的生活習慣與腦的發育有很大的關係。舉例來說，依據調查結果顯示，通常在5歲就能模仿畫三角形，但相較於睡眠時間固定的孩童，睡眠時間不定的孩童在5歲的階段還不會畫的比例多出5倍以上。可見在固定的時間睡覺及起床，進餐時間規律非常重要。建議從斷奶食物期開始就養成規律的生活節奏。

6 養成確實咀嚼的習慣

咀嚼能刺激舌的味蕾，使腦因酸甜苦等味道的信號而覺醒。此外，咀嚼時使用下顎肌肉會刺激腦的「腦幹」（負責心跳或呼吸、調整體溫等基本的生命活動），再傳到大腦。詳細的架構雖尚未解明，但有報告指出，「咀嚼」能提高記憶力、集中力、學習能力。

良好的飲食習慣長久持續最重要

5大營養素以及「育腦的營養素」種類繁多，但與其單樣攝取，不如與其他營養素組合攝取更能有效吸收。亦即，組合各種食材的菜單，對身體及腦都更有益處。以下介紹這種「育腦食譜」。

育腦食物的展開時間在輕度咀嚼期以後開始即可。只會吞嚥期、含住壓碎期從斷奶食物攝取的營養比例少，如果為了腦而補過頭，可能會攝取嬰兒無法消化吸收的多餘物質。

每日吃3次的輕度咀嚼期，是開始「育腦」飲食習慣的最佳時機。此外，如果從腦變成與大人相同大小的6歲前，一直持續到正式開始學習的小學、中學，那就更好。

腦的熱量來源 醣類

營養無敵的一道菜

白肉魚青花菜粥

作法

1.白肉魚15g迅速燙煮後撕成粗粒。
2.把煮軟的青花菜10g大致切碎，加入軟飯80g的高湯1/3杯，再加白肉魚，開小火煮熟。

MEMO

白肉魚含優質蛋白質，與維生素C豐富的青花菜搭配，就變得營養均衡。

最新研究顯示「育腦的營養素」以高效率的組合菜單培育聰明又充滿好奇心的孩子！

製造腦的神經傳導物質 蛋白質

蛋白質是成為腦細胞及腦內神經傳導物質的重要營養素。食物中的蛋白質在體內被分解為最小單位的氨基酸，進入腦後再重新合成蛋白質。但所謂必須氨基酸的10種（大人是9種）氨基酸在體內無法合成，必須從食物攝取，因此必須均衡攝取雞蛋、魚、肉、鮮奶等。

必須氨基酸

氨基酸是製造腦神經傳導物質、構成蛋白質的營養素。有約20種，其中在體內無法合成的10種稱為必須氨基酸。

谷氨酸

鮭魚或烏賊、鯡魚、高野豆腐等含量豐富，製造神經傳導物質Y-氨基酪酸（GABA），可提高腦功能。

KEYWORD

牛磺酸

氨基酸之一種，章魚及烏賊、貝類等含量豐富。能使腦的神經功能變活潑，對新生兒來說是必須氨基酸。

蛋白質加維生素提高吸收率！

白煮蛋鮪魚玉米三明治

作法

1.白煮蛋1/2個與玉米粒大致切碎，和罐頭鮪魚5g及荷蘭芹末混合。
2.用去邊的吐司麵包2片夾1，輕壓切成適當大小。

MEMO

蛋除蛋白質之外，也均衡含有鐵質、必須氨基酸、維生素類，因此可謂理想的食材。

燒牛肉冬蔥

作法

1.牛腿肉薄片10g燙煮後切成粗粒，蔥10g切末，豆腐20g切成1cm塊狀。
2.在鍋中加入砂糖1/4小匙、醬油少許、高湯1/4杯與1混合來煮，煮成濃稠，用太白粉水勾芡。

MEMO

牛肉不僅含蛋白質，鐵質也豐富。蔥的維生素B2有助蛋白質的吸收。

蕃薯白肉魚味噌風味麵

作法

1.蕃薯20g削皮後煮熟，大致搗碎。
2.熟烏龍麵30g汆燙後切成3cm長，白肉魚10g汆燙後去皮去骨、撕碎，用高湯2/3杯煮。加1，加少許味噌來調成淡味，用太白粉水勾芡。

MEMO

魚的蛋白質加上蕃薯的維生素C，就變成更提高吸收率的1道菜。

KEYWORD
葡萄糖
醣類被消化所形成的最小單位的糖之一，成為腦活動唯一的熱量來源。此外，也成為與記憶或思考有關的神經傳導物質的能量來源。

醣類對腦來說就如同汽油般。醣類分解成葡萄糖、果糖、半乳糖被吸收。其中葡萄糖是使腦活潑活動的唯一原動力。砂糖或果糖雖同為醣類，卻迅速被身體吸收，在短時間內被轉化為熱量用盡。另一方面，米飯或麵包、麵類等澱粉，消化吸收和緩，能逐步長時間對腦運送熱量。

添加維生素B_1來提高醣類的代謝

作法
1.把削皮的蕃薯50g泡水，覆蓋保鮮膜在微波爐加熱2分鐘，切成棒狀。
2.把去除肥肉的豬腿肉薄片20g切細，捲起1，灑上太白粉，在抹少許沙拉油的平底鍋邊滾邊煎，最後灑少許鹽。

MEMO
蕃薯含豐富腦活動熱量來源的醣類，以及幫助代謝的維生素C。

作法
1.花椰菜20g切成5mm塊狀，豬腿肉薄片15g去除肥肉迅速汆燙後切碎。
2.香蕉40g大致搗碎，用牛油稍微煎一下，加入1，倒入蔬菜湯1/4杯來煮。最後加入奶粉2大匙煮，灑少許荷蘭芹。

MEMO
香蕉的醣類好吸收，是含植物性蛋白質與維生素B_6的卓越食材。也可做為主食。

添加蛋白質與維生素

用力咬嚼期

豬肉羹丼

作法
1.豬肉薄片15g大致切碎，淋熱水汆燙。在高湯（1/3杯）中加入切碎的洋蔥1大匙與切成小塊的綠蘆筍10g及豬肉，煮1～2分鐘。
2.用太白粉水勾芡，加少量醬油調成淡味，淋在軟飯上。

MEMO
豬肉所含的維生素B是提高醣類代謝的有力夥伴。勾芡就容易吃。

KEYWORD
卵磷脂（磷脂醯膽鹼酶）
做為有關記憶及學習的神經傳導物質乙？膽鹼的營養素。蛋或納豆等含量豐富。

DHA.EPA
DHA（二十二碳六烯酸）、EPA（二十碳五烯酸）均為n-3系的不飽和脂肪酸。青背魚（秋刀魚、四破魚、沙丁魚）或紅肉魚（鮪魚、鰤魚）含量豐富。

腦除了水分之外，約60％是脂質。其中又以所謂n-6系、n-3系的脂肪酸最多。n-6系是如紅花油或麻油、堅果等所含的油；n-3系主要是魚油所含的DHA及EPA等脂肪酸。菜籽油或大豆油所含的α-亞麻酸也是n-3系，在體內合成DHA及EPA。

綜合提高腦的功能 脂質

添加維生素能有效攝取DHA及卵磷脂

用力咬嚼期

鮪魚拌油菜

作法
1.油菜葉20g汆燙後切碎，擰乾水分。生魚片用鮪魚20g煮熟後撕碎。
2.把嬰兒食物的西式高湯2大匙用麻油、鹽各少許來調味，用太白粉水勾芡，拌1。
★可淋在軟飯90g或米飯80g上。

MEMO
油菜的維生素C能保護鮪魚的DHA。鐵質豐富也是魅力之一。

輕度咀嚼期

蛋牛肉筍瓜丼

作法
1.牛腿肉薄片10g迅速汆燙後切碎，筍瓜10g削皮後切成銀杏葉形薄片。
2.在平底鍋抹少許油，放入1來炒，淋入蛋汁1/4個煮熟，放在軟飯40g上。

MEMO
卵磷脂豐富的蛋是營養的寶庫。筍瓜能彌補蛋缺乏的維生素C。

作法
1.四破魚10g去皮去骨，用刀切碎，加麵粉1小匙。
2.煮開高湯1/2杯，把1搓成小丸子加入來煮，再加汆燙後切碎的菠菜葉5g與搗碎的豆腐15g，用太白粉水勾芡。

MEMO
菠菜的維生素C、豆腐的維生素E能防止四破魚的DHA氧化。

影響記憶力使細胞活化 維生素

即使為了腦而攝取醣類或脂質、蛋白質，但在分解、吸收後如果不代謝就失去意義。而對此有幫助的就是維生素類。攝取維生素，蔬菜很重要，但對腦的功能重要的B群，在肉類（尤其是豬肉）、肝類、豆類、穀類、蛋黃、乳製品等含量豐富，因此建議均衡攝取各種食物。

KEYWORD

維生素A、C、E
防止腦主要成分脂質的氧化，有使腦活性化的功能。尤其維生素E的抗氧化作用強，能保護細胞膜防止氧化。

維生素B群
B群稱為「腦的維生素」，B_1能把葡萄糖變成熱量供應腦。同樣是B群的菸酸、B_6、B_{12}、葉酸等對腦的功能也很重要。

設計蔬菜量多的菜單攝取維生素

蔬菜配奶油沾醬

作法
1.把熟紅蘿蔔20g與去皮去籽的南瓜20g切成適當大小，在平底鍋倒入少許沙拉油煎。
2.鮮奶油乳酪15g與鮮奶1小匙、切碎汆燙的火腿1小匙混和，用1沾來吃。

MEMO
紅蘿蔔與南瓜所含的β-胡蘿蔔素，與脂質一同攝取就能提高吸收。

高麗菜扇貝奶汁羹

作法
1.把汆燙的高麗菜20g切成1cm塊狀，蒸熟的扇貝7～8g大致切碎。
2.馬鈴薯20g切成5mm塊狀，用水1/2杯煮軟，加1與玉米醬2大匙、鮮奶1/4杯煮，用太白粉水勾芡。

MEMO
高麗菜含豐富促進消化的維生素U，添加嬰兒熟悉的奶粉味，孩子就會多吃一些。

油菜馬鈴薯煎餅

作法
1.油菜葉20g汆燙後切碎，擰乾水分。
2.在容器放入1與蝦皮5g，馬鈴薯50g磨碎後迅速混合，做為製作煎餅的材料。
3.在平底鍋倒入少許沙拉油，放入2，把兩面煎成略焦狀。

MEMO
利用馬鈴薯的維生素C來提高鐵質與鈣質的吸收。對腦與骨骼都是極佳的菜單。

影響學習能力 礦物質

人體不可欠缺的必須礦物質有16種。其中與腦關係密切的是鈣、鐵、鋅、碘等4種。在幼兒期特別容易不足的是鐵，因此建議在菜餚中刻意補充鐵。不喜歡牛乳或乳製品易缺鈣。鋅或碘只要飲食均衡就不必擔心不足。

KEYWORD

鈣
能鎮靜神經對刺激的感受性，也有使神經傳導物質交流順暢的作用。

鐵
扮演把氧氣與必要的營養素送到腦的角色。也參與神經傳導物質的合成。

鋅
對急速成長的腦的組織是不可欠缺的營養素。據說是能決定IQ高低的因素之一。

碘
是腦發育不可欠缺的甲狀腺荷爾蒙的來源。在四面環海的台灣，這種營養素很少會不足。

容易吃能且高吸收率的鐵質菜單

豆漿燉雞肉丸青花菜

作法
1.雞絞肉10g、麵包粉、蔥末各1大匙混合。
2.在鍋煮開蔬菜湯1/2杯，把1用手搓成丸子後加入來煮，撈出浮泡。加豆漿1/4杯煮，再加燙煮的青花菜，用太白粉水勾芡。

MEMO
含充分豆漿，因此鐵質豐富。蛋白質及維生素也豐富的均衡菜單。

納豆・蛋・高麗菜煎餅

作法
1.高麗菜的柔軟部分40g切成細絲，與納豆10g、蛋1/4個、麵粉1大匙、鹽極少量混合，製成煎餅的材料。
2.在倒入少量沙拉油的平底鍋把1的兩面煎得略焦，切成適當大小。

MEMO
納豆不僅含鐵質，蛋白質與卵磷脂也很豐富。做成煎餅就不會在意黏液。

豆腐牛肉菠菜羹

作法
1.凍豆腐15g切成5mm塊狀，牛腿肉薄片10g淋熱水、汆燙的菠菜10g大致切碎。
2.用高湯1/2杯煮1，加醬油1～2滴，用太白粉水勾芡。

MEMO
能充分攝取鐵質豐富的凍豆腐與牛肉。嬰兒最喜歡這種風味。

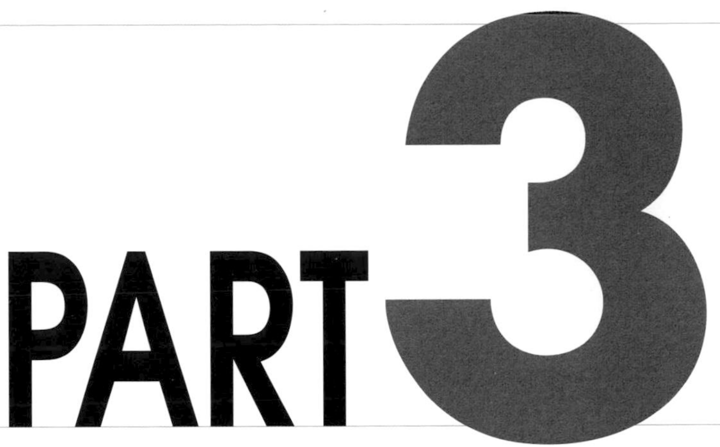

輕鬆愉快篇

嬰兒食物・微波・冷凍食物・分食大人的食物

新手媽媽的4大快㊕技巧圖鑑

在繁忙的育兒日子，
希望能迅速輕鬆而且「美味」烹調斷奶食物。
請牢記既能讓媽媽省事，
又能讓寶寶滿足的4大技巧。

新手媽媽親手製作派都能大滿足！

活用嬰兒食品的輕鬆斷奶食物

嬰兒食品的優點在於省時省事。可在繁忙、疲勞、菜色一成不變、希望味道有變化時等各種情況下派上用場！請加以活用，輕鬆愉快地進行斷奶食物。

嬰兒食品的優點是簡便既衛生、消化吸收也好

在日本，嬰兒食品都是依據嬰兒食物協議會（多數製造商加入）的規格製造，嚴格篩選原料。鹽分濃度基準在輕度咀嚼期前是0.5%以下、用力咬嚼期是0.75%以下。不使用防腐劑，也不必擔心添加物。在衛生方面可說比自家烹調的更好。而且內容物、軟硬度等品質均相同。

親手烹調的優點在於媽媽能依照自己的想法選擇材料或烹調方式，但卻費時費事。因此，不妨活用親手烹調與嬰兒食物雙方面的優點，減輕烹調的負擔，輕鬆製作斷奶食物。

基本是4種 只要了解特徵使用 就連新手媽媽 都能變成 嬰兒食品達人

粉末

少量、好用，在斷奶食物初期可派上用場

特徵 除蘋果等果汁或茶、高湯、湯類、醬類之外，把稀飯、蔬菜等食材經過乾燥或冷凍乾燥而成。多半是長條形包裝，除粉末之外也有鬆散的碎片狀。

優點 分成1次量包裝，因此很方便。用熱水溶解後混合即可，用法簡單，因此連新手媽媽也能安心使用。

保存方法 如果一次用不完，可裝入瓶罐等密封容器來保存。如果不立即使用，可冷凍保存。

用法 只需倒入熱水即可，非常簡單。利用熱水量來調節稠稀度，如果是高湯或湯類，可配合菜單來改變濃度使用。

冷凍乾燥

保有食材原來的美味

特徵 把可直接食用的食物以真空瞬間冷凍、乾燥而成。有斷奶食物初期方便使用的1匙份，也有1餐份盒裝的類型，尺寸不一。

優點 重量輕而攜帶方便，在外出地進餐時非常實用。特別好用的是不需要再攜帶餐盒的盒裝類型。

保存方法 用熱水溶解，不保存為鐵則。如果量多，就只取使用份，剩餘的裝入密封容器，防潮保存。

用法 倒入盒或袋外側標示的熱水規定量來使用。盒裝類型多半能一眼看出刻度，因此非常方便。

瓶裝

從食材到已烹調好的類型都有

特徵 因應斷奶食物初期到後期各個時期的食材或軟硬度來製作，量也因時期而不同。從食材類型到菜餚類型均有。瓶內是真空包裝，因此能保持內容物新鮮又安全。

優點 不必倒入熱水，省時又省事，打開就能直接食用，非常方便。可做為親手烹調時味道或軟硬度的基準。

保存方法 用清潔的湯匙舀起要吃的份，剩餘的在冰箱冷藏保存。但保存的份最好在隔天用完。如果冷凍保存，2週內用完。

用法 基本上可直接食用。如果想加熱，就倒入耐熱容器，覆蓋保鮮膜，在微波爐加熱。

編輯部獨創

時期別・範圍別 嬰兒食品運用自如導引

※本導引表是編輯部獨創。彙整了嬰兒食品的大致時期或系列。時期等項目可能會與包裝上標示有些許出入。

活用要點

只會吞嚥期（5~6個月大時期）

前期 / 後期

- 嬰兒食品可做為軟硬度的最佳範本。
- 食材類型派上用場的時期。
- 後期可做為烹調高湯、湯類、醬類的基礎。

2種以上類型 食材系列 1種類型

蕃茄&馬鈴薯、菠菜&青豆、紅蘿蔔&蘋果

稀飯、南瓜、蕃薯、紅蘿蔔等

可活用在勾芡或湯類、拌菜等

飲料

果汁、麥茶、焙茶等

菜單物

有稀飯加蔬菜或白肉魚等商品

從這個時期起就有乳酪＋蔬菜等商品

醬類系列

白醬等

高湯・湯類系列

和風高湯、清燉肉湯等

含住壓碎期（7~8個月大時期）

- 嬰兒食品可做為斷奶食物軟硬度、大小的最佳範本。
- 添加各種食材，有助開發味覺。
- 除食材之外也加入高湯、湯類，可活用在烹調菜餚上。

菜稀飯、羹等種類豐富！

從這個時期起就有組合雞胸條肉、肝類等蛋白質與蔬菜等商品

從這個時期起就有蔬菜的濃湯、羹等商品

輕度咀嚼期（9~11個月大時期）

- 活用嬰兒食品做為淡味的範本。
- 在親手烹調時添加食材來解決調配或一成不變的問題。
- 外出時，菜餚類型或整套類型很方便。

燉、煮等都有

有加入豐富蔬菜的商品

把這些做為烹調的基礎，在調味上活用！

用力咬嚼期（1歲~1歲3個月大時期）

- 把嬰兒食品淋在米飯上等輔助性使用很方便。
- 利用嬰兒食品可在規定的時間進餐。有助調整生活節奏。

咖哩、肉類蔬菜濃湯、甜醋羹等味道也能嘗到

義大利飯、湯類、炒飯的食材等

製作三明治的食材

幼兒食物期前期（斷奶結束~2歲）

- 還不能吃與大人完全相同的菜餚，因此可利用嬰兒食品來烹調孩童吃的菜餚。
- 料多的湯類等非常方便。

湯類、雞肉飯、漢堡排等商品

菜色豐富是4種中第一

軟袋軟盒裝

特徵 分為盒裝與袋裝2種類型。都是把烹調好的食物裝入容器密封，經過加壓、加熱殺菌。基本上1袋是1餐份。

優點 可以直接吃是最大優點。盒裝類型不必倒入餐具，因此外出時非常實用。袋裝類型在繁忙或希望多加一道菜時可利用。

保存方法 與瓶裝一樣都是用清潔的湯匙舀出使用的份，剩餘的在冰箱冷藏保存為基本。如果裝入能在微波爐加熱的密封容器，使用時就更方便。

用法 用微波爐加熱時，盒裝類型放在有腳的盤子上。袋裝類型倒入耐熱容器，在微波爐加熱或在鍋內隔水加熱。

嬰兒食品運用自如術 1

斷奶食物的升級

親手烹調最困難之處在於「均一性」「軟硬度」。嬰兒食品有一定規格，因此在這方面較為理想。
在斷奶食物進行上，可做為「軟硬」「大小」「調味」等最佳的參考基準。

比較各時期紅蘿蔔的軟硬度

含住壓碎期 ← 只會吞嚥期

雖含有小塊，但像豆腐般的軟硬度。塊狀無法直接吞嚥，但嬰兒能用舌簡單壓碎來吃。

用舌能壓碎程度的軟硬度、鬆軟粒狀的狀態

軟袋 軟盒裝 「煮蔬菜白肉魚」

柔軟滑順的研磨過濾狀嬰兒食品，直接餵食就能順利吞嚥。開始斷奶食物習慣稀飯後，想嘗試蔬菜時，就做成這種感覺。

容易吞嚥的滑溜稀爛狀是理想的軟硬度

瓶裝 「紅蘿蔔」

要點 1 做為斷奶食物前期的大小・軟硬的基準

在只會吞嚥期是稀爛狀，含住壓碎期是能用舌壓碎的程度；但是，新手媽媽通常不太了解。斷奶食物開始的烹調形態，只要以嬰兒食品為範例，就能掌握。尤其在只會吞嚥期與含住壓碎期是理想的軟硬度、滑順度，最適合做為範本。

要點 2 後期確認活用調味

進行斷奶食物，尤其從輕度咀嚼期以後，經常會分食大人菜餚。因此親手烹調的斷奶食物在調味上有變濃的傾向。嬰兒食品對鹽分濃度的基準嚴格，遵守淡味，所以建議媽媽偶爾嚐嚐這個時期嬰兒食品的味道，就容易了解在家經常烹調的菜餚味道是否類似。

輕度咀嚼期

用熟悉的菜餚來比較味道

烏龍麵是斷奶食物受歡迎的食物。最適合與大人吃的烏龍麵比較味道。

軟袋 軟盒裝 「燉煮烏龍麵」

要點 3 如果想嘗試初次使用的食材

辛苦烹調的食物，「寶寶卻不想吃」，這是初次餵食烹調食材常有的事。建議不妨利用嬰兒食物輕鬆嘗試看看。不易烹調的食材，只要利用嬰兒食品就能輕鬆完成。媽媽就能從容面對斷奶食物時間。

首先嘗試利用食材的原味

即使是初次使用的食材，只要能配合適當時期的嬰兒食品就容易吃。從1匙開始餵起。

瓶裝 「青豆」

只會吞嚥期

孩子如果不吃就配合熟悉的味道

遇到不吃的食材類型，就添加孩子喜好的味道。有怪味的食物，要一開始就混合。

粉末 「白醬」

要點 4 食材的大小進行到下一階段時

把斷奶食物升級到下一階段時，以不要突然變硬為要點。但如果太軟，又會養成不咀嚼而囫圇吞食的習慣。如果使用嬰兒食品，可把以往吃的食物組合下一時期軟硬度的食材來餵食。這樣寶寶就會吃。

輕度咀嚼期 ← 含住壓碎期

把煮軟的烏龍麵切成1～2cm成輕度咀嚼期的形態。搭配含住壓碎期嬰兒食品的配菜，就變得滑順而容易吃。

瓶裝 「南瓜蕃薯」

用力咬嚼期 ← 輕度咀嚼期

把煮軟的青花菜大致撕開，升級到用力咬嚼期的軟硬與大小。盛入容器後，淋上含住壓碎期嬰兒食品的配菜。

軟袋 軟盒裝 「奶油煮蝦丸毛豆」

含住壓碎期 ← 只會吞嚥期

把搗碎的白肉魚做成含住壓碎期的形態，拌只會吞嚥期嬰兒食品研磨過濾的柔軟蔬菜。這樣就能消除魚特有的乾澀感而容易吃。

粉末 「和風肉燥羹」

嬰兒食品運用自如術 2

想讓孩子吃不喜歡的食材

一般容易認為嬰兒不吃的食材等於討厭吃，但孩子不吃的最大理由其實是「不容易吃」。
斷奶食物的嬰兒還沒有真正的好惡，只要多下點工夫就能見效，不妨一試。

不吃肉

雞胸肉蕃薯南瓜

輕度咀嚼期

瓶裝 ＋「南瓜蕃薯」

雞胸條肉是斷奶食物的招牌食材，但脂肪少而乾澀是缺點。利用嬰兒食品研磨過濾的蔬菜來拌，就變得滑溜而容易吞嚥。

不吃魚

魚香蕉

含住壓碎期

瓶裝 ＋「柔軟香蕉泥」

脂肪少的白肉魚，加熱後很容易變得乾澀而不容易吃。利用嬰兒食品研磨搗碎的水果甜味，孩子就會愛吃。

不吃蔬菜

焗烤蔬菜

輕度咀嚼期

瓶裝 ＋「乳酪焗烤」

葉菜類蔬菜煮軟，縱橫切斷纖維為基本。若殘留長纖維不易吞嚥就會不想吃，利用滑溜的嬰兒食品就容易吞嚥。

要點 1 做成容易吃

對嬰兒來說，所謂「美味」的食物就是「容易吃」。太硬或乾澀而不易吞嚥的食物就不想吃。與大人的感覺稍有不同。纖維多的蔬菜，或乾澀殘留在口中的魚、肉等都是不吃食材的代表。善用嬰兒食品，即可做出容易吃的食物。

蘋果豬肉

用力咬嚼期

瓶裝 ＋「柔軟蘋果醬」

肉汆燙去除脂肪再烹調較好，但卻會變得不滑嫩。如果利用爽口風味的水果來彌補就容易吞嚥。

北海燉菜

輕度咀嚼期

冷凍乾燥 ＋「玉米醬燉菜」

魚用微波爐加熱很省事，但卻容易變得乾澀。若加上嬰兒愛吃的玉米醬燉菜，就容易吞嚥又營養。

甜青花菜

輕度咀嚼期

乳酪風點心 ＋「嬰兒速食」

乳酪點心系列微甜與奶汁的美味，是嬰兒最愛也是可加以活用的品目。拌較不美味的蔬菜就能添加風味而容易吃。

要點 2 做成嬰兒喜愛的味道

嬰兒在本能上喜愛「甜味」。因此最有效的方法就是利用食材自然的甜味，做成容易吃的食物。但如果過度習慣甜味就可能會越吃越甜，因此必須控制在微甜的程度。此外，玉米或奶油系風味也是嬰兒愛吃的類型，值得推薦。

含肝的馬鈴薯煎餅

輕度咀嚼期

顆粒「雞肝蔬菜」＋ 粉末「平底鍋煎馬鈴薯餅」

不吃肝類的嬰兒多，但與零食、點心系列的甜味嬰兒食品混合做成輕食感覺，就能緩和獨特的味道而容易吃。

滑潤魚三明治

輕度咀嚼期

粉末「白肉魚」＋ 糊「有機蔬菜蕃薯」

嬰兒食品的魚不會乾澀，可以直接吃。如果加上孩子喜愛的甜味或乳酪等乳製品，讓孩子吃不出來就更好。

蔬菜多的肉丸

用力咬嚼期

冷凍乾燥「菠菜馬鈴薯紅蘿蔔」

與絞肉或鮪魚等嬰兒容易吃的食材混合，孩子就會愛吃。可在煎烤、油炸時添加香味，利用價值高。

要點 3 混合嬰兒食物食材讓孩子吃不出來

把孩子不吃的食材混合到吃不出來的有效方法。而最方便的就是嬰兒食品的食材類型。不需事先準備，因此省時省事，碎片狀或粉狀最適合用來混合。能與漢堡排、煎餃、炒飯、肉醬等各種菜餚混合。

＊「」標示的是市售嬰兒食物的商品名稱（至2005年4月止）。製造商可能有變更商品名稱或更換新商品等情形，請多見諒。

嬰兒食品運用自如術 3

提高營養均衡

隨著斷奶食物的進展，營養均衡變得日益重要。如果是嬰兒食品，不僅使用食材種類多，強化容易不足的營養種類也不少。請聰明選用，以彌補可能不足的部分。

如果是料多的湯 主食簡單即可

除豆腐或豬肉之外，還含有很多蔬菜。因為料多，故配稀飯等簡單的主食即可。

「雜菜湯」

配馬鈴薯沙拉 或米飯

含乳酪與奶油而有人氣的菜餚。蔬菜的種類多，如果添加碳水化合物就更營養。

「雞肉蔬菜糊」

1歲起

不僅可配米飯 也可配麵條

孩子非常愛吃的咖哩含多種材料，只需淋上就營養滿分。

「雞肉蔬菜咖哩」

要點 1 選擇食材種類豐富的嬰兒食品

為提高營養均衡，增加食物種類是基本，但實際上卻很麻煩。此時嬰兒食品就能派上用場。準備麻煩的蔬菜類或肝類、魚等，可利用嬰兒食品來彌補，添加在親手烹調的食物中，每天的斷奶食物就更充實。配菜系列的嬰兒食品最好選擇種類多的食材。

要點 3 使用嬰兒食品來強化容易不足的營養素

隨著斷奶食物的進展，從飲食攝取的營養比例也比從母奶或奶粉增多。為補充鐵質或鈣質等礦物質成分，以及對腦的發育重要的DHA等平時飲食容易不足的營養素，使用嬰兒食品最方便！可靈活運用強化營養素的種類。

從輕度咀嚼期起 特別要注意 鐵質不足

鐵質

儲存在嬰兒體內的鐵質，自出生後6個月就開始不足。因此在輕度咀嚼期以後要特別留意補充鐵質。使用肝類等鐵質豐富的食材類型，以自然的形態補充。

「豬肉蔬菜肝羹」

腦顯著發育的斷奶期必要的營養素

DHA（二十二碳六烯酸）

DHA是脂肪酸的一種，在腦神經或視神經等神經組織的發育上扮演重要的角色。在魚的脂肪中含量多，沙丁魚等青背魚或鮭魚等特別豐富。處理魚內臟較麻煩，因此利用嬰兒食品來攝取就很方便。

「鮭魚豆腐」

不吃乳製品的嬰兒應積極攝取

鈣質

奶粉或乳酪、優格等乳製品，含豐富好吸收的鈣質。1歲以後容易不足，因此利用焗烤菜等嬰兒愛吃的嬰兒食品，讓嬰兒積極攝取。

「焗烤乳酪扇貝」

瓶裝

10個月起

要點 2 添加加熱後會流失的維生素類

1歲起

盡量活用含多種食材的嬰兒食品

丼素等是蔬菜較多的嬰兒食品。查看包裝背面以確認種類。

軟袋
軟盒裝

「蔬菜多的親子丼素」

主菜如果使用嬰兒食品，為彌補容易維生素的不足，添加親手烹調的副菜。如此營養均衡就滿分。雖是親手烹調，但只要有煮熟的蔬菜或能生吃的小蕃茄、水果等就沒問題。蕃薯是加熱後也不太損失維生素的食材，因此可加以活用。

＋

如果搭配草莓等季節性水果，色彩更鮮豔；配上優格更美味。

在燙煮的青花菜淋上嬰兒食品的白醬。南瓜或菠菜亦可。

媽媽如何活用嬰兒食品？

從對「Baby-mo」的媽媽讀者做有關嬰兒食品的問卷調查，可看出配合當天的菜餚或媽媽的方便，能活用嬰兒食品的人不少。在只會吞嚥期，果汁、稀飯、蔬菜等的粉末・碎片類型最有人氣。此外，使用嬰兒食品的情形還有「當媽媽身體不適時」「沒有時間時」「旅行、外出時」等。

	每天使用	有時使用	不常使用	幾乎不使用	從未使用
只會吞嚥期	23	15	46	8	8
含住壓碎期	25	33	25	17	
輕度咀嚼期	15	39	30	16	
用力咬嚼期	13	47	20	20	

使用嬰兒食品的頻率（引自Baby-mo問卷調查）單位為％

嬰兒食品運用自如術4

參照P136
野餐便當

帶嬰兒外出時

帶嬰兒外出時，媽媽、爸爸都開心。市面上也有出售成套的嬰兒食品「便當」。
但切勿搞亂生活節奏，應和平時一樣的時段用餐。

9個月起

瓶裝．軟袋軟盒裝類型

軟袋 軟盒裝

「燉煮蔬菜雞肉」

隨時隨地都能進餐

某些外出地沒有微波爐，或無法取得熱開水。此時如果是瓶裝或軟袋軟盒裝，就不會造成困擾。不必加熱也能直接吃，非常方便。如果是軟袋裝，就要另外攜帶拋棄式的容器。

雖然可攜帶食品種類少，但是攜帶可熱食的盒裝食品較輕鬆。

9個月起

冷凍乾燥類型

冷凍乾燥

「羊栖菜飯便當」

只要有熱水，就像剛做好般

冷凍乾燥的優點在於重量輕而攜帶方便。外出時，如果在家庭式餐廳，備有熱開水，也可使用用來沖奶粉所攜帶的熱水。有直接把熱水倒入容器的類型，也有先倒入其他容器再倒入熱水的類型，因此購買時請確認清楚。

附有湯匙的類型，或立體狀能調節量的類型。

9個月起

便當類型

軟袋 軟盒裝

「什錦飯＆肉丸子蔬菜燉菜」

主食與配菜的組合

如果僅1餐，不太在意營養也不要緊，但利用便當類型就能提高營養均衡。組合搭配的菜餚，因此不必再花腦筋思考菜單。因是軟盒裝，不需準備餐具。

有西式、日式、中式等各種組合，嬰兒能快樂享用。

嬰兒食物運用自如術5

參照P186
身體不適時的斷奶食物

嬰兒的身體不適時

嬰兒發燒等身體不適時，嬰兒食物就能派上用場。既衛生又容易消化吸收，
只需依照包裝上標示的月齡來餵食即可。能輕鬆補充水分，可安心使用。

噁心時

1個月起

粉末

「焙茶」

嬰兒如果有嚴重噁心就不要餵食。因有脫水症的危險，故必須勤於補充水分。焙茶有平息噁心的作用，值得推薦。

咳嗽時

5個月起

粉末

「稠黏素」

口渴就容易引起咳嗽。在熱水中加砂糖有止咳作用，因此建議在1袋「稠黏素」加入溶解少量砂糖的熱水40ml。

退燒時

5個月起

冷凍乾燥

「比目魚粥」

出現食慾後，餵食容易消化吸收的食物，以免對虛弱的腸胃帶來負擔。含有優質蛋白質與胡蘿蔔素的稀飯是理想的嬰兒食物。

發燒時

6個月起

冷凍乾燥

「草莓與麵包」

發燒時容易引起脫水症狀，因此補充水分為首要。此外，補充維生素與礦物質也重要。

便秘時

7個月起

冷凍乾燥

「大豆粉紅豆燕麥片」

剛開始斷奶食物時是因水分不足，進展後則是因纖維不足所致。含大豆與紅豆等豆類或羊栖菜、芋薯類等食物纖維豐富的菜餚，能使腸變得活潑。

腹瀉時

5個月起

糊

「研磨過濾蘋果紅蘿蔔」

腹瀉時會失去水分與鉀等礦物質成分。蘋果與紅蘿蔔含有對止瀉有益的果膠，口感也好。

口腔炎時

5個月起

粉末

「布丁」

因口中疼痛而不能吃不能喝，所以補充水分是首要。冰涼的食物有麻醉效果，因此口感軟滑、沒有刺激的布丁很適合。

流鼻水．鼻塞時

9個月起

軟袋 軟盒裝

「雜菜湯」

飲食的重點在於增強衰弱黏膜的抵抗力。湯類含胡蘿蔔素與維生素C豐富的黃綠色蔬菜及優質蛋白質最適合。

調配菜單

僅吃嬰兒食品就很美味，但如果搭配其他食材，在烹調上多下點工夫就更美味，最適合改善一成不變的味道。以下依時期別介紹調配菜單，請務必做為參考！

只會吞嚥期

利用草莓的甜味來掩蓋豆漿的怪味

草莓與麵包豆漿

材料

「草莓與麵包」3塊（冷凍乾燥、塊狀）

●豆漿1大匙

作法

1. 用1/2大匙的熱水溶解「草莓與麵包」。
2. 把豆漿倒入適用微波爐的耐熱容器，覆蓋保鮮膜加熱20秒。
3. 把2加在1中。

利用嬰兒食品焙茶的香味

焙茶稀飯加青花菜

材料

「嬰兒用糙米茶」1/2袋（粉末・冷凍乾燥）

●米飯10g●青花菜3g

粉末

作法

1. 米飯切碎，與水1/2杯放入小鍋煮，加入「嬰兒糙米茶」。
2. 青花菜用熱水燙煮。把花蕾部分切碎後加在1中，搗碎或研磨過濾。

在嬰兒食品稀飯再加一道

吻仔魚粥&蔬菜奶汁濃湯

粉末

蔬菜奶汁濃湯

材料

「12種蔬菜濃湯」1袋（粉末）

●奶粉（用規定量的熱水溶解）1大匙

作法

1. 用1又1/3大匙的熱水溶解「12種蔬菜濃湯」1袋。
2. 在1加入奶粉攪拌混合。

冷凍乾燥

吻仔魚粥

材料

「米粥」2小匙（冷凍乾燥）

●吻仔魚乾1.5小匙

作法

1. 「米粥」加2大匙熱水攪拌混合。
2. 吻仔魚乾淋熱水後搗碎，研磨過濾，放在1上，餵食時攪拌混合。

含住壓碎期

底料是嬰兒食品湯類 非常簡便

雞湯煮芋頭、豌豆莢、鮭魚

材料

「雞湯」1袋（顆粒）

●芋頭（1/2個）40g

●鮭魚10g●豌豆莢2片

作法

1. 用2～3大匙的熱水溶解「雞湯」。
2. 芋頭煮軟後搗碎。
3. 鮭魚煮熟後去皮去骨，搗碎。
4. 豌豆莢汆燙後切碎。
5. 在小鍋放入2、3、4，用1的雞湯1～2大匙來煮。

材料

「煮蔬菜與白肉魚」1袋

●秋葵1根

軟袋 軟盒裝

作法

1. 把「煮蔬菜與白肉魚」放入適用微波爐的耐熱容器，覆蓋保鮮膜加熱30秒。
2. 秋葵汆燙後縱切一半，去籽。縱向劃數條刀痕後切碎，加在1中。

利用秋葵使口感變得滑溜

煮含秋葵的蔬菜與白肉魚

中式風味的主食加清淡的副菜

雞胸條肉與蔬菜糊&含蕃茄的中式烏龍麵羹

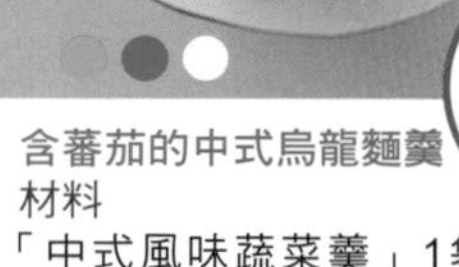

雞胸條肉與蔬菜糊

材料

「高麗菜菠菜紅蘿蔔」6塊（冷凍乾燥・塊狀）

●雞胸肉2g

作法

1. 用2大匙熱水溶解「高麗菜菠菜紅蘿蔔」。
2. 雞胸條肉煮熟，撕開後切碎，加在1中。

粉末

含蕃茄的中式烏龍麵羹

材料

「中式風味蔬菜羹」1袋（粉末）

●熟烏龍麵20g●蕃茄10g

作法

1. 烏龍麵汆燙後切碎，與熱水1/4杯放入小鍋，煮開後加入「中華風味蔬菜羹」煮。
2. 蕃茄汆燙後去皮，橫切一半去籽，切碎後加入1中。

多下點工夫就更美味！

時期別·嬰兒食品

輕度咀嚼期

嬰兒食品羹的活用度大

多量蔬菜配豆腐羹

瓶裝

材料

「豆腐羹」80g（瓶裝）

●四季豆20g

作法

1. 把「豆腐羹湯」放入適用微波爐的耐熱容器，覆蓋保鮮膜加熱30秒。
2. 四季豆煮軟後切成5mm寬，加在1中。

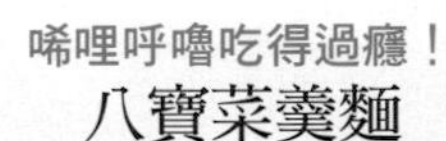

唏哩呼嚕吃得過癮！

八寶菜羹麵

冷凍乾燥

材料

「廣式八寶菜」1盒（冷凍乾燥）●熟拉麵40g

●青江菜（4小片）15g

作法

1. 拉麵切成3cm長。青江菜大致切碎後與麵混合。
2. 用4又2/3大匙的熱水溶解「廣式八寶菜」，淋在1上。

米飯配湯的正宗日式菜單

豆腐魚什錦湯＆煮根莖類蔬菜雞絞肉丼

冷凍乾燥

煮根莖類蔬菜雞絞肉丼

材料

「煮根莖類蔬菜雞絞肉」1塊（冷凍乾燥）

●米飯40g●綠蘆筍1/2根

作法

1. 用3大匙熱水溶解「煮根莖類蔬菜雞絞肉」。
2. 米飯大致切碎，放入適用微波爐的耐熱容器，加2大匙水，覆蓋保鮮膜微波加熱1分鐘。
3. 綠蘆筍削皮後煮軟，先縱切一半，再切成1cm寬的小塊。
4. 把2盛入容器，放上1、配3。

冷凍乾燥

豆腐魚什錦湯

材料

「料多的什錦湯」1盒（冷凍乾燥）

●豆腐20g

作法

1. 用5大匙熱水溶解「料多的什錦湯」。
2. 豆腐切成1cm塊狀，迅速汆燙後加在1中。

用力咬嚼期

法式醬適合配蔬菜

蕃茄小黃瓜沙拉

醬

材料

「孩童喜愛的蔬菜法式蔬菜醬」1小匙（泥狀）●蕃茄30g●小黃瓜15g

作法

蕃茄去皮去籽後切成1cm塊狀。小黃瓜縱切一半後削成薄片，與蕃茄混合，拌「法式蔬菜醬」。

把嬰兒食品當作沾醬就可用手抓來吃

吐司棒配奶油沾醬

軟袋 軟盒裝

材料

「燉煮雞肉蔬菜」1袋（軟袋裝）

●切10片的吐司麵包1片

作法

「義大利式雞肉蔬菜」用熱水加熱，或放入適用微波爐的耐熱容器，覆蓋保鮮膜加熱30秒。吐司麵包烤後切成棒狀，配沾醬吃。

嬰兒最愛吃的西式菜餚

南瓜三明治＆蔬菜漢堡排

軟袋 軟盒裝

蔬菜漢堡排

材料

「蔬菜漢堡排」1袋（軟袋裝）

●小蕃茄2個●青花菜5g

作法

1. 「蔬菜漢堡排」放入適用微波爐的耐熱容器，覆蓋保鮮膜加熱10～20秒。
2. 小蕃茄汆燙後去皮，縱切一半去籽，切成一口大小。
3. 青花菜煮軟後分成適當大小的小朵。
4. 把1盛盤，加上2與3。

軟袋 軟盒裝

南瓜三明治

材料

「南瓜燉菜」1袋（軟袋裝）

●吐司麵包2片

作法

1. 「南瓜燉菜」放入小鍋，迅速攪拌煮2～3分鐘變濃。
2. 切掉吐司的邊，夾起1做成三明治，切成適當大小。

PART3

輕鬆愉快篇

不再讓嬰兒等待！

利用微波爐的快速斷奶食物

極少量的斷奶食物，用煮的很費事，但如能利用微波爐，就能簡單迅速完成。讓忙於家事及育兒的媽媽輕鬆不少！以下介紹瞬間完成的簡單食譜&技巧。

只要能熟悉且靈活運用，就能迅速簡單完成斷奶食物！

優點是迅速烹調迅速收拾

使用微波爐來烹調的優點就在於能迅速完成。不會讓肚子餓的孩子等待，因此媽媽也不必著急。而且不用火，能邊照顧孩子邊烹調，不用鍋，收拾也省事。

烹調斷奶食物時應遵守要點

微波爐雖然方便，但也會發生過度加熱，或加熱後裡面還是生的狀態等問題。不過只要學會一點技巧就不成問題！請遵守以下要點烹調斷奶食物。

利用微波爐的斷奶食物成功的4項要點

1 加熱時間設定稍短

加熱時間依食材、重量、原本的溫度而有差異。斷奶食物烹調的量少，因此一開始設定的時間稍短，如果加熱不夠，再加熱即可。

2 中途視情況加熱

這是利用微波爐烹調斷奶食物的重要技巧。不僅能防止過度加熱，在中途攪拌混合也能均等受熱。如果食譜上標明「先30秒、翻面再30秒」，就中途取出再加熱。

4 透明耐熱玻璃製、附蓋的容器很方便

在微波斷奶食物時，使用能通過電磁波且耐高溫的「耐熱容器」來代替鍋子。使用耐熱玻璃製容器就能看見內容物，如果又附蓋子就更方便。陶磁製亦可，但金屬製不可。

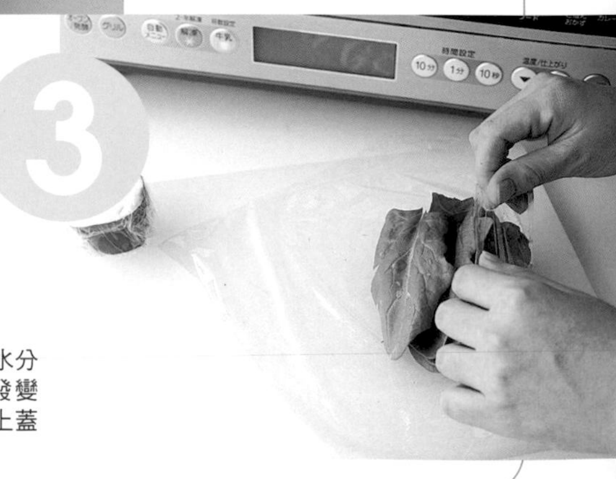

3 視食材所含的水分補充水分

微波爐是利用食材本身所含的水分來加熱。為避免水分過度蒸發變乾，用打濕的保鮮膜包起或蓋上蓋子加熱都是重點。

1分鐘

米飯的稠黏配草莓味就容易吃

蕪菁濃湯加草莓醬

加熱1次

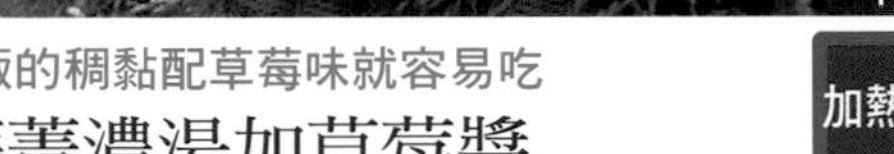

材料
蕪菁 ………………………… 20g
草莓 …………………………1/2粒
米飯 …………………………1小匙
嬰兒食品蔬菜湯 ……………2大匙

作法
1. 蕪菁削皮，與米飯及蔬菜湯一起放入容器，加熱1分鐘後研磨過濾。
2. 草莓研磨過濾時不要混入籽，加在1中。

20秒

使用加熱後更甜的香蕉

香蕉優格

加熱1次

材料
香蕉 ………………………… 10g
原味優格 ……………………1小匙

作法
1. 香蕉用保鮮膜包著，加熱20秒。冷卻後剝皮、研磨過濾。
2. 把優格加入1。

混合鬆軟的乳酪

南瓜卡達乳酪研磨過濾

30秒＋30秒

加熱2次

材料
南瓜 ………………………… 10g
卡達乳酪 ……………………5g

作法
1. 南瓜水洗後用保鮮膜包起先加熱30秒，翻面再加熱30秒。
2. 南瓜去皮研磨過濾，用冷水1/2小匙調稀。卡達乳酪研磨過濾後加入。

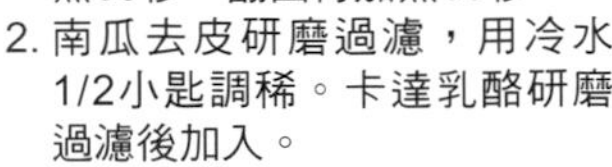

洋蔥的甜味帶出魚的美味

白肉魚濃湯

1分30秒

加熱1次

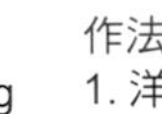

材料
白肉魚（去皮） …………… 5g
洋蔥 …………………………10g
嬰兒食品蔬菜湯 ………1/4杯

作法
1. 洋蔥切碎，在容器放入白肉魚、蔬菜湯，覆蓋保鮮膜，加熱1分30秒。
2. 1攪拌混合後冷卻，研磨過濾。

1分鐘 加熱1次

在普通稀飯添加美味

吻仔魚粥

材料
吻仔魚乾 ……………………2小匙
5倍濃稠粥 ……………………50g

作法
1. 吻仔魚乾切碎，與3大匙水一起放入耐熱容器加熱1分鐘。
2. 把瀝乾水的1放在5倍濃稠粥上（參照P 52）。

1分＋30秒 加熱2次

在乾澀的魚加入蕃茄就容易吞嚥

蕃茄拌白肉魚

材料
白肉魚 …………1/6片（15g）
蕃茄 ……………1/8個（20g）

作法
1. 白肉魚去皮去骨，放入耐熱的磨缽，覆蓋保鮮膜加熱1分鐘，搗碎。
2. 蕃茄去皮去籽，加1再加熱30秒，邊搗碎邊混合餵食。

1分30秒＋30秒 加熱2次

營養均衡、外觀清爽

青花菜豆腐麵包粥

材料
青花菜………………………… 20g
豆腐 ……………………………15g
吐司麵包（去邊）…………… 1片
嬰兒食品高湯 …………………1/2杯

作法
1. 青花菜只把花蕾部分切碎。麵包切碎，與嬰兒食品高湯一起放入耐熱容器，覆蓋保鮮膜加熱1分30秒。
2. 豆腐用手撕碎後加入，再覆蓋保鮮膜加熱30秒，攪拌混合。

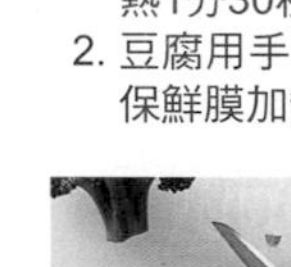

2分鐘 加熱1次

加雞肉＆高麗菜更美味

馬鈴薯雞肉

材料
馬鈴薯 ………………………… 20g
高麗菜 ………………………… 10g
雞胸肉（去皮）………………10g
嬰兒食品高湯 ……………1/4杯

作法
1. 馬鈴薯削皮後用刨子刨絲，迅速泡水後瀝乾水分。高麗菜與雞胸肉切碎。
2. 在耐熱容器放入1與嬰兒食品高湯，覆蓋保鮮膜加熱2分鐘。用湯匙壓碎馬鈴薯來混合。

2分＋1分

加入柔軟的豆腐而能吃多量的蔬菜

蔬菜拌豆腐

加熱2次

材料
紅蘿蔔與青花菜 ⋯⋯⋯⋯合計20g
高湯 ⋯⋯⋯⋯⋯⋯⋯⋯⋯ 2大匙
嫩豆腐 ⋯⋯⋯⋯⋯1/8塊（40g）

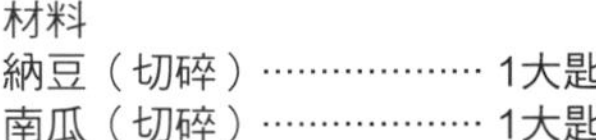

作法
1. 把削皮的紅蘿蔔與青花菜切碎，放入耐熱容器，加高湯覆蓋保鮮膜加熱2分鐘，瀝乾水分。
2. 嫩豆腐搗碎後加在1中，再加熱1分鐘攪拌混合。

1分鐘30秒

獨特的黏液意外相配

納豆南瓜

加熱1次

材料
納豆（切碎）⋯⋯⋯⋯⋯⋯ 1大匙
南瓜（切碎）⋯⋯⋯⋯⋯⋯ 1大匙

作法
1. 把納豆與去皮的南瓜放入耐熱容器，覆蓋保鮮膜加熱1分30秒。
2. 南瓜用湯匙背壓碎，攪拌混合。

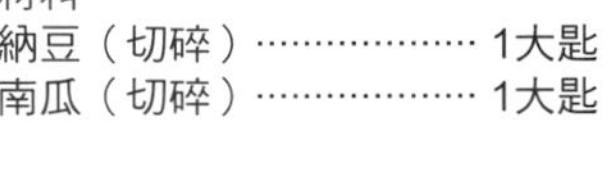

加入美麗粉紅色的鮭魚引起食慾

鮭魚烏龍麵

1分＋1分

加熱2次

材料
蕃薯 ⋯⋯⋯⋯⋯⋯⋯⋯⋯⋯20g
熟烏龍麵 ⋯⋯⋯⋯⋯⋯⋯⋯20g
生鮭魚 ⋯⋯⋯⋯⋯⋯⋯⋯⋯10g
嬰兒食品高湯 ⋯⋯⋯⋯⋯1/4杯

作法
1. 蕃薯打濕後用保鮮膜包起，加熱1分鐘後去皮、搗碎。烏龍麵切碎、汆燙。
2. 鮭魚去皮去脂肪，水洗後切碎。在耐熱容器加入鮭魚與1、嬰兒食品高湯，覆蓋保鮮膜加熱1分鐘。

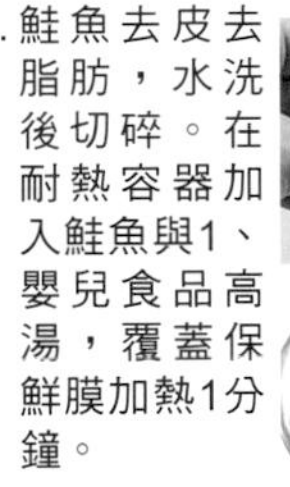

全部一起微波加熱即可

蘋果吻仔魚粥

1分鐘

加熱1次

材料
蘋果 ⋯⋯⋯⋯⋯⋯⋯⋯⋯⋯10g
米飯 ⋯⋯⋯⋯⋯⋯⋯⋯⋯⋯10g
吻仔魚乾 ⋯⋯⋯⋯⋯⋯⋯⋯ 2g

作法
1. 吻仔魚乾水洗去除鹽分。蘋果大致切碎，米飯切碎。
2. 把1放入耐熱容器，加水1/4杯，覆蓋保鮮膜加熱1分鐘。

part 3 輕鬆愉快篇

2分

比燙熟更甜更美味

蔬菜棒

加熱1次

材料
紅蘿蔔 ………… 1/10根（10g）
南瓜 ………………………………10g
青花菜 ……………………………10g

作法
1. 紅蘿蔔切成稍粗的火柴棒大小，去皮的南瓜與青花菜分別切成適當大小。
2. 用打濕的廚房紙巾包起蔬菜再包保鮮膜，加熱2分鐘。

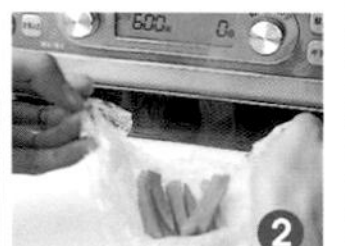

1分鐘

香味四溢的蝦皮與綠海苔

熱飯糰

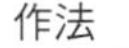

加熱1次

材料
軟飯 ……………………………… 80g
蝦皮 ……………………………1小匙
綠海苔 …………………………1/2小匙
麵粉 …………………………… 1小匙

作法
1. 蝦皮切碎，與綠海苔、麵粉一起和軟飯攪拌混合。如果不夠黏就灑少量水攪拌。
2. 把1搓成1cm的扁平丸子形，排放在耐熱容器加熱1分鐘。

費事的肉丸也能迅速做好

雞胸肉丸子配蔬菜

1分30秒＋1分30秒

加熱2次

材料
紅蘿蔔 ………………………………25g
雞胸條肉 ……………………………10g
洋蔥 ……………………………………5g
太白粉 ……………………1/3小匙
嬰兒食品高湯 ……………1/4杯

作法
1. 紅蘿蔔削皮後切成8mm塊狀。放入耐熱容器，倒入淹過材料的水，覆蓋保鮮膜加熱1分30秒。
2. 雞胸條肉與洋蔥切碎，加太白粉攪拌混合後搓成適當大小的丸子。與1的紅蘿蔔、嬰兒食品高湯一起放入耐熱容器，覆蓋保鮮膜加熱1分30秒。

以微甜的點心感覺來品嘗

含葡萄乾蕃薯丸

2分＋20秒

加熱2次

材料
蕃薯 ………………………………… 40g
葡萄乾 ………………………………… 5g
起司片 ………………………………10g
嬰兒食品蔬菜湯 ……………1大匙

作法
1. 蕃薯連皮打濕，用保鮮膜包起加熱2分鐘。去皮後大致搗碎。
2. 葡萄乾水洗後切碎，加嬰兒食品蔬菜湯，加熱20秒。連湯汁與1、切碎的乳酪混合搓成適當大小的丸子。

1分＋1分＋2分

練習手抓東西吃最適合

蒸蛋豆腐

加熱3次

材料
- 木綿豆腐 ……1/6塊
- 菠菜（切碎）……2小匙（10g）
- 南瓜（切碎）……2小匙（10g）
- 蛋汁 ……1大匙

作法
1. 在耐熱容器鋪廚房紙巾，放上木綿豆腐加熱1分鐘，輕輕擠去水分。
2. 把切碎的菠菜與南瓜放入耐熱容器，加熱1分鐘。
3. 在1與2加入蛋汁混合，在耐熱容器攤平成8mm厚。覆蓋保鮮膜加熱2分鐘，冷卻後切成小塊。

1分30秒

嬰兒最愛、營養均衡也超群

草莓麵包布丁

加熱1次

材料
- 切8片吐司麵包 ……1/2片
- 草莓 ……1粒
- 蛋汁 ……1/3個份
- 鮮奶 ……3大匙

作法
1. 吐司麵包去邊、切塊。草莓切塊，與蛋汁及鮮奶混合
2. 在耐熱容器排放麵包與草莓，淋上蛋汁，放置一會兒讓蛋汁滲入麵包，覆蓋保鮮膜加熱1分30秒。

分別加熱後一起盛入容器

蔬菜湯煮蘋果綠蘆筍

1分＋30秒＋30秒

加熱3次

材料
- 蘋果 ……15g
- 綠蘆筍 ……15g
- 嬰兒食品蔬菜湯 ……2小匙

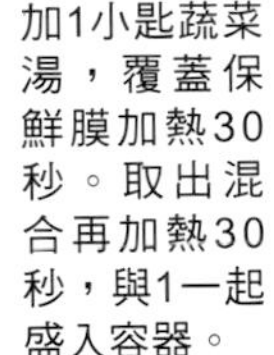

作法
1. 蘋果切成1cm塊狀，放入耐熱容器加1小匙蔬菜湯，覆蓋保鮮膜加熱1分鐘。
2. 綠蘆筍剝除下方1/3的硬皮，切成1cm長。放入耐熱容器，加1小匙蔬菜湯，覆蓋保鮮膜加熱30秒。取出混合再加熱30秒，與1一起盛入容器。

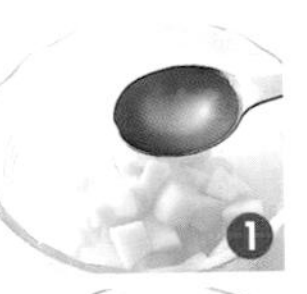

能連肉一起吃下

煮粉絲乾香菇

2分鐘

加熱1次

材料
- 粉絲 ……10g
- 乾香菇 ……1/4朵
- 豬絞肉 ……15g

作法
1. 粉絲在熱水泡軟，切成適當大小。乾香菇以乾燥的狀態用手指捏碎。
2. 在耐熱容器放入1與豬絞肉，加淹過材料的水，覆蓋保鮮膜加熱2分鐘。拿掉保鮮膜，把絞肉弄散攪拌混合。

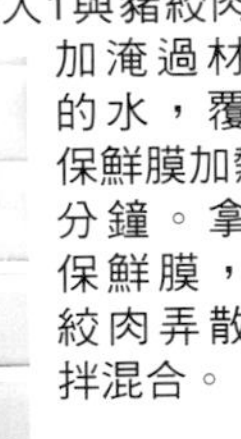

2分+30秒

做成燴飯讓孩子嘗試用湯匙吃

嬰兒中華燴飯

加熱2次

材料

大白菜……20g
菠菜……10g
紅蘿蔔……10g
雞絞肉……10g
高湯……4大匙
太白粉水……少量
米飯……80g

作法

1. 大白菜、菠菜、紅蘿蔔切成適當大小。
2. 把雞絞肉10g與1加在高湯中，覆蓋保鮮膜加熱2分鐘。先取出加太白粉水攪拌混合，再加熱30秒後混合。
3. 把米飯盛入容器，淋上2。

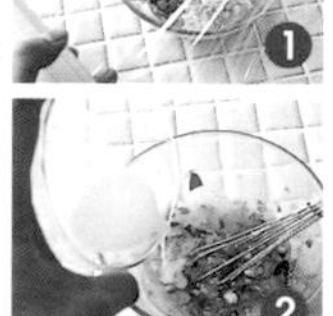

2分+1分30秒+1分

有柴魚片香味的道地風味

烏龍湯麵

加熱3次

材料

柴魚片……1/3包
熟烏龍麵……80g
菠菜＋香菇……合計20g
蛋汁……1/2個份

作法

1. 在耐熱容器放入1杯水與柴魚片，加熱2分鐘，在濾網過濾。
2. 汆燙的烏龍麵、菠菜、香菇切成適當大小。
3. 在1的高湯加2，加熱1分30秒，加入蛋汁，再加熱1分鐘，讓蛋完全熟透。

鬆軟的口感連討厭青菜的孩子也愛吃

菠菜麵包布丁

20秒+30秒+30秒

加熱3次

材料

菠菜（葉尖）……15g
切8片吐司麵包……3/4片（30g）
A 蛋汁……1/2個
鮮奶……4大匙
水……1大匙

作法

1. 把洗淨的菠菜用保鮮膜包起，加熱20秒後去除水分，切碎，用廚房紙巾擰乾水分。
2. 麵包切碎，與1、A攪拌混合後放入耐熱容器。覆蓋保鮮膜加熱30秒。看情況再加熱30秒。以覆蓋保鮮膜的狀態冷卻，切成適當大小。

在鬆綿的芋頭添加魚與裙帶菜的美味

芋頭白肉魚

2分30秒+1分

加熱2次

材料

芋頭……60g
白肉魚……18g
太白粉……少量
蔥……10g
裙帶菜（泡軟）……2g
嬰兒食品高湯……2大匙

作法

1. 把芋頭打濕用保鮮膜包起，加熱2分30秒，拿掉保鮮膜晾乾（容易剝皮）。剝皮後切成1cm塊狀。蔥與裙帶菜切碎。
2. 去皮削片的白肉魚沾太白粉，在耐熱容器放入蔥、裙帶菜、嬰兒食品高湯，再加入白肉魚，覆蓋保鮮膜加熱1分鐘。把魚搗碎混合，放在芋頭上。

1分+1分

蕃茄醬味能引起食慾

炒飯

加熱2次

材料
洋蔥 10g
紅蘿蔔 10g
雞肉 10g
蕃茄醬 1/2小匙
米飯 60g

作法
1. 洋蔥、紅蘿蔔、雞肉切成適當大小。與蕃茄醬一起放入稍大的耐熱容器，覆蓋保鮮膜加熱1分鐘。
2. 取出1，加入米飯，輕輕混合，再加熱1分鐘後混合。

1分+1分+30秒

加熱海帶高湯來加快速度

煮細麵

加熱3次

材料
海帶 2cm塊狀2片
水 1/2杯
紅蘿蔔 20g
豬腿絞肉 15g
太白粉 1/2小匙
水煮大豆 10g
細麵 40g

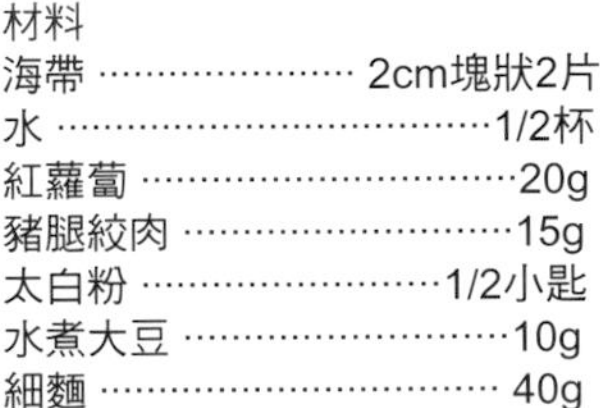

作法
1. 把海帶與水放入耐熱容器，不蓋保鮮膜加熱1分鐘，冷卻。
2. 紅蘿蔔削皮後切碎，與豬絞肉、太白粉攪拌混合。
3. 大豆剝除薄膜，細麵折一半煮熟。
4. 從1取出海帶，加入大豆。用筷子夾起少量的2放入。
5. 把4覆蓋保鮮膜加熱1分鐘，先取出加入細麵輕輕混合，再覆保鮮膜加熱30秒。

用保鮮膜成形加熱後即完成

豬肉米腸

1分+1分+1分

加熱3次

材料
豬腿肉薄片（去除肥肉） 18g
洋蔥 20g
紅蘿蔔 20g
米飯 40g
嬰兒食品高湯 1又1/2大匙
蕃茄醬 少量

作法
1. 洋蔥、紅蘿蔔切碎，在耐熱容器與嬰兒食品高湯混合，覆蓋保鮮膜加熱1分鐘。豬肉、米飯切碎，加入瀝乾水分的洋蔥、紅蘿蔔混合。
2. 用保鮮膜把1捲成香腸狀扭緊兩端，加熱1分鐘，翻面再加熱1分鐘，拿掉保鮮膜切成適當大小，依個人喜好配蕃茄醬。

香蕉的甜味與豬肉最相配

香蕉豬肉捲

30秒+20秒

加熱2次

材料
香蕉 40g
豬腿肉片（去除肥肉） 15g
麵粉 少量

作法
1. 用濾網邊過篩邊把麵粉灑在豬肉上，捲起香蕉。
2. 用保鮮膜包著加熱30秒，翻面再加熱20秒。散熱後切成一口大小。

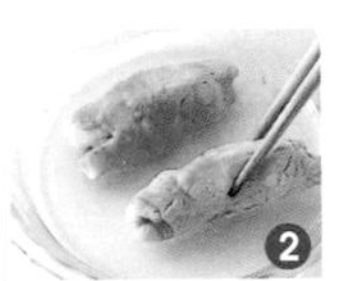

part 3 輕鬆愉快篇

PART3

輕鬆愉快篇

迅速冷凍、迅速解凍！

利用冷凍食物的快速斷奶食物

冷凍食物能解決對每次製作少量感到麻煩的媽媽的煩惱，可一次整批做好，既省時又省事。在忙碌或冰箱沒有食材時就能派上用場！

利用製冰盒

稀飯等柔軟且水分多的食材，最適合在製冰盒冷凍。確認1塊的量，就能立即取用需要的量。

牢記！基本的冷凍技巧

食材或半生不熟的食材如果整批冷凍，在使用時就不容易取用。建議以1次量分成小份來冷凍，就能直接取用，迅速烹調。只要在冷凍上多下點工夫，使用起來就更方便。

「極少量」的斷奶食物 如果利用冷凍食物 就能小份量使用 而不會浪費食材或時間！

斷奶食物一次整批做好冷凍備用就更方便

首先，斷奶食物煮軟成容易吃的形態即可，最好不調味，利用食材本身與高湯的美味。也就是說可以冷凍，一次整批做好備用，如果再搭配嬰兒食品的醬等，就能做出多種變化。

不限基本食材做好的菜餚也能保存

基本上，食材依斷奶時期的軟硬、大小，煮熟再冷凍。肉燉馬鈴薯等煮物，在調味前分成小份冷凍，就能方便用在各種菜餚上。解凍與烹調都使用微波爐一次完成，就能加快速度。

利用小份的容器

斷奶食物利用小型的容器就很方便，種類多準備一些以便使用。放入冷凍庫也可重疊堆放而不佔空間。方形比圓形較不浪費空間。

依斷奶時期嬰兒吃的量分成小份包裝，直接冷凍。

冰淇淋或嬰兒食品的空容器，最適合用來裝小份的食材

把搗碎的材料放在烤紙上

蔬菜整批煮軟後搗碎成糊狀的情形很多。分成小份各10g放在烤紙上冷凍，結凍後再裝入密閉容器或冷凍用的保存袋。

依營養的種類別來保存就很方便

如果用保鮮膜包起1次量來冷凍，從外觀不易分辨內容物。如果依營養來分類，裝入密閉容器，就能立即看出內容物，屆時就不會找不到需要的食材了。

主食是黃色，蛋白質是紅色，蔬菜是綠色等，如此依營養別來分色就容易分辨。

在密閉容器的外側貼上記載內容物的標籤，就更容易分辨。

在半冷凍後取出揉開

食材即使水分的含量少，但完全冷凍後仍會變成硬梆梆的一坨。青花菜等在冷凍2～3小時後先取出揉捏使其散開，再冷凍就變得鬆散而不會那麼硬。

先把分成小朵的青花菜裝入冷凍用的密閉袋，然後放入冷凍庫。

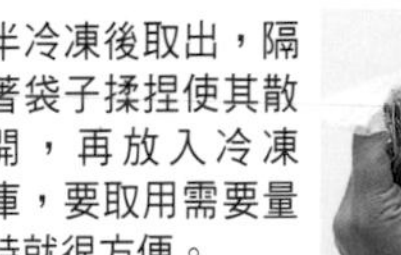

半冷凍後取出，隔著袋子揉捏使其散開，再放入冷凍庫，要取用需要量時就很方便。

冷凍食物運用自如的4個要點

1 新鮮的食材迅速冷凍

為保持維生素類或蛋白質等品質，要在零下18℃以下的一定溫度保存，而且要能使食物水分變成結晶是重點。急速冷凍就能解決這些問題。

2 了解有效期限

所有微生物在零下10℃以下都不能成長。因此在冷凍中不會繁殖，但並非死亡因此仍要注意。尤其是家庭冰箱的冷凍庫，1天開閉多次，不易保持一定的溫度，因此建議以1週為基準用完。

3 高明解凍

①生魚或生肉在冷藏庫慢慢自然解凍，稀飯或米飯等熟食在室溫慢慢自然解凍。②生鮮食物用自來水沖20～30分鐘解凍。③加熱處理的菜餚在36～38℃的熱水泡10分鐘解凍。④蔬菜以冷凍的狀態用熱水解凍，不同的食材，解凍方法也各不相同。

4 了解適合冷凍的食物 不適合冷凍的食物

水分多的小黃瓜或纖維多的款冬、竹筍等蔬菜，不適合家庭式冷凍。馬鈴薯以生的狀態直接冷凍會變得鬆散。豆腐也會變黃，必須注意。

○ 適合冷凍……脂肪少的肉、魚（鮪魚、四破魚等）、章魚、烏賊、乾貨、煎蛋皮、打泡的鮮奶油、漢堡排、火腿、米飯、稀飯、剝皮的香蕉、香腸。

△ 半生不熟就可冷凍……青菜、四季豆、綠蘆筍、高麗菜（以上氽燙）、芋薯類（燙煮後搗碎）、蕃茄糊、小黃瓜泥、炒洋蔥。

✕ 不適合冷凍……脂肪多的肉、解凍過的肉或魚、美乃滋、豆腐。

冷凍食物的基本食材＆調配菜單

把冷凍稀飯當醬使用

煎豆腐佐紅蘿蔔醬

作法

豆腐30g在平底鍋煎。在冷凍稀飯20g加1大匙紅蘿蔔泥，在微波爐加熱1分鐘，攪拌混合後淋在豆腐上。

稀飯

因1次的需要量少，因此做好2～3次的份量就省事。只會吞嚥期、含住壓碎期用，就裝入製冰盒，冷凍成塊狀後，裝入冷凍用的密閉袋。輕度咀嚼期、用力咬嚼期用的軟飯，用保鮮膜包起1次份來冷凍就不會浪費。

材料

- 冷凍菠菜（泥）……………………10g
- 豆漿 ………………………………2大匙
- 高湯 ……………………………1/4杯弱

作法

在小鍋煮開豆漿與高湯，加入解凍後菠菜泥，攪拌混合煮熟。

柔和的味道、營養豐富

菠菜豆漿湯

菠菜

以汆燙能直接使用的狀態冷凍。如果是磨泥的狀態，利用製冰盒就很方便。纖維多，因此必須做好事先準備。

用力咬嚼期	輕度咀嚼期	含住壓碎期	只會吞嚥期
燙煮的莖、葉都縱橫切成1cm大小。	把燙煮的葉大致切碎，莖確實切碎。	葉燙煮後縱橫切碎。	葉燙煮後大致切碎，研磨過濾。

材料

- 冷凍紅蘿蔔（切粗粒）…………20g
- 蕃薯 ………………………………15g
- 嬰兒食品橘子汁 ………………2小匙
- 太白粉水 …………………………少量

作法

1. 蕃薯削皮後切成薄圓片，用淹過材料的水煮熟，直接在鍋內搗碎。
2. 在1加冷凍紅蘿蔔與橘子汁，攪拌混合來煮，加太白粉水勾芡。

自然的甜味嬰兒最愛

果汁煮 紅蘿蔔蕃薯

紅蘿蔔

從冷水煮起，煮熟後冷凍。分成小份冷凍就能直接取用，而輕鬆烹調。

用力咬嚼期	輕度咀嚼期	含住壓碎期	只會吞嚥期
切成1cm塊狀後煮熟。	切成5mm塊狀後煮熟。	先切成長條形，再切碎。	切成1cm方形的棒狀，煮熟磨成泥。

材料

- 冷凍南瓜（切成1cm塊狀）…30g
- A 罐頭鮪魚（水煮・無添加食鹽）…15g
  - 長蔥末 ……………………1小匙
  - 鮮奶 ………………………2大匙
  - 麵粉 ………………………3大匙
  - 油 …………………………少量

作法

1. 南瓜解凍。
2. 在容器混合A，加1。
3. 在平底鍋加熱油，用湯匙舀起1大匙2入鍋來煎，把兩面煎到略焦。

組合愛吃的食材用手抓來吃

煎南瓜鮪魚

南瓜

去皮去籽，從冷水煮起，以能直接使用的狀態冷凍。如果是泥狀就薄薄攤平，劃上格子刀痕，方便取用。

用力咬嚼期	輕度咀嚼期	含住壓碎期	只會吞嚥期
切成1cm方形的棒狀，煮成稍硬的程度。	切成5mm塊狀，煮熟。	切成小塊，煮熟後搗碎。	切成小塊，煮熟後搗碎成稀爛。

材料

- 冷凍白肉魚（大致搗碎）……10g
- 青花菜 ……………………………30g
- 嬰兒食品白醬（用熱水調稀）·2大匙
- 牛油 ………………………………少量
- 巴馬乾酪 …………………………少量

作法

1. 白肉魚在微波爐加熱解凍。
2. 青花菜煮軟後大致切碎。
3. 用白醬混合白肉魚與青花菜，裝入塗上薄薄一層牛油的耐熱容器。灑上乾酪在烤箱烤3分鐘出現焦色。

烤得香噴噴令人垂涎

焗烤 白肉魚青花菜

白肉魚

從冷水煮起，煮熟後去皮去骨，分成小份裝入便當用紙杯。以1週為基準用完。

用力咬嚼期	輕度咀嚼期	含住壓碎期	只會吞嚥期
煮熟後撕成1cm大小。也可成塊狀。	煮熟後用叉子搗碎成約5mm大小。	煮熟後用叉子搗碎。	煮熟，用磨缽磨成稀爛。

材料

冷凍雞胸條肉（糊狀）……12g
海帶高湯 ……1/3杯
細麵 ……1/4把
四季豆 ……適量
紅蘿蔔 ……適量

作法

1. 細麵煮軟，水洗去除鹽分，切成5mm長。
2. 海帶高湯、雞胸條肉、細麵快煮。
3. 把去筋的四季豆與紅蘿蔔煮熟後切碎，把2盛入容器後灑上。

含住壓碎期

品嘗美味的湯

雞胸條肉細麵

雞胸條肉

去筋從冷水煮起，煮熟。因是蛋白質食物，遵守1次量分成小份。

用力咬嚼期：煮熟後先撕開再切成1cm長。

輕度咀嚼期：煮熟後先切成小塊再撕碎。

含住壓碎期：煮熟後撕碎，在磨缽磨碎。

只會吞嚥期：還不能吃。脂肪少也不行。

蔬菜豐富的優秀菜單

義大利麵菜湯

作法

把切碎的洋蔥與紅蘿蔔合計1大匙、雞絞肉1小匙快炒，加蕃茄汁1/2杯、水1/4杯、解凍切碎的義大利麵10g，煮5分鐘。

含住壓碎期

熟義大利麵

冷卻後用保鮮膜包起或裝入冷凍用密閉袋，弄平放入冷凍庫。與蔬菜或烏龍麵相同，即使是冷凍狀態也能磨碎，如果是半解凍狀態就能切。即使黏成一坨，只要沖冷水或熱水就能簡單分離，因此保存前不必加牛油或油來拌。

冷熱吃都美味

牛油香蕉煎餅

作法

香蕉2cm、解凍的煎餅30g切成小塊，用少量牛油來煎。

輕度咀嚼期

煎餅

雖有市售的煎餅，但只要有麵粉就能立即動手製作，解凍也快，能立即食用。在不加油的平底鍋來煎，冷卻後每1片用保鮮膜包起，以扁平的狀態冷凍。即使是冷凍狀態，也能用刀輕易切開，如果薄，也可自然解凍。

參照P 139
能吃的食物・不能吃的食物

冷凍食材還有這種用法！

烤飯團＆奶油飯、炒飯

因味道較為濃郁，飯團只在中側、而奶油飯或炒飯則是解凍後淋熱水來去除調味料使用。奶油飯等含有斷奶初期不能吃的食材，因此請注意。

用力咬嚼期

焦的醬很香

蔬菜飯

作法

烤飯糰1個在微波爐加熱解凍後弄散。紅蘿蔔、香菇、四季豆合計2大匙切碎，與烤飯糰一起放入耐熱容器混合，在微波爐加熱2分鐘。

烏龍麵

冷凍烏龍麵買回來後先大致切好保存。使用時在室溫解凍，在只會吞嚥期或含住壓碎期，用微波爐半解凍後再磨碎使用。

輕度咀嚼期

義大利式口味

拿波里麵

作法

烏龍麵40g切成適當長度後放入小鍋，加罐頭水煮蕃茄與水各1/2杯來煮。煮開後再煮5分鐘，最後灑上荷蘭芹。

炸馬鈴薯條

因使用油，故在含住壓碎期以後才能餵食。不僅油炸，也能用在煮、炒、搗碎等各種烹調法來烹調菜餚。也可加湯來調稀。

含住壓碎期

嬰兒喜愛這種爽口的甜味

蘋果馬鈴薯

作法

炸薯條2根、大致切碎的蘋果2大匙、水1/2杯入鍋來煮，煮軟後大致搗碎。

中式綜合蔬菜

含豐富中華料理使用的食材。也含菇蕈類或竹筍，因此配合斷奶時期，選擇能吃的食材來使用。

輕度咀嚼期

使用豆腐來添加蛋白質

煮豆腐蔬菜

作法

中式綜合蔬菜20g以冷凍狀態切成適當大小，用少量麻油來炒。豆腐30g搗碎後加入，整個拌炒。

西式綜合蔬菜

雖然每家製造商所含的食材不同，但都是以黃綠色蔬菜為主，色彩豐富。因已事先燙煮，而能在湯類或煮物等各種斷奶食物派上用場。

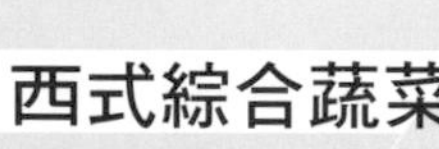

含住壓碎期

牛奶味、口感滑溜

蔬菜濃湯

作法

西式綜合蔬菜30g，加水1/2杯來煮，煮軟後搗碎，加奶粉1大匙攪拌混合。也可用鮮奶代替奶粉。

日式綜合蔬菜

主要包含事先煮熟費事的根莖類蔬菜，因此能大幅節省烹調時間。比購買各種生蔬菜來烹調更經濟是優點。

含住壓碎期

稠黏的芋頭口感有人氣

紅蘿蔔芋頭粥

作法

紅蘿蔔與芋頭各1個在微波爐加熱解凍變軟，加5倍濃稠粥20g，搗碎成稀爛狀。

常備就方便的熟食材＆調配菜單

熟食材

材料（完成時約200g／輕度咀嚼期前期7次份）
紅蘿蔔……1/2根（100g）
油菜（葉）……約10片（50g）
吻仔魚乾……25g
高湯……3/4杯
作法
1. 紅蘿蔔切成1cm塊狀，從冷水煮起。煮開後改小火煮5分鐘後加入油菜來煮。
2. 煮1～2分鐘，撈出油菜泡冷水，冷卻後切碎，輕輕擰乾水分。紅蘿蔔也瀝乾水分。
3. 把吻仔魚乾放入濾網淋熱水，去除多餘的鹽分。
4. 在小鍋煮開高湯後放入紅蘿蔔，煮軟後加入油菜與吻仔魚乾，煮到湯汁快要收乾。

保存方法
完成後充分冷卻，裝入冷凍用的保存袋，弄平冷凍。使用時再加熱。

材料（完成時約180g／只會吞嚥期後期11次份）
嫩豆腐……200g
大豆粉……2大匙
作法
1. 豆腐迅速汆燙後放入濾網，冷卻後研磨過濾。
2. 加大豆粉攪拌混合。

保存方法
完成後裝入冷凍用的保存袋，弄平後冷凍。折下需要的份，必須再加熱才能使用。

材料（完成時約120g／只會吞嚥期前期44次份）
洋蔥……1/2（100g）
蕃茄……2個（340g）
作法
1. 蕃茄去蒂，泡熱水10秒後取出，剝皮橫切一半，取籽後切片。
2. 把洋蔥直接磨入小鍋，用較弱的中火邊攪拌邊煮，利用蔬菜滲出的水分煮5分鐘。
3. 加入蕃茄改中火，煮10分鐘至湯汁快要收乾。
※糊也可用來煮大人吃的菜餚。

保存方法
充分冷卻後，裝入冷凍用的保存袋弄平、冷凍。折下需要的份來使用即可。

調　配

可充分攝取
黃綠色蔬菜
吻仔魚蔬菜細麵

材料
細麵……10g
太白粉水……少量
高湯煮紅蘿蔔、油菜、吻仔魚乾……1大匙
作法
1. 細麵煮熟水洗後瀝乾水分，切碎。
2. 在小鍋煮開水1/2杯後加入1，煮1～2分鐘。加太白粉水勾芡，盛入容器。
3. 把高湯煮紅蘿蔔、油菜、吻仔魚乾解凍後切碎，紅蘿蔔搗碎。在微波爐加熱煮開後放在2上，邊攪拌邊餵食。

不用鍋不用火
很輕鬆
蔬菜乳酪三明治

材料
鮮奶油乳酪……15g
吐司麵包……2片
高湯煮紅蘿蔔、油菜、吻仔魚乾……2大匙
作法
1. 把高湯煮紅蘿蔔、油菜、吻仔魚乾在微波爐加熱煮開，趁熱大致搗碎、冷卻。
2. 把在室溫變軟的鮮奶油乳酪加1攪拌混合。
3. 用吐司麵包夾2，用保鮮膜包起放置一會兒，等融合後再切成一口大小。

與稀爛狀的香蕉
非常速配
香蕉大豆粉豆腐

材料
香蕉……1/4根（25g）
豆腐大豆粉……1大匙
作法
1. 香蕉與豆腐大豆粉放入耐熱容器，在微波爐加熱約1分鐘。
2. 豆腐大豆粉盛入容器，把香蕉研磨過濾或搗碎，搭配來吃。

不易吞嚥的食材
也容易吃
蕃薯紅蘿蔔豆腐醬

材料
蕃薯……20g
紅蘿蔔……20g
高湯……1/2杯
豆腐大豆粉……1大匙
作法
1. 蕃薯把皮削稍厚，切成5mm厚，泡水，瀝乾水分；紅蘿蔔磨成泥。
2. 在小鍋放入高湯與1煮，煮開後改小火，煮到湯汁快要收乾。
3. 豆腐大豆粉在微波爐加熱煮開，搭配2餵食。

搭配容易搗碎的
馬鈴薯
馬鈴薯蕃茄糊

材料
馬鈴薯……1/4個（淨重20g）
蕃茄糊……1小匙
作法
1. 馬鈴薯削皮後切成5mm厚。用淹過材料的水來煮，煮開後改小火煮7分鐘。
2. 把1的馬鈴薯研磨過濾，加入煮汁1大匙調稀。
3. 蕃茄糊在微波爐加熱後放在2上。邊攪拌邊餵食。

突顯高麗菜甜味
的組合
乳酪高麗菜蕃茄醬

材料
高麗菜……1/2片（淨重20g）
蔬菜湯……1大匙
卡達乳酪……10g
蕃茄糊……1大匙
作法
1. 高麗菜去除硬梗煮軟，輕輕擰乾水分後切碎。
2. 卡達乳酪研磨過濾（如果是已研磨過濾的種類就不需要），與蔬菜湯一起拌高麗菜。
3. 蕃茄糊在微波爐加熱後放在2上。

PART3

輕鬆愉快篇

可從大人的菜單分取

省時省事又很輕鬆分食的斷奶食物

通常容易認為斷奶食物必須進展到某種程度才能分食大人的菜餚，但只要掌握要領，從只會吞嚥期就能分吃！

☆本項的材料基準量是大人2人份＋嬰兒1人份。

只要遵守5項「大原則」從只會吞嚥期起就能分食

只要牢記要領 中式或西式菜餚都沒關係！

烹調斷奶食物時，又得在別的時間準備大人的菜餚……1天待在廚房數次是很累人的事。如果能一次做好來「分食」大人的菜餚，就能省時又省事。

即使如此，也並非分取大人的菜餚而直接餵孩子即可。嬰兒因消化功能尚未成熟，而大人的菜餚含過多的脂肪或鹽分、蛋白質等，會為身體帶來負擔。

亦即，所謂「分食」，就是在烹調大人的菜餚時，事先分取，而要點就是以下介紹的5項。只要牢記，不論是日式、西式或中式菜餚，都不必害怕，而且能輕鬆製作！

大原則 1 從嬰兒能吃的食材來思考大人的菜單

從各斷奶時期採用嬰兒能吃的食材來思考大人的菜單。能讓嬰兒分食的食材大概只有2～3種。就以只會吞嚥期來說，如照片所示的豆腐菜單值得推薦。如果大人的主菜是肉類料理，就使用馬鈴薯或紅蘿蔔來搭配。

容易分食的蔬菜與豆腐菜單

冬季蔬菜拌豆腐

材料

大白菜	250g
油菜	50g
木綿豆腐	100g
A 味噌	1大匙
砂糖	1大匙
鹽	少量

作法

1. 大白菜分開梗與葉，梗縱切1cm寬，把長度切成2～3等份，葉大致切碎。油菜切成2cm長。
2. 在鍋煮沸多量熱水，放入豆腐迅速汆燙後置於濾網。
3. 在2的鍋加少許鹽後加1迅速汆燙，泡冷水，冷卻後擰乾水分。
4. 把A加在2的豆腐中，與3來拌。

FOR BABY 只會吞嚥期

大白菜配豆腐

作法

1. 從大人的蔬菜拌豆腐分取適量大白菜，煮軟後搗碎。
2. 大人的蔬菜拌豆腐的2在汆燙豆腐前先分取，研磨過濾後加少量高湯攪拌混合，放在1上。

大原則 2 在事先汆燙調味前等烹調中分取

分取的時機是在「完成事先汆燙調味之前」最適合。從只會吞嚥期到用力咬嚼期，多數的情形都能使用的方法。在切好材料，加熱到變軟的階段來分取。之後大人吃的就調味，嬰兒吃的就切碎，只需稍微多花點時間就能完成。

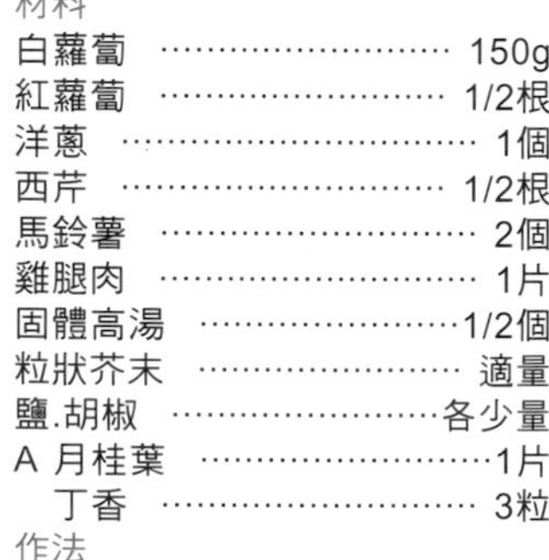

材料

白蘿蔔	150g
紅蘿蔔	1/2根
洋蔥	1個
西芹	1/2根
馬鈴薯	2個
雞腿肉	1片
固體高湯	1/2個
粒狀芥末	適量
鹽.胡椒	各少量
A 月桂葉	1片
丁香	3粒

作法

1. 白蘿蔔、紅蘿蔔、西芹切成8cm長，白蘿蔔與紅蘿蔔縱切4～6塊，西芹縱切2塊。洋蔥切成梳子形，馬鈴薯如果太大就切一半。雞肉分成4等份。
2. 在鍋加水5杯與雞肉來煮，煮沸後改小火。撈出浮泡，加入A與1，把蔬菜煮軟。
3. 加入固體高湯來煮，用鹽、胡椒來調味。盛入容器，放上粒狀芥末。

煮軟之前不調味是要點

FOR BABY 只會吞嚥期

多種蔬菜糊

作法

從大人的2，分取煮軟的白蘿蔔、紅蘿蔔、洋蔥、馬鈴薯各1小匙，搗碎。

※如果不易吞嚥，就加適量的湯調成想要的稠稀度。

能品嘗蔬菜甜味的淡味家常菜

大白菜與油豆腐煮物

材料
大白菜 ……………………… 250g
油豆腐 ……………………… 1塊
紅蘿蔔 ……………………… 1/2根
A 高湯 ……………………… 1又1/2杯
味霖 ……………………… 1大匙
醬油 ……………………… 1又1/2大匙

作法
1. 大白菜縱切一半後切成4cm長。葉的部分切成一口大小。
2. 紅蘿蔔切成4cm長的長條形，油豆腐橫切一半，再切成1cm厚小塊。
3. 在鍋放入A與1、2來煮。煮沸後改中火，蓋上鍋蓋煮15分鐘。

大原則 3

分取後添加食材來強化營養均衡

FOR BABY
含住壓碎期
烏龍麵羹

作法
1. 從大人的完成菜餚分取油豆腐的軟嫩部分1大匙切碎。大白菜與紅蘿蔔各15g切碎。與高湯1/4杯一起入鍋來煮，用少量太白粉水勾芡。
2. 把熟烏龍麵35g切成2～3mm長盛入容器，淋上1。

分取出來的食材必須再切碎或搗碎才適合嬰兒吃。此時，再加一種嬰兒能吃的食材，味道就更有變化，也能提高營養均衡。除豆腐、原味優格、納豆等之外，利用冷凍食材、水煮罐頭等就更方便。

趁熱用牛油來拌就完成

牛油醬拌馬鈴薯餃子

材料
馬鈴薯 ……………………… 250g
麵粉 ……………………… 65g
鮪魚（水煮．無添加食鹽）1罐（80g）
牛油 ……………………… 1大匙
A 鹽．胡椒 ……………………… 各少量
大蒜泥 ……………………… 少量
義大利芹（沒有也不要緊）少量

作法
1. 馬鈴薯削皮後切成一口大小，從冷水煮起，煮軟後倒掉熱水，趁熱搗碎。
2. 在1加麵粉，搓揉到看不見粉，放在砧板上輕輕搓揉使材料變軟。
3. 把2搓成直徑2cm的棒狀，切成3cm長。用叉子壓，在面前輕轉留下壓痕。
4. 在鍋煮沸熱水，放入3煮3分鐘後撈在濾網（嬰兒吃的份再煮軟）。
5. 在4加鮪魚與牛油，用A調味。盛入容器，放上義大利芹裝飾。

大原則 4

在烹調法上設法減少油脂成分

FOR BABY
輕度咀嚼期
牛奶煮餃子

作法
從大人的4，分取煮軟的餃子，切成5mm～1cm的長度，加鮮奶1/3杯與大致壓碎的鮪魚1小匙再煮。

油脂成分如果太多，會造成嬰兒腸胃的負擔。除炒物或油炸食物等使用油脂之外，肉或魚等食材原本就含脂肪，因此必須注意。除使用平底鍋來烹調之外，也可利用微波爐加熱，或多使用蒸的無油烹調法等。

最適合配飯的樸素風味

炒白蘿蔔葉吻仔魚

材料
白蘿蔔葉 ……………………… 200g
油豆腐 ……………………… 1塊
吻仔魚 ……………………… 20g
沙拉油 ……………………… 1大匙
A 味霖 ……………………… 2大匙
醬油 ……………………… 1大匙

作法
1. 白蘿蔔葉切成小塊。油豆腐縱切一半再切細，放在濾網上淋熱水去油。
2. 在平底鍋加熱沙拉油，開大火快炒吻仔魚，加1與A，用大火把白蘿蔔葉炒軟。

大原則 5

如果要從完成的菜餚分取就調成淡味

FOR BABY
用力咬嚼期
營養豐富的拌飯

作法
從大人的完成菜餚分取後切碎，與米飯混合。

從完成的菜餚分取的原則是「調成淡味」。即使做成淡味，但大人吃的菜餚味道，對嬰兒來說還是太濃。味道濃的部分可用熱水去除，或與稀飯混合使味道變淡。從尚未滲入味道的部分分取也是個好方法。

「咖哩」輕鬆分食

主菜

白蘿蔔雞翅膀煮物

材料

白蘿蔔……1/3根
雞翅膀……6根
高湯……2又1/2杯
醬油……1/4杯
味霖……1/4杯

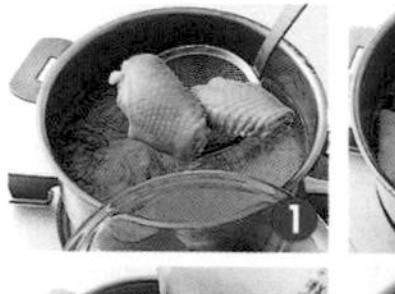

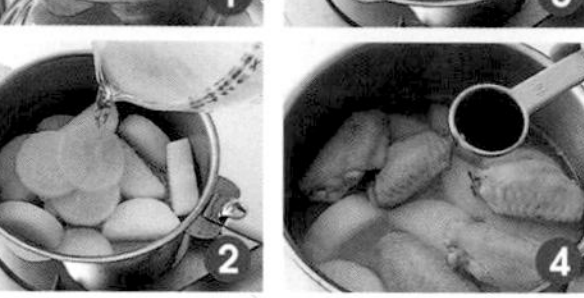

作法

1. 白蘿蔔削皮，大人份切成1.5cm厚的半月形。嬰兒份切成薄圓片，分別燙煮。雞翅膀在熱水中迅速氽燙，去除多餘的油脂。
2. 高湯與白蘿蔔入鍋煮，煮開後改中火，把白蘿蔔煮軟。
3. 在2的鍋放入雞翅膀，再煮10分鐘，把雞翅膀煮熟
4. 在3加醬油與味霖，偶爾上下翻動烹煮入味。

配菜

芝麻醋拌羊栖菜鮪魚

材料

罐裝羊栖菜（氽燙）1/2罐（55g）
鮪魚罐頭（水煮・無添加食鹽）……1/2罐（40g）
木綿豆腐……50～60 g
氽燙白蘿蔔葉……適量
A 芝麻醬……1大匙
醋……2小匙
醬油……2小匙
砂糖……少量

作法

1. 羊栖菜迅速氽燙，鮪魚瀝乾湯汁。豆腐切成塊狀迅速氽燙後冷卻。白蘿蔔葉切碎。
2. 把A混合，加在1攪拌。

從副菜可分取的食材
羊栖菜——從輕度咀嚼期起可吃
豆腐——從只會吞嚥期起可吃
白蘿蔔葉—從含住壓碎期起可吃

FOR BABY

用力咬嚼期

混合就完成的簡單菜單

白蘿蔔加雞肉羊栖菜飯

作法

1. 從大人的煮物的3，分取白蘿蔔20g，從煮物的4分取去皮去骨的雞肉18g，從芝麻醋拌羊栖菜鮪魚分取羊栖菜2小匙、氽燙切碎的白蘿蔔葉少許。
2. 白蘿蔔切成適當大小，雞肉撕碎，羊栖菜切碎。
3. 在軟飯90g加1，拌白蘿蔔葉。

輕度咀嚼期

乾澀的肉加豆腐就容易吞嚥

白蘿蔔與雞翅膀拌豆腐

作法

1. 從大人的煮物的3，分取白蘿蔔20g，從煮物的4分取去皮去骨的雞肉10g，從芝麻醋拌羊栖菜鮪魚分取羊栖菜1小匙、木綿豆腐20g。
2. 白蘿蔔切成適當大小，雞肉撕碎。羊栖菜切碎。
3. 豆腐搗碎，加在2攪拌。

含住壓碎期

利用豆腐來添加蛋白質

雜菜湯

作法

1. 從大人的煮物的2，分取白蘿蔔20g，從芝麻醋拌羊栖菜鮪魚分取木綿豆腐15g、氽燙後切碎的白蘿蔔葉少許。
2. 白蘿蔔切碎，高湯1/2杯與白蘿蔔、白蘿蔔葉一起入鍋煮，豆腐弄碎後加入、快煮。

只會吞嚥期

活用食材具有的甜味

白蘿蔔粥

作法

1. 從大人的煮物的2，分取白蘿蔔10g，煮軟後搗碎，放在同樣搗碎的10倍濃稠粥30g上。

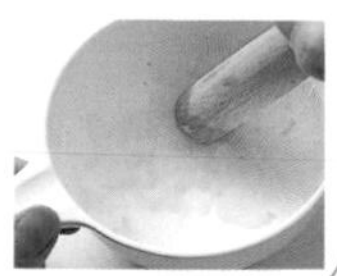

改造 1 從大人的必備「煮物」

主菜

南瓜絞肉咖哩

材料

- 南瓜……300g（1/4個）
- 牛豬混合絞肉……200g
- 洋蔥……1/2個
- 牛油……1大匙
- 咖哩滷……3～4塊
- 大蒜……2瓣

作法

1. 南瓜去囊去籽，切成2cm塊狀。洋蔥與大蒜切碎。
2. 在鍋中加入絞肉與水1/2杯來煮，邊攪拌邊把絞肉煮熟。加入洋蔥略煮。
3. 在2加南瓜與水2杯來煮，煮開後撈出浮泡，開中火煮15分鐘把南瓜煮軟。
4. 熄火，把咖哩滷弄碎加入，邊攪拌邊溶解變稠。在平底鍋開火融化牛油，把大蒜炒到變色後加入咖哩。

為能讓嬰兒分食，烹煮材料時不用油，因此在最後添加炒大蒜，就能讓大人吃起來更有風味。

這裡是要領！

副菜

水果沙拉

材料

- 橘子……1個
- 奇異果……1個
- 卡達乳酪……4大匙

作法

1. 橘子剝皮，剝去薄膜取出果肉。奇異果削皮，切成適當大小。
2. 用研磨過濾的卡達乳酪來拌1。

從副菜可分取的食材

橘子——從只會吞嚥期起可吃

卡達乳酪—從只會吞嚥期起可吃

FOR BABY

用力咬嚼期

這個時期添加一些咖哩味也沒關係

咖哩牛奶燉菜

作法

1. 從大人的咖哩的3，分取絞肉、南瓜、洋蔥合計50g（絞肉在18g以下）。
2. 把分取的材料與水1/2杯、鮮奶1大匙放入耐熱容器，在微波爐加熱1分鐘弱。
3. 取極少量大人作法4的咖哩部分加入來添加香味。

輕度咀嚼期

燉煮的材料勾芡就容易吞嚥

絞肉羹飯

作法

1. 從大人的咖哩的3，分取絞肉與洋蔥合計20～25g（絞肉在15g以下）。
2. 把分取的材料與水1/2杯放入耐熱容器，在微波爐加熱40秒。
3. 在2加太白粉水少量，在微波爐加熱約10秒勾芡，淋在軟飯80g上。

含住壓碎期

與副菜的乳酪混合

南瓜乳酪沙拉

作法

1. 從大人的咖哩的1，分取南瓜2～3片（20g），從沙拉分取卡達乳酪10g。
2. 南瓜用保鮮膜包起，在微波爐加熱1分鐘後去皮。趁熱用叉子壓碎，與卡達乳酪混合。

只會吞嚥期

南瓜的甜味與水果的酸味相得益彰

南瓜橘子泥

作法

1. 從大人的咖哩的1，分取南瓜1～2片（10g），從沙拉分取橘子1瓣。
2. 南瓜用保鮮膜包起，在微波爐加熱30秒後去皮。橘子去薄膜去籽，與南瓜一起搗碎。

「中式」「鍋物」分食

主菜
中式燜煮大白菜

材料
- 大白菜 ………… 1/6株
- 長蔥 ………… 1根
- 紅蘿蔔 ………… 50g
- 香菇 ………… 2朵
- 豬腿肉薄片 ………… 150g
- 生薑末 ………… 2小匙
- 麻油 ………… 1大匙
- 中華高湯素 ………… 1小匙
- 鹽、胡椒 ………… 各少量
- 太白粉水 ………… 適量

作法
1. 大白菜切成一口大小，長蔥斜切，紅蘿蔔切成長條形薄片，香菇去梗後切薄片。豬肉切一口大小。
2. 把1的蔬菜與肉交互重疊放入有蓋較大的鍋，倒入水1杯來煮。小心燒焦，開中火燜煮10分鐘至蔬菜變軟。
3. 在中華鍋或平底鍋加入麻油與生薑來炒，炒出香味後把2連煮汁一起加入，迅速拌炒。
4. 加中華高湯素，用鹽、胡椒調味，加太白粉水勾芡。盛入容器，灑上佐料的蔥末。

雖然是燜煮，但只要加醬油與麻油，就變得濃郁有風味。

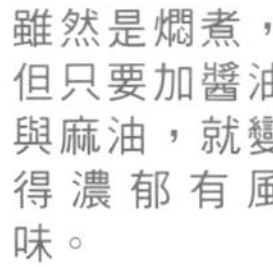

這裡是要領！

副菜
粉絲裙帶菜湯

材料
- 粉絲（乾燥） ………… 10g
- 裙帶菜（乾燥） ………… 10g
- 中華高湯素 ………… 2小匙
- 麻油 ………… 1小匙
- 鹽、胡椒 ………… 各少量

作法
1. 粉絲與裙帶菜用充足的水泡軟後切成適當大小。
2. 在鍋煮沸熱水2杯，放入1煮軟。
3. 用中華高湯素、麻油、鹽、胡椒調味，依喜好加芝麻。

從副菜可分取的食材
粉絲——從輕度咀嚼期起可吃
裙帶菜——從只會吞嚥期起可吃

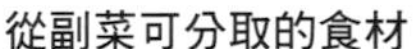

FOR BABY

用力咬嚼期

僅這1道
份量、營養均滿分

孩童中式丼

作法
1. 從大人的中式燜煮的2，分取蔬菜合計30g、豬肉18g。
2. 蔬菜與豬肉切成適當大小。
3. 在小鍋加水1/4杯，加2煮，煮開後用極少量的麻油來添加香味。用太白粉水勾芡，淋在軟飯90g上。

輕度咀嚼期

滑溜的口感
吃起來很過癮

料多的粉絲湯

作法
1. 從大人的中式燜煮的2分取蔬菜合計20g、豬肉15g，從粉絲湯分取粉絲與裙帶菜各少量。
2. 蔬菜與豬肉切成適當大小，粉絲與裙帶菜切碎。
3. 在小鍋加水1/4杯，加2快煮。

含住壓碎期

僅蔬菜的精華
就很美味

中式菜稀飯

作法
1. 從大人的中式燜煮的2，分取大白菜與紅蘿蔔合計20g。
2. 把1與米飯2大匙切碎。
3. 在小鍋加入水1/2杯，加2煮軟。

只會吞嚥期

分取大白菜容易搗碎的
梗部

大白菜紅蘿蔔粥

作法
1. 從大人的中式燜煮分取大白菜與紅蘿蔔合計10g。
2. 把1放入耐熱容器，灑少許水，在微波爐加熱30秒，加熱後搗碎。
3. 與同樣搗碎變軟的10倍濃稠粥混合。

主菜

健康豆漿鍋

材料

大白菜	1/6株
青江菜	1株
長蔥	1根
馬鈴薯	1個
玉蕈	1/2包
雞腿肉	1片
生鮭魚	2片
木綿豆腐	1/2塊
烏龍麵	1坨
高湯	1又1/2杯
豆漿	1又1/2杯
薄口醬油	4大匙
味霖	4大匙

作法

1. 大白菜切成一口大小，青江菜縱切一半，長蔥斜切3cm長。馬鈴薯切成1cm厚的圓片，玉蕈切去根部弄散。豆腐切塊，雞腿肉、鮭魚切成一口大小。
2. 在鍋倒入高湯來煮，加入豆腐與蔬菜一起煮軟。
3. 蔬菜煮熟後放入雞肉與鮭魚，煮熟。
4. 倒入豆漿來煮，煮開後加醬油與味霖調味。材料快要吃完時再加烏龍麵。

推薦

各種鍋物

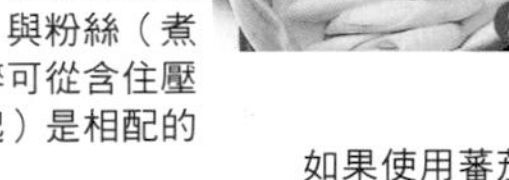
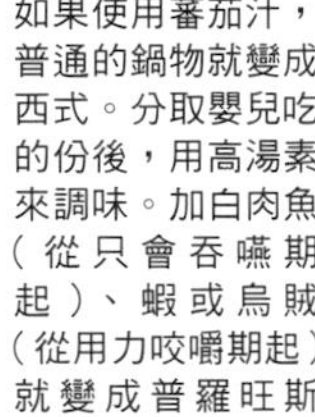

韓國泡菜味

分取嬰兒吃的份後，把韓國泡菜連湯汁一起加入就變成大人吃的風味。豬肉（從輕度咀嚼期起）與粉絲（煮軟切碎可從含住壓碎期起）是相配的材料。

味噌味

分取嬰兒吃的份後，加味噌就變成不同的風味。也可直接放入豆漿鍋溶解。玉米醬（從輕度咀嚼期起）或牡蠣（從輕度咀嚼期起）也值得推薦。

蕃茄風味

如果使用蕃茄汁，普通的鍋物就變成西式。分取嬰兒吃的份後，用高湯素來調味。加白肉魚（從只會吞嚥期起）、蝦或烏賊（從用力咬嚼期起）就變成普羅旺斯風。

FOR BABY

用力咬嚼期

料多讓嬰兒吃得滿足！

豆漿煮蔬菜烏龍麵

作法

1. 從大人的豆漿鍋的4，分取蔬菜合計30g、雞肉與鮭魚合計15g、煮汁70ml，入鍋前的烏龍麵1/4坨
2. 蔬菜切成適當大小。雞肉與鮭魚去皮切成適當大小。汆燙的烏龍麵切成3cm長。
3. 在小鍋加煮汁與水70ml來煮，加2把烏龍麵煮軟。

輕度咀嚼期

利用滲入蔬菜的美味

鮭魚義大利飯

作法

1. 從大人的豆漿鍋的4，分取蔬菜合計20g、鮭魚15g、煮汁1大匙。
2. 蔬菜切成適當大小，鮭魚去皮後撕碎。米飯60g大致切碎。
3. 在小鍋加煮汁與水1/3杯來煮，煮開後加1，把米飯煮軟成稀飯。

含住壓碎期

不同的材料或風味能品嘗不同的風味

日式燉蔬菜

作法

1. 從大人的豆漿鍋的2，分取玉蕈除外的蔬菜合計20g、豆腐30g、煮汁1/2杯。
2. 蔬菜切碎，與湯汁一起放入小鍋來煮。
3. 把豆腐撕碎放入2快煮，加太白粉水勾芡。

只會吞嚥期

豆漿柔和的味道最適合嬰兒

豆漿煮大白菜

作法

1. 從大人的豆漿鍋物的2，分取大白菜15g、入鍋前的豆漿3大匙。
2. 把大白菜搗碎（下列照片左）後與豆漿混合，在微波爐加熱30秒。

搗碎大白菜　豆漿

「豐富午餐」分食

利用剩的義大利麵大變身

義大利麵煎餅（蛋包義大利麵）

材料（大人4人份）

熟義大利麵 …………………… 160g
蛋 ………………………………… 6個
水煮蕃茄 ………………………1罐
洋蔥末 ………………… 1/2個份
鹽、胡椒 ………………… 各少量
橄欖油 …………………………4大匙

作法

1. 在平底鍋加熱少許油，放入洋蔥末來炒。加水煮蕃茄煮10分鐘，製作蕃茄醬（嬰兒也要用，因此不調味）。
2. 在容器放入蛋汁1/2杯與1，加鹽、胡椒調味，再加冷卻的義大利麵。
3. 在平底鍋加熱橄欖油後倒入2，用筷子輕輕攪拌炒成半熟狀。
4. 炒熟後滑入盤，再倒扣回平底鍋，以翻面的狀態把裡面充分煮熟。煮熟後放入170℃的烤箱烤7分鐘。
5. 散熱後切塊，淋上少量蕃茄醬（份量外）。

適合與媽媽的好友一同品嘗

加料烤麵包

材料

法國長棒麵包（切片）……… 4片
蕃茄 ………………………………大1個
黑橄欖 ……………………………6粒
橄欖油 ………………………… 2大匙
鹽、胡椒 ……………………… 各少量

作法

1. 麵包略為烘烤。
2. 蕃茄用熱水汆燙後去皮，切一半去籽切碎。黑橄欖去籽後切碎，加橄欖油、鹽、胡椒調味，放在1上。灑上切碎的巴西利葉就更添美味。

FOR BABY

含住壓碎期

蕃茄牛奶義大利麵

作法

1. 把煮軟的義大利麵30g切碎。
2. 蕃茄醬2大匙加義大利麵與適量的水來煮，煮成濃稠後加少量奶粉或鮮奶。

只會吞嚥期後期

義大利麵粥

作法

把煮軟的義大利麵20g搗碎成稀爛狀，把少量蕃茄醬研磨過濾後放上。

用力咬嚼期

義大利麵乳蛋餅

作法

1. 把煮軟的義大利麵30g切成1cm長。
2. 蛋1/2個加鮮奶2大匙與1、蕃茄醬、切碎的荷蘭芹各少量混合，倒在鋪保鮮膜的小盤，在300W的微波爐加熱3分鐘。

輕度咀嚼期

蕃茄煮蛋包

作法

用半量的水把蕃茄醬3大匙調稀，把蛋包義大利麵30g切碎後加入來煮。

蕃茄的風味提升食材的美味

蛤蜊蕃茄義大利湯麵

材料

管狀通心麵（義大利麵）…100g
洋蔥 …………………………………1/4個
水煮蕃茄罐頭 ………………… 1/2罐
橄欖油 ………………………… 1大匙
甜椒（紅、黃）…………各1/3個
帶殼蛤蜊（吐沙）…………20個
水 …………………………………………1杯
鹽、胡椒 ………………………… 各少量
巴西利葉（歐芹）…………適量

作法

1. 通心麵煮熟。
2. 洋蔥切碎，紅椒與黃椒切成塊狀。蛤蜊洗淨。
3. 在平底鍋加熱橄欖油來炒洋蔥，搗碎水煮蕃茄後加入。煮3分鐘變濃稠，加太白粉水勾芡、煮軟。
4. 把蛤蜊與通心麵加在3中，用鹽、胡椒調味，蛤蜊煮開口就盛入容器，配巴西利葉。

塗抹炒香的碎大蒜令人胃口大開

大蒜麵包

材料

法國長棒麵包（切片）………4片
大蒜 ……………………………1～2瓣
橄欖油 ……………………………2大匙
鹽・辣椒（粉）…………各少量

作法

大蒜切碎後與橄欖油混合，塗抹在麵包上，在烤麵包機或170℃的烤箱烤5分鐘，灑鹽與辣椒粉。

FOR BABY

含住壓碎期

通心麵湯

作法

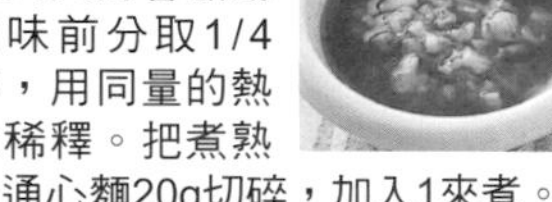

從大人的蕃茄湯調味前分取1/4杯，用同量的熱水稀釋。把煮熟的通心麵20g切碎，加入1來煮。

只會吞嚥期後期

紅椒義大利麵糊

作法

把剝皮的紅椒與煮熟的通心麵各15g切碎，加水2大匙，在微波爐加熱2分鐘，搗碎成稀爛狀。

用力咬嚼期

蕃茄通心麵

作法

1. 從大人用煮濃的水煮蕃茄分取3大匙，加水1大匙稀釋。
2. 把煮熟的通心麵50g切成圓片，與1混合。也可分取大人的蛤蜊，切碎後加入。

輕度咀嚼期

蛤蜊義大利飯

作法

1. 蛤蜊3個，加水1/2杯煮，開口後挖出肉切碎。
2. 把煮熟的通心麵40g切碎成米飯狀。
3. 用濾網過濾蛤蜊的煮汁，與1、2一起煮。

蔬菜豐富能以沙拉般品嘗

炒烏龍麵

材料（大人1人份）
熟烏龍麵 ……………………………1坨
培根（添加物少的）…………2片
洋蔥 ………………………… 小1/2個
小蕃茄 ……………………… 5～6個
萵苣 …………………………… 1片
柴魚片 ………………………… 適量
醬油 …………………………1大匙

作法
1. 培根切成2cm寬。洋蔥切成薄片，小蕃茄橫切一半，萵苣撕塊。烏龍麵輕輕弄散。
2. 在耐熱玻璃製容器放入烏龍麵、培根、洋蔥，灑水2大匙，覆蓋保鮮膜加熱2分鐘，取出攪拌混合，再加熱2分鐘。
3. 再取出攪拌混合，加醬油1大匙混合，再加熱2分鐘
4. 趁熱加小蕃茄與萵苣，盛入容器，灑上柴魚片。

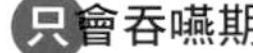

FOR BABY

含住壓碎期

嬰兒煮烏龍麵

作法
1. 從大人的炒烏龍麵的1分取整粒小蕃茄1個、萵苣1片，從2分取烏龍麵30g、洋蔥4～5片。

2. 烏龍麵與洋蔥、萵苣切碎後放入耐熱容器，加蔬菜湯1/4杯，加入1分30秒。
3. 蕃茄劃上十字形刀痕，加熱10秒後去皮去籽、切碎。與2混合，灑上少量起司粉。

只會吞嚥期

蕃茄烏龍麵

作法
1. 從大人的炒烏龍麵的1分取蕃茄1個份與烏龍麵10g。
2. 在烏龍麵加蔬菜湯3大匙，放入耐熱容器，在微波爐加熱1分30秒，研磨過濾。
3. 蕃茄去籽後放入耐熱容器，加熱10秒後研磨過濾，加在2中。如果不易吞嚥，就再加蔬菜湯調稀。

用力咬嚼期

炒烏龍麵配蕃茄

作法
1. 從大人的炒烏龍麵的1分取蕃茄2個、萵苣3片，從2分取烏龍麵90g、培根6片、洋蔥5～6片。

2. 烏龍麵切成適當大小，培根去除脂肪，與洋蔥一起大致切碎。放入耐熱容器，加水2大匙加熱1分鐘。加切碎的萵苣，灑少量起司粉。
3. 蕃茄去皮去籽，配炒烏龍麵。

輕度咀嚼期

西式煮烏龍麵

作法
1. 從大人的炒烏龍麵的1分取蕃茄1個與萵苣2片，從2分取未調味的烏龍麵60g與洋蔥4～5片。

2. 烏龍麵大致切碎，洋蔥與萵苣、去籽去皮的蕃茄大致切碎。
3. 把2放入耐熱容器，加蔬菜湯1/4杯加熱1分鐘強，灑上少量起司粉。

辣咖哩味是重點

雞肉奶油咖哩風味通心麵

材料
螺旋狀通心麵（義大利麵）200g
洋蔥 ……………………… 1/2個
雞腿肉 …………………… 1/2片
鮮奶油 …………………… 1/2杯
鮮奶 ……………………… 1/3杯
咖哩粉 …………………1/2小匙
鹽、胡椒 ………………各少量
沙拉油 ……………………… 少量
細葉香芹 …………………… 適量

作法
1. 洋蔥與雞肉切成1cm塊狀。
2. 在平底鍋加熱沙拉油，放入1來炒。炒熟後加鮮奶與鮮奶油，煮到稍微濃稠，加鹽・胡椒・咖哩粉來調味。
3. 通心麵煮熟後加2，與醬一起拌後盛入容器。依喜好放上細葉香芹等香草來裝飾。

在濃郁的通心麵添加清爽味

水果沙拉

材料
夏橙 ……………………………… 1個
草莓 ……………………………… 8粒
原味優格 ……………………4大匙

作法
1. 夏橙剝皮後取出果肉。草莓洗淨後切成4等份。
2. 盛入容器，淋上優格。

FOR BABY

用力咬嚼期

焗烤雞肉奶油

作法
1. 從大人用的雞肉奶油醬調味前分取3大匙，雞肉去皮後切碎。

2. 用2大匙水調稀1，與煮軟切成適當大小的通心麵40g混合。盛入容器，放上1撮能融化的乳酪，在烤箱烤5分鐘。

只會吞嚥期

牛奶通心麵粥

作法
把煮軟切碎的通心麵20g搗碎，加用熱水溶解的奶粉，或少量加熱的鮮奶混合。

用力咬嚼期

雞肉奶油烤菜

作法
1. 大人用的雞肉奶油醬，在加調味之前，取出3大匙雞肉去皮切碎。。

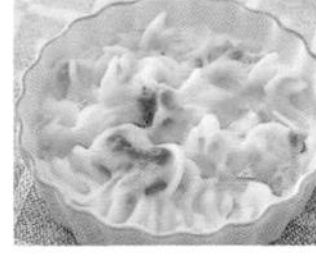

2. 把1用2大匙的水調稀，混合煮軟切碎的400g通心粉，放入容器，加1撮起司在烤箱烤5分鐘。

輕度咀嚼期

通心粉扮奶油醬

作法
1. 為大人調味醬用炒煮的洋蔥，取1大匙大致切碎後加牛奶和水各2大匙煮。

2. 把煮軟的通心麵粉40g切碎，和1混合後，以少量太白粉水勾芡。

從大人吃的「小菜」分食

充分滲出蔬菜的美味

燜煮蔬菜

材料
- 大白菜 ………… 200g
- 洋蔥 ………… 1/2個
- 香菇 ………… 3個
- 南瓜 ………… 100g
- 青花菜 ………… 1/2個
- 橄欖油 ………… 1又1/3大匙
- 大蒜 ………… 1瓣
- 水煮蕃茄罐頭 ………… 1罐
- 固體高湯 ………… 1/2個
- 鹽、胡椒 ………… 各少量

作法
1. 大白菜切成3cm塊狀，洋蔥切成2cm塊狀。香菇去蒂後切半，南瓜切成一口大小，青花菜分成小朵。
2. 在鍋中加橄欖油與搗碎的大蒜來炒，炒出香味後放入洋蔥炒到透明。依序加入大白菜、香菇、南瓜、青花菜，再加水煮蕃茄罐頭拌炒。
3. 在2加水1杯，蓋上鍋蓋，用小火把蔬菜煮軟，加固體高湯、鹽．胡椒來調味。

含住壓碎期

蔬菜豐富的麵包粥

FOR BABY

作法
1. 從大人的燜煮蔬菜的2分取大白菜、洋蔥、香菇、青花菜、蕃茄合計20g，切碎。
2. 在小鍋放入嬰兒食品的高湯1/4杯與1來煮，把切8片吐司麵包的1/2片撕碎加入來煮。

在事先準備時分取

綠蘆筍炒豆腐

材料
- 綠蘆筍 ………… 200g
- 木綿豆腐 ………… 1塊
- 麻油 ………… 1大匙
- 鹽．胡椒 ………… 各少量
- 柴魚片 ………… 5g

作法
1. 綠蘆筍切去根硬的部分，斜切後汆燙，瀝乾水分。
2. 豆腐用手撕成大塊放在濾網，瀝水15～20分鐘。
3. 在平底鍋加熱麻油，放入豆腐來炒。炒出顏色後加綠蘆筍快炒，用鹽、胡椒調味。加柴魚片攪拌均勻後熄火。

只會吞嚥期

綠蘆筍豆腐泥

FOR BABY

作法
1. 從大人的炒豆腐的1分取10～15g的綠蘆筍，從2分取1大匙豆腐。
2. 把1放入小鍋，加嬰兒食品的高湯來煮，煮軟後搗碎。

能以沙拉感覺品嘗而有人氣

牛奶煮南瓜鮪魚

材料
- 南瓜 ………… 1/4個（250g）
- 鮪魚（水煮、無添加食鹽）…1小罐
- 鮮奶 ………… 1杯
- 月桂葉 ………… 1片
- 荳蔻、大蒜泥、鹽、胡椒 各少量

作法
1. 南瓜去籽去囊後切成一口大小。
2. 在鍋中加1、瀝乾罐頭湯汁的鮪魚、水3/4杯，蓋上鍋蓋，開中火來煮。南瓜煮軟就加鮮奶來煮。
3. 煮開後加月桂葉、荳蔻、大蒜泥、鹽、胡椒等調味。煮2～3分鐘不要煮沸，讓全體入味。

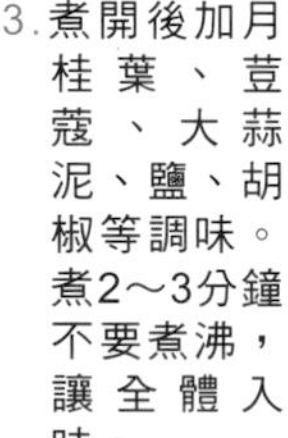

含住壓碎期

南瓜拌鮪魚

FOR BABY

作法
1. 從大人的牛奶煮南瓜鮪魚的2分取南瓜1片的果肉部分與鮪魚1小匙弱。
2. 用湯匙背大致壓碎1，加少量煮汁煮軟。

從燜煮帶出高麗菜的甜味

蕃茄煮高麗菜

材料
- 高麗菜 ………… 1/4個
- 鮪魚罐頭（水煮．無添加食鹽）…2小罐
- 蕃茄水煮罐頭 ………… 1罐
- A 砂糖 ………… 1/2小匙
  - 鹽、胡椒 ………… 各少量
  - 月桂葉 ………… 1片

作法
1. 高麗菜切成4～5cm塊狀。鮪魚瀝乾罐頭湯汁後撕碎。罐頭蕃茄大致搗碎果肉。
2. 把高麗菜攤開放入鍋，灑入水1/4杯，蓋上鍋蓋來煮。煮開後改小火，慢慢燜煮15～20分鐘變軟。
3. 放上鮪魚與蕃茄果肉，加罐頭蕃茄的湯汁與A煮。

只會吞嚥期

牛奶煮高麗菜

FOR BABY

作法
1. 從大人的蕃茄煮高麗菜的2分取高麗菜1片，搗碎後放入小鍋，加淹過材料的水來煮。
2. 在1加溶解的奶粉或鮮奶3大匙煮開。

改造 4　爸爸也愛吃！

美味又濃郁

大白菜炒粉絲

材料

大白菜 …… 2片
粉絲 …… 40g
長蔥1根、紅椒1個 、鮮香菇3朵
麻油適量、牛絞肉100g
A 醬油1又1/2大匙、砂糖1大匙、麻油1/2小匙、大蒜末1/3小匙
B 白芝麻少量、鹽、胡椒各少量

作法

1. 粉絲燙煮後切成適當長度。
2. 大白菜、長蔥、紅椒切成4cm長後切絲，香菇去梗後切成薄片。
3. 在小鍋中加少量麻油，加熱，把絞肉炒鬆散，加A調味，散熱後放在濾網上分開煮汁與材料。
4. 粉絲放入容器，逐次淋上3的煮汁，使味道滲入。不要一次全部加入。
5. 在平底鍋中加入少量麻油，加熱，依序加入蔥、紅椒、香菇、大白菜來炒，炒熟後加3、4混合拌炒，加B調味。

用力咬嚼期

中式滑蛋

作法

1. 從大人的大白菜炒粉絲的5，分取調味前的大白菜炒粉絲1/4杯放入小鍋，加稀釋的嬰兒食品中華高湯1/2杯來煮。
2. 用少量太白粉水勾芡，淋入蛋汁1/2個份煮熟。

鬆軟的炒蛋有柔和味

豌豆莢雞胸條肉炒蛋

材料

豌豆莢 …… 150g
雞胸條肉（去筋）…… 3條
高湯 …… 1又1/4杯
酒 …… 1大匙
A 味霖1/2大匙、醬油1/2小匙、鹽1/4小匙、蛋1個

作法

1. 豌豆莢去蒂去筋。雞胸條肉切成一口大小。
2. 在鍋放入高湯與酒來煮，煮開後加雞胸條肉，撈出浮泡煮3～4分鐘，加豌豆莢煮5～6分鐘變軟。
3. 把A加在2中來煮，淋入蛋汁，煮到喜好的熟度。

用力咬嚼期

豌豆莢雞胸條肉煮蛋

作法

1. 從大人的完成菜餚分取雞胸條肉1/2片（15g以下）與適量的其他材料，切碎。
2. 在1加少量高湯來煮，煮到蛋全熟。

加絞肉後不要煮過頭是要點

絞肉煮紅蘿蔔

材料

紅蘿蔔 …… 1根（200g）
高湯 …… 2杯
酒 …… 2大匙
雞絞肉（胸條肉或胸肉較佳）100g
A 醬油1大匙、砂糖1/2大匙、太白粉 1大匙

作法

1. 紅蘿蔔斜切成1cm厚。
2. 在鍋加高湯與酒來煮，煮開後加紅蘿蔔，蓋上鍋蓋燜煮15～20分鐘。
3. 在2加雞絞肉迅速混合，再煮開後撈出浮泡、煮熟。
4. 加A調味，煮4～5分鐘入味。用同量的水溶解太白粉後加入，攪拌混合勾芡。

輕度咀嚼期

高湯煮紅蘿蔔大豆

作法

1. 從大人的絞肉煮紅蘿蔔的2，分取紅蘿蔔20g，大致切碎。
2. 水煮大豆20g剝皮後大致搗碎，與1一起放入小鍋，加少量高湯來煮。

愈煮愈美味

白菜捲

材料

大白菜（大片葉）…… 4片
培根 …… 3片
牛油、鹽、胡椒 …… 參照作法
A 雞絞肉150g、洋蔥末1/3個份、麵包粉3大匙、鮮奶3大匙
B 水煮蕃茄罐頭100g、固體高湯1個、水2杯、月桂葉1片

作法

1. 把大白菜放入加鹽的熱水燙煮變軟。
2. 用牛油2大匙炒A的洋蔥，加與鮮奶混合的麵包粉、雞絞肉、鹽少量搓揉混合。
3. 用1的大白菜包起1/4量的2，排除空氣，同樣包好其餘3個。
4. 在鍋融化牛油1大匙，放入切成1cm寬的培根來炒，炒出油脂就熄火。把3的大白菜接縫朝下排放裝盤。
5. 在4加入B，開火。
6. 煮沸後，偶爾撈起泡沫，蓋子蓋上，以小火煮1小時，以少量的鹽、胡椒調味。

輕度咀嚼期

大白菜拌飯

作法

1. 從大人的白菜捲的6，分取調味前白菜捲的大白菜20g與肉的部分15g、少量蕃茄，切成適當大小。
2. 把軟飯80g與1混合。

有益的NOTE

來吧，與嬰兒一起在晴空下！

利用分取的菜餚烹調斷奶食物之野餐便當

注意水分或溫度管理避免腐壞

便當與外食一樣，不必太在意營養均衡的問題。從平時的飲食來調節即可。

最重要的是衛生方面。嬰兒的抵抗力弱，因此勿讓食物腐壞是鐵則。水分多就容易增生細菌，因此盡量加少量水分來烹調。主食食材如飯糰等，盡量做成簡單的形狀，在當地添加熱水或水分做成適合寶寶吃的食物。

此外，溫度適中也是細菌增生的原因，因此保持熱騰騰的狀態，或做好後冷卻保存，在2～4小時內吃完。

當然在烹調時，烹調器具或容器、手都要保持清潔。

在心情好的日子，來到戶外吃便當最棒！以下介紹從大人的菜餚分取來烹調的3種便當，請務必一試！

分取的時機在「當地」「餵食寶寶前」！

FOR MOM&DOD

2種飯糰

作法

準備2小碗米飯。吻仔魚乾適量與醃梅3個切碎，與醬油調味的柴魚片4大匙混合，捏握成適當大小。

可樂餅

作法

馬鈴薯2個煮熟後剝皮，趁熱搗碎。洋蔥1/2個切碎後煮熟，與豬絞肉100g攪拌混合，加鹽、胡椒調味。依序沾上麵粉與蛋汁、麵包粉，用180℃的油來炸。

淡味煮物

作法

紅蘿蔔1/2根、油豆腐1塊、蒟蒻1/3片分別切成適當大小，用高湯1又1/2杯來煮。煮熟後加薄口醬油1大匙、味霖2大匙來煮。

煎蛋捲

作法

蛋4個與高湯3大匙、鹽1/3小匙、砂糖1大匙混合，逐次少量倒入平底鍋邊煎邊捲。

蜜豆

作法

打開蜜豆罐頭倒入其他容器，加入切碎的杏子乾與薄荷葉，再加檸檬汁。

用力咬嚼期

馬鈴薯餅

作法

在可樂餅加鹽、胡椒前，分取加肉與洋蔥的馬鈴薯泥，做成直徑2cm的扁平圓形2～3個，裝入其他容器攜帶。

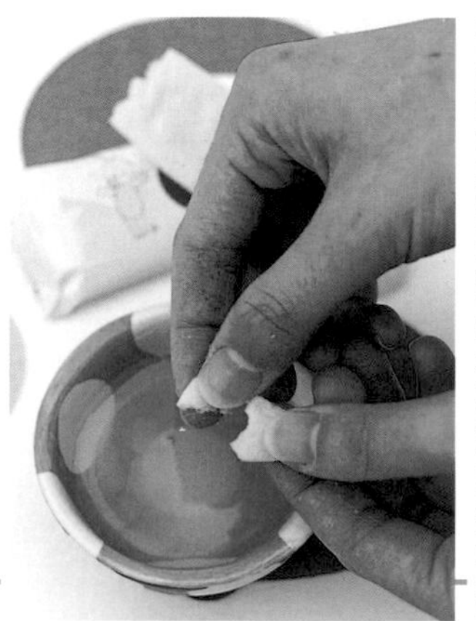

輕度咀嚼期

洋菜甜點

作法

把蜜豆倒入容器時，加入杏子與薄荷、檸檬前分取洋菜。在當地加熱水來調整甜味，把嬰兒餅乾捏碎加入。

含住壓碎期

碎紅蘿蔔油豆腐

作法

在製作淡味的煮物時，加入醬油與味霖前，分取碎紅蘿蔔與油豆腐，裝入其他容器攜帶。在當地把碎紅蘿蔔與油豆腐裡面的柔軟部分一起搗碎，加嬰兒食品的高湯或湯類、奶粉與熱水來調整稠稀度。

含住壓碎期

吻仔魚粥＋炒碎蛋

作法

在製作飯糰時，從加醃梅前的吻仔魚飯分取嬰兒吃的份。冷卻後，裝入煮沸消毒的嬰兒食品空瓶。在當地倒入熱水，蓋上瓶蓋燜成適當稠稀的粥。混合弄碎的炒蛋更美味

炸雞塊
作法
雞腿肉2片切成適當大小，灑上鹽、胡椒。在油炸粉加少量咖哩粉，裹在雞肉上，用加熱180℃的油來炸。

炸馬鈴薯片
作法
馬鈴薯2～3個切成梳子形，油炸後趁熱灑鹽。

敏豆泥＋蘇打餅乾
作法
白敏豆（水煮罐頭）400g放入食物調理機攪打成糊狀，加白葡萄酒醋與橄欖油各1又1/2大匙、細葉香芹、俄勒岡末各少量，用鹽、胡椒調味。無鹽蘇打餅乾另外攜帶，到當地再塗抹。

冷通心粉
作法
螺旋狀通心粉200g煮熟後加橄欖油來拌、冷卻。小蕃茄4個切成4塊，鯷魚2片切碎，橄欖8個切成圓片，薩拉米香腸30g與鮮奶油乳酪30g切塊，與罐頭玉米30g混合。市售的調味醬另外攜帶，帶到當地再拌。

凱薩沙拉
作法
萵苣、水芹、西生菜、野苣等葉菜類撕成適當大小，與罐裝白蘆筍混合裝入容器攜帶。在當地用市售的調味醬來拌，灑上烤麵包塊與起司粉。

蔬菜湯
作法
紅蘿蔔1/4根、洋蔥1/4個、西芹1/3根、白蘿蔔3cm全部切絲，在450～500ml的水中溶解1個高湯塊，放入所有材料來煮。加鹽、胡椒調成淡味。

水果&優格
作法
橘子不易腐壞，因此可剝皮後把果肉裝入容器攜帶。在當地用1人份包裝的優格來拌。

炸海鮮三明治
作法
白肉魚片、蝦、烏賊各適量，加鹽、胡椒，依序沾上麵粉、蛋汁、麵包粉油炸。冷卻後裝入容器，麵包捲或三明治用麵包、韃靼醬分開裝好，在當地現做。

FOR BABY
從「三明治便當」分取

只會吞嚥期 優格水果泥
含住壓碎期 麵包粥
含住壓碎期 碎白肉魚蔬菜
用力咬嚼期 三明治捲

分取的要點

輕度咀嚼期
碎通心粉
作法
煮通心粉時，大人的份依照包裝上標示的時間煮好後撈出，剩下少量再多煮2～3分鐘給嬰兒吃，冷卻後裝入容器。在當地切碎，用市售嬰兒食品的醬來拌，把冷通心粉的小蕃茄切成適當大小放上。

只會吞嚥期
敏豆湯
作法
製作敏豆泥時，在調味前分取少量敏豆攜帶。在當地用嬰兒食品的西式高湯與熱水調成稀爛的湯。也可調稠塗抹在麵包或嬰兒餅乾上。

含住壓碎期
碎白肉魚蔬菜
作法
在當地分取蔬菜湯的材料與炸海鮮的白肉魚柔軟的肉，用磨缽磨碎，加熱水來調節稠稀度。

只會吞嚥期
優格水果泥
作法
前一天把罐裝桃子1/4片研磨過濾後，裝入可冷凍的容器（利用做冰的杯子就方便）冷凍。出發當天與優格一起裝入保冷劑攜帶。在當地把融化的桃子泥與優格1～2大匙混合。在含住壓碎期以後，也可把橘子切碎加入。

用力咬嚼期
青花菜優格餅乾
作法
煮通心粉時放入青花菜1朵一起煮，煮軟後冷卻裝入容器。在當地把花穗部分切碎，與另外準備的原味優格混合，塗抹在嬰兒餅乾上。

含住壓碎期
蘇打餅乾泡香蕉牛奶

作法
在當地搗碎香蕉，以幼兒用鮮奶調稀後，與捏碎的蘇打餅乾混合變軟。配合嬰兒的月齡可改用優格和布丁混合。

用力咬嚼期
三明治捲
作法
把搗碎的白肉魚與蔬菜塗抹在吐司麵包上，用保鮮膜捲起，切成適當大小。

含住壓碎期
麵包粥
作法
在當地分取蔬菜湯的材料紅蘿蔔、白蘿蔔等搗碎，加熱水調稀。把攜帶的吐司麵包的柔軟部分撕碎放入。

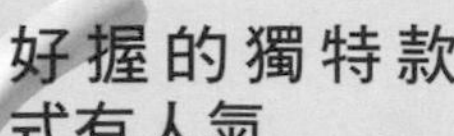

有益的NOTE

準備這些用具在用餐時就更有趣

用餐與外出時方便的用具

設計性、功能性均卓越的用餐器具大集合。
高明選擇就能成為媽媽有力的幫手！

餐具（刀叉湯匙類）

「適用性」依時期而異。可配合使用時期或喜好來挑選。

好握的獨特款式有人氣

握柄粗，吻合嬰兒小手的曲線為特徵。從開始「自己吃」起值得推薦。

柔軟的口感在初期值得推薦

湯匙的尖端柔軟，能把容器中的食物舀乾淨來吃。

自然食材才有的溫和使用感

推薦給討厭塑膠或金屬口感的孩子，凹部淺，因此能舀起適合嬰兒一口的量。

圍兜

能接到吃掉下來的食物，清理也容易，因此很有人氣。

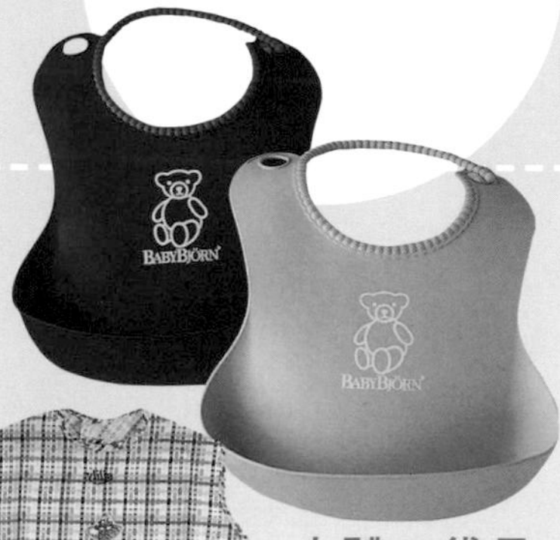

完全覆蓋衣服而避免弄髒

連寶寶衣服的袖子也能覆蓋的款式。袖口是鬆緊帶，因此湯湯水水的菜餚也不必擔心。

利用吸盤把衣襬固定在桌上

能覆蓋寶寶與桌子之間縫隙的圍兜。圍兜內側的吸盤可固定在桌上。

立體口袋是暢銷的理由

緊貼寶寶的身體，使用時有舒適感。口袋能接到吃掉下來的食物為特徵。

盤

穩定感與容易使用是選購的要點；媽媽容易操作也很重要。

寶寶想自己吃時可以自然支撐

穩定感卓越，附帶不易翻倒、滑溜的底盤。盤的角度能讓嬰兒容易舀起食物。

水分多的菜餚也能安心的深盤型

選擇盤時不一定要堅持嬰兒專用品目。這種盤能少量盛裝2種菜餚而非常好用。

能少量盛裝各種菜餚的媽媽用盤

媽媽能拿著盤來餵食寶寶的調色盤型。附帶磨缽，因此可視寶寶進食狀況來調節。

帶寶寶外出＆外食用具

在外出地用餐時，攜帶嬰兒用品是成功的祕訣。

壓碎＆切麵器

把烏龍麵切碎或搗碎蔬菜等，外食用的常備品目。分取大人的菜餚時也好用。

拋棄式圍兜

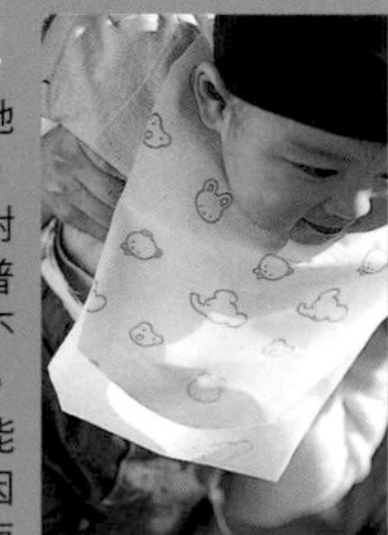

適合在外出地使用的圍兜，值得推薦給對長時間攜帶普通圍兜感覺不方便的媽媽。不佔空間且能立即丟棄，因此在旅行或返鄉時最實用。

攜帶式盒裝湯匙＆叉子組

專用盒裝的餐具是常帶寶寶外出的媽媽必備的品目。攜帶時能保持清潔，用餐後也不會弄髒其他物品。

坐椅

每天使用，因此坐起來舒適且容易清理是挑選時的要點。

可調整座面的高度與深度，因此能調整適合嬰兒到學童期、大人來坐。

可一直使用到成人前

在外出地能迅速設置成桌子的摺疊型

能摺疊的小型用餐椅。座位的高度可3段式調整，因此可從5個月大用到3歲左右。

解決疑問篇

完全解決斷奶食物的「不了解！」「困惑！」

嬰兒能吃的食物・不能吃的食物解決疑問Q&A

對初次進行斷奶食物充滿「不了解」與「困惑」。
尤其迷惑的是食材的選法。
以○△×與Q&A
一次解決不知能否餵食的疑惑！

PART4

解決疑問篇

從何時起就沒問題？

嬰兒能吃的食物VS.不能吃的食物

食材全指南

斷奶時期或幼兒食物期的孩子，消化能力尚未成熟。因此有些食物「能吃」、有些食物「不能吃」。以下用○或×、△，從何時起就沒問題來淺顯易懂介紹食材指南。

○△×

細菌

嬰兒對細菌的抵抗力弱

不能吃生的食材，食材經過加熱是「鐵則」

嬰兒不能吃生食。因為可能會導致細菌感染（食物中毒），譬如生魚片就不能吃。餵食的食材全部都要煮熟，或在微波爐加熱為鐵則。各地的飲食文化均不同，因此不能一概而論，但生魚片或生蛋必須8歲過後才能吃。

咀嚼

嬰兒還不會咀嚼、吞嚥硬的食物

把食材做成嬰兒「能吞嚥的形狀」◎

嬰兒咀嚼、吞嚥功能的發展是先從「用舌」、接下來「用牙齦壓碎」而逐漸進步。能否配合嬰兒的成長，把食材烹調成容易吞嚥的形狀是一大要點。

要點在此

參照P14
基本中的「基本」③

綜合考量以上來加註記號

遵守量烹調成容易吃的形狀即可

從脂肪或鹽分等方面來看，對這個時期的嬰兒不會造成負擔而適合的食材。在只會吞嚥期、含住壓碎期等，大前提是「做成符合嬰兒咀嚼發展的形狀」「視嬰兒吃的狀況來逐步進展」。

視情況餵食少量偶爾調味

以「研究烹調形態」「視情況來逐步進展」等來考量能否餵食的食材。有些食材容易引起消化不良或過敏。此外，能餵食卻僅限少量的食材也屬於△。

不適合盡可能避免餵食

從該時期嬰兒的消化、吸收能力來看最好避免的食材，或不適合的食材。理由很多，如鹽分過多、脂肪過多、顧慮細菌感染等，請仔細閱讀。最好不要餵食的食材是×。

鹽分

腎功能尚未成熟時鹽分會造成負擔

了解加工食品的鹽分多

「過多的鹽分，對嬰兒未成熟的腎臟是很大的負擔。」在食材方面希望特別留意的是用肉或魚貝製作的加工食品（火腿類、魚板類等）。

含鹽分多而必須注意的食材加註的記號。使用時 1 天的合計鹽分量可能過多。如果媽媽1天的鹽分量在8g以下，斷奶食物的嬰兒則是1天1.5g為基準。

其他

一般對容易引起過敏反應的食材加註的記號。如果雙親或兄姊有過敏症狀、或曾有過過敏反映的孩子就要特別注意。過敏休克是指容易引起「休克」症狀的食材。

參照P160
食物過敏

過甜而必須注意的食材加註的記號。盡量少吃。嬰兒或幼童原本就喜歡甜味，但太甜會導致蛀牙，而且也可能對鹹味變得「偏好重口味」。雖有「享受」的要素，但在幼兒期還是盡量少吃，即使要吃也盡可能少量。

參照P46
零食

脂肪

過多的脂肪會造成內臟的負擔

避免油脂多的食材．菜餚

嬰兒吸收脂肪的能力弱，亦即「過多的脂肪會造成嬰兒內臟的負擔」。肉類等雖是重要的蛋白質來源食物，但脂肪多是缺點。這也是脂肪少的食材（白肉魚或雞胸條肉等）◎的理由。使用油的菜餚，從含住壓碎期就△或◎。

脂 含脂肪成分多而必須注意的食材加註的記號。如果全部吃完，以總量來說就會變成油膩的狀態。可能會造成腹瀉，而且又高熱量，因此請遵守基本量。

檢查主食的食材！

熱量來源食物

斷奶食物是從糖質（澱粉質）食物開始

糖質是形成能產生體溫、使肌肉或內臟等身體活動的熱量的重要營養素。因此含多量糖質（澱粉質）的食物稱為「熱量來源食物」。本書以此來稱呼澱粉質多而成為主食的食物。斷奶食物也是從這種澱粉質開始。因為即使嬰兒的腸胃尚未成熟，也可以順利的消化吸收。

一般來說，主食主要是米飯或麵包等穀類。不同的主食，搭配的副菜也不同。最好從嬰兒時期起就習慣以淡味料理為主的菜餚。

麵粉可做成煎餅，或與芋薯類組合做出變化。香蕉或玉米片等也可當作如零食般的主食。

穀類

最初餵食嬰兒的是米（粥）。
麵類或麵包含鹽分，請注意。

細麵

過敏

- 只會吞嚥期 ×
- 含住壓碎期 ◎
- 輕度咀嚼期 ◎
- 用力咬嚼期 ◎

只要煮爛就能從含住壓碎期起開始餵食。鹽分含量比想像中多，尤其手工細麵含油，因此建議煮熟後水洗。基準是含住壓碎期15g、輕度咀嚼期20g、用力咬嚼期30g。

蕎麥

休克 過敏

- 只會吞嚥期 ×
- 含住壓碎期 ×
- 輕度咀嚼期 △
- 用力咬嚼期 △

可能引起過敏的食物，因此在含住壓碎期前不要餵食。在輕度咀嚼期、用力咬嚼期也要看情況來慎重餵食。

米粉

- 只會吞嚥期 ×
- 含住壓碎期 △
- 輕度咀嚼期 ◎
- 用力咬嚼期 ◎

因有彈性，故從含住壓碎期後期起才能餵食。原料是米，味道爽口。依照產品標示泡軟，在濾網瀝乾水分，切成適當大小。

油麵

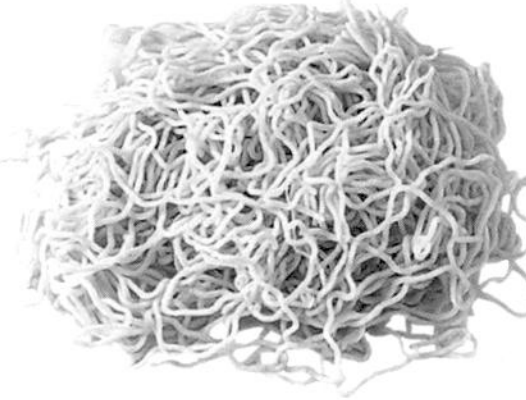

- 只會吞嚥期 ×
- 含住壓碎期 ×
- 輕度咀嚼期 △
- 用力咬嚼期 ◎

把鹼水（碳酸鈉或碳酸鉀）與麵粉搓揉而成。不易消化，因此使用時必須煮軟。

米飯

- 只會吞嚥期 ◎
- 含住壓碎期 ◎
- 輕度咀嚼期 ◎
- 用力咬嚼期 ◎

消化吸收好的澱粉質，是最不會造成胃腸負擔的主食，在多種主食食材中營養價值最高，最適合做為斷奶食物。

麵包

過敏

- 只會吞嚥期 △
- 含住壓碎期 ◎
- 輕度咀嚼期 ◎
- 用力咬嚼期 ◎

如果從預防過敏方面來考量，出生後6個月以後再餵食。基本上選擇白吐司麵包，雖然消化吸收不好，但只要烹調成容易吞嚥的就可以。

烏龍麵

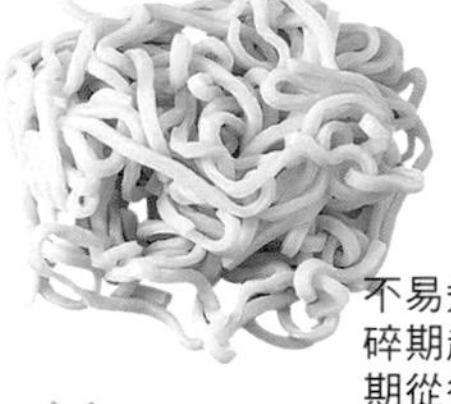

過敏

- 只會吞嚥期 △
- 含住壓碎期 ◎
- 輕度咀嚼期 ◎
- 用力咬嚼期 ◎

不易煮爛，因此從含住壓碎期起再餵食。只會吞嚥期從後期起就可以餵食，容易煮爛的乾麵條值得推薦，但麵含有鹽分，因此必須事先汆燙去除鹽分。

主食的1次量基準表

用力咬嚼期（1歲~1歲3個月大）	輕度咀嚼期（9~11個月大）	含住壓碎期（7~8個月大）	只會吞嚥期（5~6個月大）	
米飯　軟飯 80g ← 90g	軟飯　5倍濃稠粥（全粥） 80g ←（100g ← 90g）	5倍濃稠粥（全粥） 80g ← 50g	搗碎的粥 40g後期 ← 30g前期	米飯
1片 ← 8/10片 （45g ← 37g）	7/10片 ← 1/2片強 （33g ← 25g）	1/2片 ← 1/3片 （22g ← 14g）	1/4片 ← 1/6片 （11g ← 8g）	麵包 （切8片的吐司麵包）
1.5個 ← 1又1/4個 （155g ← 126g）	1個強 ← 4/5個 （112g ← 84g）	3/4個 ← 1/2個 （75g ← 46g）	1/3個 ← 1/4個 （37g ← 28g）	馬鈴薯
1/3坨強 ← 1/3坨 （112g ← 92g）	1/4坨 ← 1/5坨 （80g ← 60g）	1/6坨 ← 1/10坨 （54g ← 34g）	（27g ← 20g）	熟烏龍麵

從表來看，主食的基準量比想像中多，進入輕度咀嚼期後期起，軟飯是孩童飯碗8分滿；在用力咬嚼期是膨鬆的1碗。此外，基準量只是參考的基準而已，孩子不吃也不要勉強。畢竟連大人的食量也有很大的個人差異，嬰兒也有食量大小的差異。最重要的是把每一個人吃的量視為必要的量。

其他

有玉米或粉絲等意想不到的品目。可防止斷奶食物一成不變，變成快樂的斷奶食物時間。

香蕉

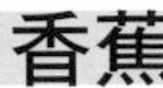

過敏

- 只會吞嚥期 ◎
- 含住壓碎期 ◎
- 輕度咀嚼期 ◎
- 用力咬嚼期 ◎

在斷奶食物中並不算是水果而是主食的同類。一開始加熱比較安心，又能增加甜味。用不完的香蕉用保鮮膜包起冷凍。使用時微波加熱解凍即可。

粉絲

- 只會吞嚥期 △
- 含住壓碎期 ◎
- 輕度咀嚼期 ◎
- 用力咬嚼期 ◎

原材料是澱粉。不易搗碎，因此從含住壓碎期起再餵食。不過只要能搗碎成稀爛狀，只會吞嚥期也能餵食。泡軟後加在湯中。

玉米片

- 只會吞嚥期 △
- 含住壓碎期 ◎
- 輕度咀嚼期 ◎
- 用力咬嚼期 ◎

從只會吞嚥期起就○，但僅限不加糖的原味型。只會吞嚥期可裝入塑膠袋用手指捏碎，放入奶粉或鮮奶中，微波加熱後搗碎。

玉米醬

- 只會吞嚥期 ◎
- 含住壓碎期 ◎
- 輕度咀嚼期 ◎
- 用力咬嚼期 ◎

如果是研磨過濾的類型，可直接使用，如果是帶薄皮，在只會吞嚥期必須研磨過濾再使用。可用來煮湯或稀飯、作醬料等，用途廣泛。

玉米粒

- 只會吞嚥期 ×
- 含住壓碎期 ×
- 輕度咀嚼期 ◎
- 用力咬嚼期 ◎

味道、顏色都有人氣，但即使煮軟還是帶有薄皮而不容易吃。如果先切碎，從輕度咀嚼期起就能餵食。不論是罐頭或冷凍食物，都以同樣方式烹調。

芋薯類

芋薯類加熱後容易搗碎，最適合做為斷奶食物。食物纖維豐富，因此對消除便秘也有效。

馬鈴薯

- 只會吞嚥期 ◎
- 含住壓碎期 ◎
- 輕度咀嚼期 ◎
- 用力咬嚼期 ◎

加熱就變軟，容易烹調成稀爛狀，味道清爽，從只會吞嚥期前期就能餵食的推薦食物。可煮湯或做成烤薯餅、煮物等。

蕃薯

- 只會吞嚥期 ◎
- 含住壓碎期 ◎
- 輕度咀嚼期 ◎
- 用力咬嚼期 ◎

甜的風味最受嬰兒喜愛。快熟，又容易搗碎，因此從只會吞嚥期起是方便的食材。肉質有黃色、紅色等不同的種類。慢慢加熱就會滲出甜味。

芋頭

過敏

- 只會吞嚥期 ×
- 含住壓碎期 ◎
- 輕度咀嚼期 ◎
- 用力咬嚼期 ◎

軟綿而容易吞嚥，但口部周圍容易發癢，請注意。很適合用來混合乾澀的食材。微波加熱就能方便使用。

山藥

過敏

- 只會吞嚥期 ×
- 含住壓碎期 ◎
- 輕度咀嚼期 ◎
- 用力咬嚼期 ◎

不要生吃。嬰兒必須經過加熱烹調，而且從含住壓碎期起再餵食。可做成煮物或煮湯，或磨成泥做成餅等。生的山藥泥在斷奶食物結束後視情況再餵食。

葛粉條

- 只會吞嚥期 △
- 含住壓碎期 ◎
- 輕度咀嚼期 ◎
- 用力咬嚼期 ◎

與麵條的感覺類似，從含住壓碎期起就能餵食。本來的原料是葛粉，但多數商品的主要原料都是馬鈴薯澱粉。泡軟後再烹調至柔軟。

義大利麵・通心粉

過敏

- 只會吞嚥期 ×
- 含住壓碎期 △
- 輕度咀嚼期 ◎
- 用力咬嚼期 ◎

義大利麵類的原料是高筋麵粉，因此比烏龍麵硬，強韌有嚼勁，久煮不爛。推薦在輕度咀嚼期以後餵食。

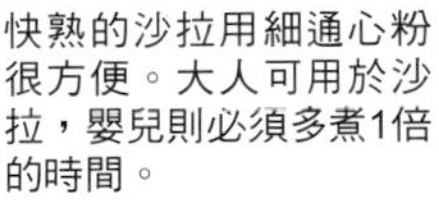

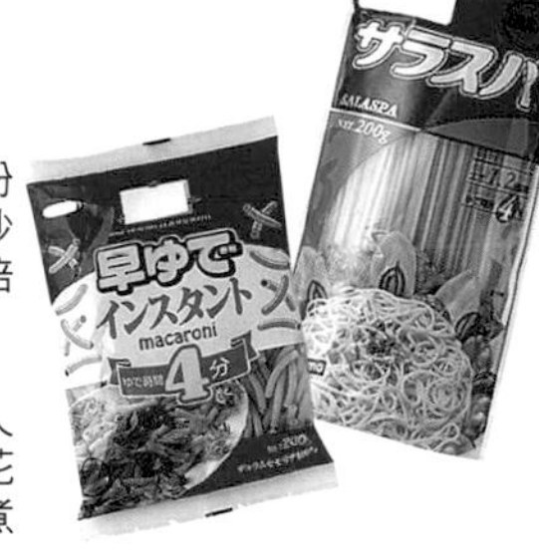

推薦快熟的種類

快熟的沙拉用細通心粉很方便。大人可用於沙拉，嬰兒則必須多煮1倍的時間。

通心粉是形狀多而有人氣的食材。快熟種類花不到一半的時間就能煮爛。

燕麥片

- 只會吞嚥期 △
- 含住壓碎期 ◎
- 輕度咀嚼期 ◎
- 用力咬嚼期 ◎

特別適合含住壓碎期。原料是磨碎的燕麥，食物纖維及營養豐富。加鮮奶或奶粉略煮，就變成柔軟的粥狀。有便秘傾向的嬰兒最適合食用。

煎餅

- 只會吞嚥期 ×
- 含住壓碎期 △
- 輕度咀嚼期 △
- 用力咬嚼期 ◎

如果使用市售的煎餅粉來製作，因含糖而建議少量使用。如果使用麵粉與鮮奶、蛋來製作，從輕度咀嚼期起就○。撕成適當大小，泡鮮奶來餵食。

烙餅

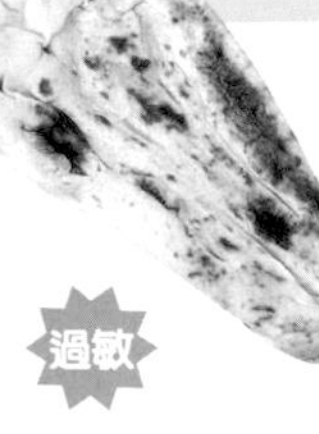

過敏

- 只會吞嚥期 ×
- 含住壓碎期 △
- 輕度咀嚼期 △
- 用力咬嚼期 ◎

印度北部的主食。麵粉加水搓揉後弄薄來烤，表面塗沙拉油。材料雖然沒問題，但太硬而不易吞嚥。建議在用力咬嚼期再餵食。

麻糬

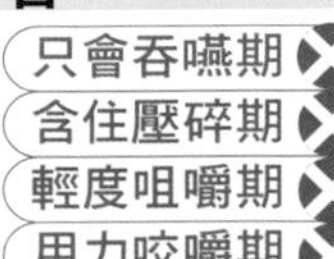

- 只會吞嚥期 ×
- 含住壓碎期 ×
- 輕度咀嚼期 ×
- 用力咬嚼期 ×

有阻塞喉嚨的危險，因此嚴禁餵食嬰兒。2歲前都不可餵食。如果是用糯米煮成的紅豆飯，只要煮成稀飯，把紅豆搗碎就能餵食。

烹調成容易吃為首要

維生素、礦物質來源食物

讓人元氣十足心情好的蔬菜類

維生素、礦物質的種類繁多，每一種都有重要的作用。舉例來說，有幫助身體吸收代謝熱量來源食物或蛋白質來源食物的功能。此外，也能保護皮膚或黏膜，調整全身的狀況。

蔬菜類是較不需要擔心引起過敏，而且對嬰兒的內臟較不會帶來負擔的食材。蔬菜類是攝取維生素、礦物質的重要來源，因此建議每天積極納入菜單。洋菜、羊栖菜、海苔、裙帶菜等海草類也值得推薦。牛蒡、蓮藕等根莖類蔬菜含豐富纖維，不易烹調成嬰兒容易吃的形態是缺點。建議磨成泥，逐步納入菜單中。

蔬菜類

平時不太使用的蔬菜或成為話題的健康蔬菜等，讓人不知該從何時起才能餵食。請參考以下各項。

竹筍（水煮）

只會吞嚥期△
含住壓碎期◎
輕度咀嚼期◎
用力咬嚼期◎

有獨特的風味與美味，從含住壓碎期以後，可做成煮物或湯等。配合時期把煮軟的穗尖部分切碎就容易吃。因為是水煮，故不必擔心帶有澀味。

菇蕈類（香菇、朴蕈、玉蕈）

只會吞嚥期△
含住壓碎期◎
輕度咀嚼期◎
用力咬嚼期◎

不容易煮爛，因此從含住壓碎期才○。纖維豐富，熱量幾乎是零。含豐富有助鈣質吸收的維生素D。切碎烹調就容易吃。

生薑・大蒜

只會吞嚥期✕
含住壓碎期✕
輕度咀嚼期△
用力咬嚼期△

如果想為分取的菜餚添加風味，少量的程度就沒問題。雖不含對身體不好的成分，但刺激性強，在斷奶食物不必特別使用。

冷凍蔬菜

只會吞嚥期◎
含住壓碎期◎
輕度咀嚼期◎
用力咬嚼期◎

如果是在盛產期收成，趁新鮮急速冷凍，就能保有營養價值、味道。有時比非季節的溫室培育更好。因隨時可取用，不必事先準備，很方便。

芽菜類

只會吞嚥期◎
含住壓碎期◎
輕度咀嚼期◎
用力咬嚼期◎

植物的種籽或豆類發芽而成的蔬菜總稱。只要在烹調法上多下點工夫，從只會吞嚥期起就能餵食。有青花菜芽、蘿蔔嬰、綠豆芽（去頭去鬚根等）等。

蓮藕

只會吞嚥期△
含住壓碎期◎
輕度咀嚼期◎
用力咬嚼期◎

不容易做成稀爛狀，因此自含住壓碎期起○。切成適合該時期的大小，煮軟。削皮磨碎，加熱後就變成軟綿的口感。

牛蒡

只會吞嚥期△
含住壓碎期◎
輕度咀嚼期◎
用力咬嚼期◎

建議有便秘傾向的孩子積極攝取的食材。磨泥或削成薄片泡水，去除澀味後再烹調。

黃綠色蔬菜

- 紅蘿蔔
- 南瓜
- 蕃茄
- 甜椒
- 青椒
- 青花菜
- 綠蘆筍
- 秋葵
- 青菜（菠菜、油菜、茼蒿、青江菜、蕪菁、白蘿蔔葉等）
- 豌豆莢
- 冬蔥
- 皇宮菜
- 筍瓜

淡色蔬菜

- 蕪菁
- 白蘿蔔
- 洋蔥、蔥
- 高麗菜、高麗菜芽
- 大白菜
- 花椰菜
- 西芹
- 萵苣
- 小黃瓜
- 茄子
- 冬瓜

大部分的蔬菜只要烹調成稀爛狀從只會吞嚥期起就能吃！

左列的蔬菜只要煮爛，從只會吞嚥期起就能吃。加熱時利用微波爐就方便。蕃茄或茄子等皮不容易吞嚥，因此必須去除。秋葵或蕃茄等的種籽在含住壓碎期前必須去除。青菜煮熟後泡冷水，就能保持顏色鮮豔。尤其是菠菜，泡水一會兒去澀味為要點。

蔬菜&水果的1次量基準表

用力咬嚼期（1歲～1歲3個月大）	輕度咀嚼期（9～11個月大）	含住壓碎期（7～8個月大）	只會吞嚥期（5～6個月大）	
50g ← 40g	40g ← 30g	25g	20g後期 ← 15g前期	蔬菜&水果
4：1 ← 3：1	3：1	3：1	3：1 ← 2：1	蔬菜：水果（蔬菜與水果比例的基準）

黃綠色蔬菜與淡色蔬菜各半，而且蔬菜與水果均衡攝取較為理想，但這只是一種參考的基準而已。在此附帶說明：菠菜1株約30g、蕃茄1個約100g、洋蔥1個約100g。

綠海苔

只會吞嚥期△
含住壓碎期◎
輕度咀嚼期◎
用力咬嚼期◎

只要搗碎成稀爛狀，從只會吞嚥期起就能餵食。有獨特的香味，礦物質成分豐富。可用來做為裝飾或加在稀飯或湯中。用指尖捏碎後使用。

海苔醬

只會吞嚥期×
含住壓碎期×
輕度咀嚼期×
用力咬嚼期△

鹽分太重。即使在用力咬嚼期也只能偶爾少量餵食。最好不要餵食寶寶，以免孩子習慣濃重的口味。

調味海苔

鹽

只會吞嚥期×
含住壓碎期△
輕度咀嚼期◎
用力咬嚼期◎

如果孩子愛吃，從含住壓碎期起可吃1片。但味道濃重，添加物又多，因此不一定非餵食不可。儘量餵食烤海苔。

醋醃海帶絲

鹽

只會吞嚥期×
含住壓碎期△
輕度咀嚼期◎
用力咬嚼期◎

把海帶用醋泡軟後削薄而成。稀爛狀，不易消化，因此從含住壓碎期起少量餵食。撕開加在湯或稀飯中。

海蘊

只會吞嚥期×
含住壓碎期△
輕度咀嚼期◎
用力咬嚼期◎

滑溜柔軟，有獨特的黏性為特徵。絲狀，因此建議切成適當大小，少量加在湯中來使用即可。用廚房剪刀剪碎即可。

洋菜

只會吞嚥期△
含住壓碎期△
輕度咀嚼期◎
用力咬嚼期◎

原料是石花菜，能使腸的功能變活潑。用水分溶解後凝固就變成果凍狀，可活用這種滑溜的口感，做成涼拌的菜餚。

海藻類

除維生素、礦物質之外，食物纖維也豐富。雖含豐富的鈣質，卻不好消化，因此從輕度咀嚼期起再餵食。

羊栖菜

只會吞嚥期△
含住壓碎期△
輕度咀嚼期◎
用力咬嚼期◎

磨成稀爛狀，只要少量，從只會吞嚥期起也能餵食。用足夠的水泡軟後用高湯來煮，切碎做成沙拉來餵食。

綜合海藻

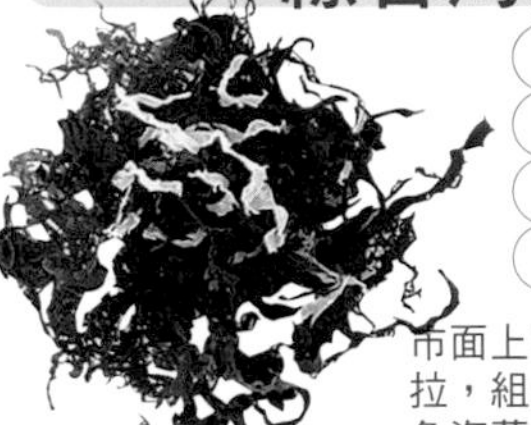

只會吞嚥期×
含住壓碎期△
輕度咀嚼期△
用力咬嚼期◎

市面上有出售用來做成沙拉，組合群帶菜等多種顏色海藻而成的乾燥品。即使泡軟，消化吸收也不太好，因此建議少量餵食。

裙帶菜

只會吞嚥期×
含住壓碎期△
輕度咀嚼期◎
用力咬嚼期◎

鹽

維生素、礦物質含量豐富的優良食物。鹽醃裙帶菜最普遍，用水泡軟後切成適當大小來烹調。從含住壓碎期起就能少量餵食。但必須注意鹽分。

烤海苔

只會吞嚥期△
含住壓碎期◎
輕度咀嚼期◎
用力咬嚼期◎

優質的蛋白質與維生素、礦物質含量豐富的卓越食材。用水泡軟，在濾網瀝乾水分，做成稀爛狀，加在稀飯、蔬菜或豆腐中。

韓式烤海苔

只會吞嚥期×
含住壓碎期×
輕度咀嚼期×
用力咬嚼期△

鹽 脂

表面塗油及調味料，味道濃而不適合嬰兒的食物。即使在用力咬嚼期也要少量餵食。有些商品添加刺激性，因此×。

水果

幫助鐵吸收的維生素C含量豐富。雖不能代替蔬菜，但以一定的比例與蔬菜一起攝取最理想。

從只會吞嚥期起大致就○

水果是嬰兒最愛吃的食物。雖不能代替蔬菜，但以一定的比例與蔬菜一起攝取最理想。只要是新鮮又全熟的水果，大部分從只會吞嚥期起就能餵食。不過有嬰兒因飲用大量新鮮的蘋果汁或橘子汁等而引起過敏的案例。因此建議加熱就能降低過敏的顧慮。

●蘋果	●草莓	●蜜柑
●橘子	●柿子	●梨子
●葡萄	●桃子	●哈密瓜
●奇異果	●芒果	●木瓜

罐頭水果

甜

只會吞嚥期◎
含住壓碎期◎
輕度咀嚼期◎
用力咬嚼期◎

雖然方便，但糖漿對嬰兒來說太甜，因此用水洗去，搗碎或切碎加優格來餵食。盡量挑選低糖的。

水果乾

甜

只會吞嚥期×
含住壓碎期×
輕度咀嚼期△
用力咬嚼期△

葡萄乾或李子乾等雖然鐵質含量多，但甜度也高，因此必須注意。只要少量用熱水洗後泡軟，從輕度咀嚼期起就能餵食。切碎後加在沙拉或煮物中。

酪梨

脂

只會吞嚥期×
含住壓碎期△
輕度咀嚼期△
用力咬嚼期◎

被喻為森林的牛油，柔軟、不飽和脂肪酸含量多。維生素、礦物質的含量也均衡。但脂肪多，故在用力咬嚼期前少量餵食。

必須遵守可以吃的量或順序等規則

蛋白質來源食物

選擇脂肪少的食物 設法做成容易吃的形態

蛋白質是成長時期的乳幼兒不可欠缺的營養素。

食物有魚或肉等「動物性」蛋白質，以及豆腐所代表的「植物性」蛋白質。同樣是蛋白質，但動物性蛋白質均衡含有必須氨基酸（成為蛋白質來源的成分，人體無法合成而必須從食物攝取），只不過脂質多是缺點。另一方面，植物性蛋白質雖缺乏某種必須氨基酸，但特徵是脂質少。亦即，在平時的飲食生活中把動物性與植物性食物均衡納入菜單，活用兩者的優點最重要。

但以乳幼兒的情形來說，過多的脂肪會造成內臟的負擔。因此不論是魚或肉類，建議都從脂肪少的開始餵食。

魚貝類＋加工食品

從白肉魚開始餵食。不久就能餵食紅肉魚、青背魚或貝類。加工食品必須注意鹽分及添加物。

鮪魚・鰹魚・鮭魚

過敏

時期	
只會吞嚥期	✕
含住壓碎期	◎
輕度咀嚼期	◎
用力咬嚼期	◎

只要挑選脂肪少的，從含住壓碎期起全部都能餵食。鮭魚選擇新鮮鮭魚，鮪魚不要使用脂肪多的腹部而選擇瘦肉，徹底加熱後再餵食。

四破魚・沙丁魚・秋刀魚

過敏

時期	
只會吞嚥期	✕
含住壓碎期	✕
輕度咀嚼期	◎
用力咬嚼期	◎

因有過敏之虞，故在含住壓碎期前×；從輕度咀嚼期起再餵食，而且餵食時請遵守量。小刺多，故利用生魚片用食材來烹調就省事。

鯖魚

過敏

時期	
只會吞嚥期	✕
含住壓碎期	✕
輕度咀嚼期	△
用力咬嚼期	◎

從輕度咀嚼期起以１匙開始餵食。青背魚特別容易引起過敏，因此請慎重。鮮度很快下降，因此挑選新鮮的食材很重要。

蚵（牡蠣）

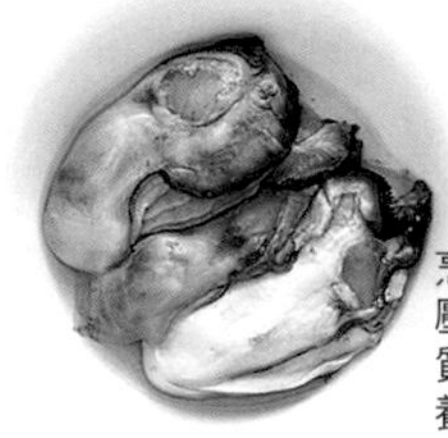

時期	
只會吞嚥期	✕
含住壓碎期	△
輕度咀嚼期	◎
用力咬嚼期	◎

烹調柔軟的部分，從含住壓碎期起可少量餵食。肉質軟嫩，消化吸收好，營養豐富。冬季是當令，夏季最好不要餵食。

干貝

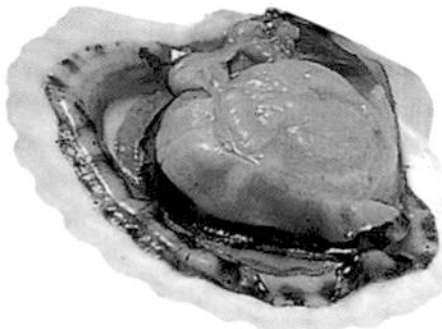

時期	
只會吞嚥期	✕
含住壓碎期	△
輕度咀嚼期	◎
用力咬嚼期	◎

含豐富的美味成分，容易搗碎成稀爛，在斷奶食物容易使用。貝類基本上從輕度咀嚼期起餵食，但只要烹調成柔軟，含住壓碎期也可少量餵食。

吻仔魚乾

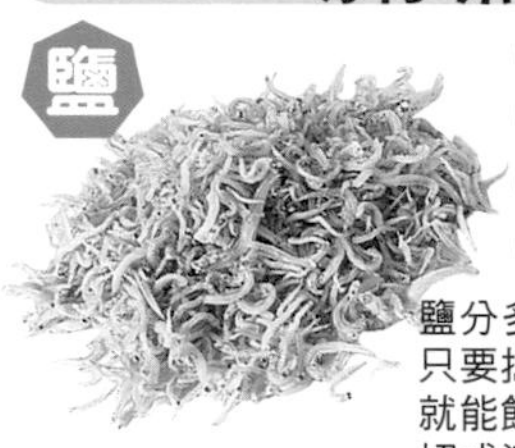

鹽

時期	
只會吞嚥期	◎
含住壓碎期	◎
輕度咀嚼期	◎
用力咬嚼期	◎

鹽分多，因此必須去除，只要搗碎從只會吞嚥期起就能餵食。在含住壓碎期切成適當大小。加水用微波加熱，在濾網瀝乾水分去除鹽分。

真鯛・比目魚・鰈魚

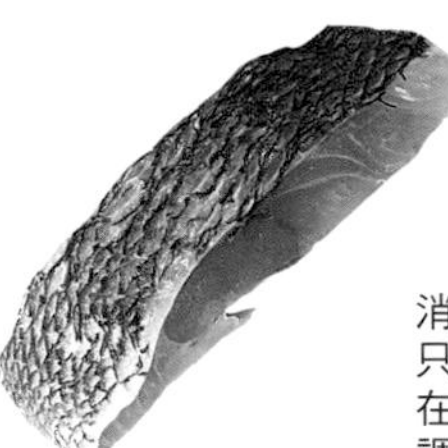

時期	
只會吞嚥期	◎
含住壓碎期	◎
輕度咀嚼期	◎
用力咬嚼期	◎

消化吸收好的白肉魚。在只會吞嚥期加熱搗碎，加在稀飯中，用高湯或湯類調稀，也可用太白粉水勾芡。

鱈魚

過敏

時期	
只會吞嚥期	✕
含住壓碎期	✕
輕度咀嚼期	◎
用力咬嚼期	◎

雖然是常吃的白肉魚，但可能會引起過敏，因此最好從輕度咀嚼期起再餵食。加入鍋物等料理來烹調，分食就方便。不要使用醃漬而選擇新鮮的鱈魚。

生魚片類（生吃）

不論有多麼新鮮，嬰兒都不能生吃魚貝類，必須徹底加熱。生吃容易引起過敏，也可能會感染細菌或寄生蟲。使用生魚做成的壽司或沙拉等也都嚴禁餵食。鮭魚卵或鱈魚卵也不可生吃。

魚貝類的1次量基準表

用力咬嚼期（1歲～1歲3個月大）	輕度咀嚼期（9～11個月大）	含住壓碎期（7～8個月大）	只會吞嚥期（5～6個月大）
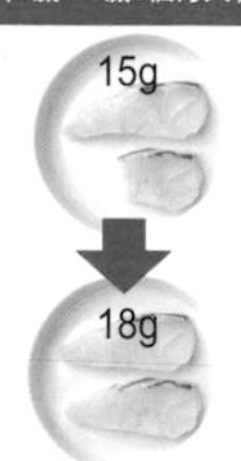 15g → 18g	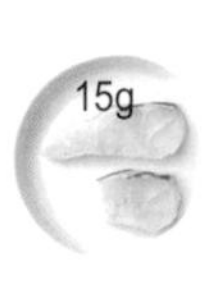 15g	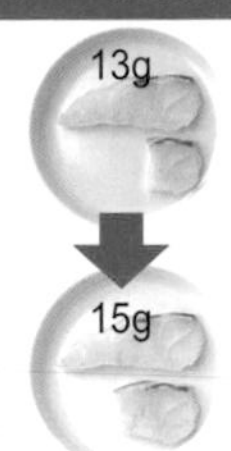 13g → 15g	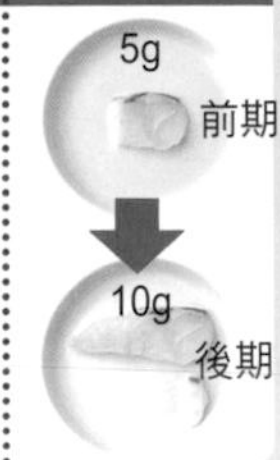 前期 5g → 後期 10g

1次的斷奶食物能攝取必要量的蛋白質。同樣的菜單，如果使用豆腐等，就減少同份量的魚。利用生魚片專用食材烹調就省事。白肉魚1片約10g，其他紅肉魚約15g。

魚漿製品・竹輪・魚板

- 只會吞嚥期 ✕
- 含住壓碎期 ✕
- 輕度咀嚼期 △
- 用力咬嚼期 △

鹽

這些食物的缺點是鹽分多。因此儘量挑選無添加、無漂白的，用來做為添加味道的程度少量使用即可。魚漿製品含蛋白。

炸魚餅

鹽

- 只會吞嚥期 ✕
- 含住壓碎期 ✕
- 輕度咀嚼期 △
- 用力咬嚼期 △

從輕度咀嚼期起，用來做為添加味道的程度使用。種類多，也使用沙丁魚等青背魚。在熱水中汆燙去油再烹調。

四破魚乾

- 只會吞嚥期 ✕
- 含住壓碎期 ✕
- 輕度咀嚼期 △
- 用力咬嚼期 △

鹽

只要注意鹽分、小刺，從輕度咀嚼期起可少量餵食。挑選低鹽的。烤後撕碎，在熱水汆燙去除鹽分，注意小刺。乾貨有氧化之虞，因此建議購買新鮮的。

柳葉魚

鹽

- 只會吞嚥期 ✕
- 含住壓碎期 ✕
- 輕度咀嚼期 △
- 用力咬嚼期 △

鹽分多，因此從輕度咀嚼期起極少量餵食。煮熟後去皮去骨，汆燙去除鹽分後，把極少量混合稀飯來餵食。

鱈魚卵

- 只會吞嚥期 ✕
- 含住壓碎期 ✕
- 輕度咀嚼期 ✕
- 用力咬嚼期 △

鹽

做飯糰的普遍材料，雖容易餵食，但鹽分多，因此是不適合嬰兒的食物。即使極少量也嚴禁生吃。必須加熱，在用力咬嚼期可偶爾極少量餵食。

鮭魚卵

- 只會吞嚥期 ✕
- 含住壓碎期 ✕
- 輕度咀嚼期 ✕
- 用力咬嚼期 ✕

色澤漂亮、晶瑩剔透，令人垂涎，但嚴禁生吃。可能引起過敏，鹽分含量也多，因此嬰兒✕。

鹽　過敏

魚肉香腸

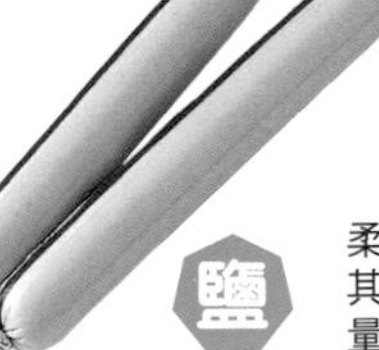

- 只會吞嚥期 ✕
- 含住壓碎期 ✕
- 輕度咀嚼期 ✕
- 用力咬嚼期 ◎

鹽

柔軟，口感好，但鹽分與其他調味料所含的鈉過量，因此必須注意，從用力咬嚼期起再餵食。但即使能餵食，也要挑選無添加的商品。

蒲燒鰻

鹽　脂

- 只會吞嚥期 ✕
- 含住壓碎期 ✕
- 輕度咀嚼期 △
- 用力咬嚼期 △

去除沾上味濃醃汁的表面部分，僅使用裡面的部分，因為已經醃入味，油脂成分多，因此可當作吃膩時轉換口味偶爾少量使用。

扇貝罐頭

鹽

- 只會吞嚥期 ✕
- 含住壓碎期 △
- 輕度咀嚼期 △
- 用力咬嚼期 △

柔軟又非常美味，但鹽分多（100g含1g），因此必須注意用量。如果代替調味料加在稀飯中，從含住壓碎期起使用就○。

蟹肉罐頭

鹽　過敏

- 只會吞嚥期 ✕
- 含住壓碎期 ✕
- 輕度咀嚼期 △
- 用力咬嚼期 △

從輕度咀嚼期起就可當作食材使用，但有鹽分而△。僅限從大人的菜餚分吃程度的食物。

水煮鮪魚罐頭

鹽

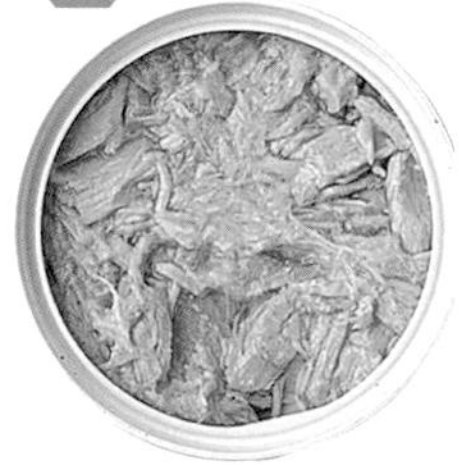

- 只會吞嚥期 ✕
- 含住壓碎期 △
- 輕度咀嚼期 △
- 用力咬嚼期 ◎

因鹽分多，1歲前做為添加風味的程度僅限少量使用，無添加食鹽的商品最好。但即使不是油漬，脂肪成分也比想像中多。

鮭魚罐頭

鹽　過敏

- 只會吞嚥期 ✕
- 含住壓碎期 △
- 輕度咀嚼期 △
- 用力咬嚼期 △

從含住壓碎期起就可做為食材使用，但有鹽分而△。注意過量。在義大利飯或燉菜等用來做為調味的程度即可。

蛤蜊

- 只會吞嚥期 ✕
- 含住壓碎期 ✕
- 輕度咀嚼期 ◎
- 用力咬嚼期 ◎

只要切碎勾芡，從輕度咀嚼期起就能餵食。加熱後肌纖維會變硬，因此切碎與稀飯混合，做湯或勾芡。

蜆

- 只會吞嚥期 ✕
- 含住壓碎期 ✕
- 輕度咀嚼期 ◎
- 用力咬嚼期 ◎

可熬出非常美味的高湯。從輕度咀嚼期起就能餵食。與蛤蜊一樣加熱後會變硬。小型貝的肉很小，因此較適合做成能品嘗美味湯汁的菜餚。

蟹

- 只會吞嚥期 ✕
- 含住壓碎期 ✕
- 輕度咀嚼期 △
- 用力咬嚼期 ◎

過敏

可能引起過敏或因鮮度下降而造成食物中毒。因此挑選新鮮的，看情況來慎重餵食。從輕度咀嚼期後期或1歲過後再餵食。

蝦

過敏

- 只會吞嚥期 ✕
- 含住壓碎期 ✕
- 輕度咀嚼期 △
- 用力咬嚼期 ◎

因脂肪少、有獨特的美味而有人氣。加熱後變得有彈性，因此切碎來吃。生魚片用的甜蝦，肉質軟嫩，因此從輕度咀嚼期起就能餵食（但必須加熱）。

烏賊

過敏

- 只會吞嚥期 ✕
- 含住壓碎期 ✕
- 輕度咀嚼期 △
- 用力咬嚼期 ◎

徹底加熱就會變硬而不容易吃。烏賊的皮有3片，全部剝除來烹調就容易吃。切碎後來烹調。

章魚

- 只會吞嚥期 ✕
- 含住壓碎期 ✕
- 輕度咀嚼期 △
- 用力咬嚼期 ◎

加熱後就會變硬而不容易吃，因此從輕度咀嚼期後期起再餵食。蛋白質含量與白肉魚一樣多。加入豆類或白蘿蔔泥汁來煮就容易煮軟。

肉類＋加工食品

從脂肪少的雞胸條肉開始，依序是肝類、牛肉、豬肉。加工食品必須注意鹽分與添加物。

絞肉

容易加工成丸子或用來填塞等各種形態，也容易與其他食材混合而適合斷奶食物。挑選脂肪少的優質商品。雞肉選擇胸條肉或去皮的胸肉。也可請店家絞2次。

雞絞肉

- 只會吞嚥期 ✕
- 含住壓碎期 △
- 輕度咀嚼期 ◎
- 用力咬嚼期 ◎

瘦牛肉絞肉

- 只會吞嚥期 ✕
- 含住壓碎期 △
- 輕度咀嚼期 ◎
- 用力咬嚼期 ◎

瘦豬肉絞肉

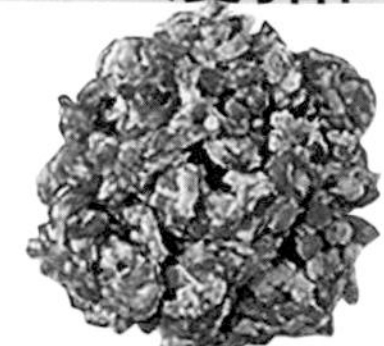

- 只會吞嚥期 ✕
- 含住壓碎期 ✕
- 輕度咀嚼期 △
- 用力咬嚼期 ◎

混合絞肉

- 只會吞嚥期 ✕
- 含住壓碎期 ✕
- 輕度咀嚼期 △
- 用力咬嚼期 ◎

挑選脂肪少的肉

在此再次說明，脂肪會對消化吸收能力尚未成熟的嬰兒身體造成負擔。脂肪多的肉看上去白而要避免，挑選脂肪少的肉。絞肉也請參考瘦肉的百分比標示。

脂肪少的肉VS脂肪多的肉

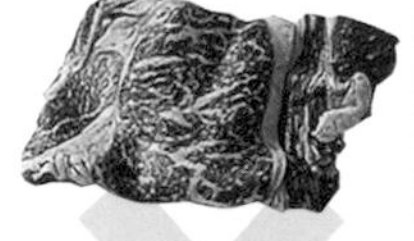

去除脂肪

肥肉與瘦肉有明顯的分界處，用刀或廚房剪刀由此去除肥肉部分。

肝類

- 只會吞嚥期 ✕
- 含住壓碎期 ◎
- 輕度咀嚼期 ◎
- 用力咬嚼期 ◎

使用雞肝、牛肝、豬肝均可，但雞肝比較軟嫩又好處理。挑選新鮮又優質的商品，泡鮮奶去腥味再烹調，一開始就要搗碎餵食。

鴨肉

- 只會吞嚥期 ✕
- 含住壓碎期 ✕
- 輕度咀嚼期 △
- 用力咬嚼期 ◎

脂肪多，肉質又硬，在斷奶食物不容易使用的肉類。但只要去除脂肪部分，烹調成柔軟，從輕度咀嚼期起就能餵食。最好等孩子完全習慣牛肉後再餵食。

瘦牛肉

- 只會吞嚥期 ✕
- 含住壓碎期 △
- 輕度咀嚼期 ◎
- 用力咬嚼期 ◎

從習慣雞肉的含住壓碎期後期起可少量餵食。把燉煮用牛肉煮爛來使用即可。

瘦豬肉

- 只會吞嚥期 ✕
- 含住壓碎期 ✕
- 輕度咀嚼期 △
- 用力咬嚼期 ◎

等孩子完全習慣牛肉後再餵食，是肉類中最後嘗試的食材，因為脂肪成分比想像中多。在輕度咀嚼期僅限少量使用，從用力咬嚼期起就能餵食。

雞胸條肉

- 只會吞嚥期 ✕
- 含住壓碎期 ◎
- 輕度咀嚼期 ◎
- 用力咬嚼期 ◎

位於雞胸肉的內側，肉質軟嫩，消化吸收好的部分。脂肪成分雞胸條肉每100g中僅0.8。去筋。最初煮熟切碎來烹調為基本。

雞胸肉

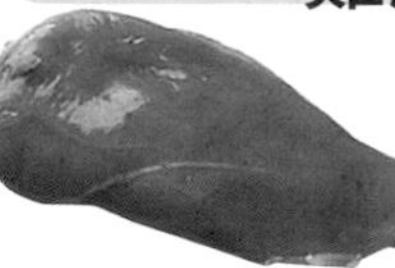

- 只會吞嚥期 ✕
- 含住壓碎期 △
- 輕度咀嚼期 ◎
- 用力咬嚼期 ◎

去皮後，每100g含脂肪1.5g。比雞胸條肉多，但低脂肪，肉質也軟嫩，因此習慣雞胸條肉後就能餵食。要點是必須剝皮。

雞腿肉

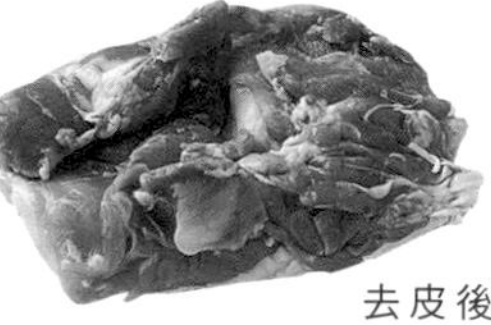

- 只會吞嚥期 ✕
- 含住壓碎期 △
- 輕度咀嚼期 ◎
- 用力咬嚼期 ◎

去皮後，每100g含脂肪3.9g，雖比雞胸肉多，但比牛肉或豬瘦肉都少。筋多又韌，但只要煮爛，從含住壓碎期後期起就能餵食。

肉類的1次量基準表

用力咬嚼期（1歲～1歲3個月大）	輕度咀嚼期（9～11個月大）	含住壓碎期（7～8個月大）	只會吞嚥期（5～6個月大）
 18g → 20g	 18g	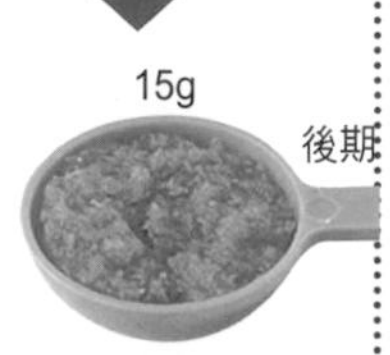 前期 10g → 後期 15g	 還不能吃

注意過量餵食。雞胸條肉1條約50g，牛腿瘦肉薄片1片約45g，豬肉瘦肉薄片約30g。如果與蛋或豆腐等蛋白質來源食物一同使用，就減少量來烹調。市面上有出售牛肉或豬肉等涮涮鍋用的薄片肉，因為很薄，淋熱水去油再使用就很省事。

蛋・蛋製品

蛋除維生素C之外，含有一切重要的營養素。但可能會引起過敏。因此必須遵守定下的規則來餵食。

煎蛋（市售品）

只會吞嚥期 ×
含住壓碎期 ×
輕度咀嚼期 ×
用力咬嚼期 △

甜　鹽
（依商品而異）

全蛋含多量砂糖或調味料，味道濃重的商品居多。有時也含蜂蜜，因此在1歲前×。從用力咬嚼期起也僅限極少量。

煎蛋捲（市售品）

只會吞嚥期 ×
含住壓碎期 ×
輕度咀嚼期 ×
用力咬嚼期 △

甜

煎蛋的一種。加入碎魚肉做成厚煎蛋的形狀。因使用多量砂糖而甜，不適合嬰兒。1歲過後僅限極少量的程度。

蛋豆腐（市售品）

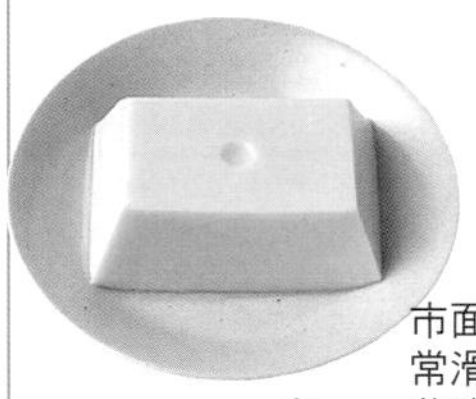

只會吞嚥期 ×
含住壓碎期 ×
輕度咀嚼期 ×
用力咬嚼期 △

鹽

市面出售的蛋豆腐，口感非常滑嫩，嬰兒很愛吃，但有些商品含多量鹽分或添加物，因此1歲前不要餵食。1歲過後也僅限少量。

鵪鶉蛋

只會吞嚥期 △
含住壓碎期 △
輕度咀嚼期 ◎
用力咬嚼期 ◎

與雞蛋一樣。從只會吞嚥期到含住壓碎期前期，只要煮熟蛋黃就可餵食。但把蛋黃與蛋白分開很麻煩。水煮的可以使用。可代替少量的雞蛋。

生蛋

過敏

只會吞嚥期 ×
含住壓碎期 ×
輕度咀嚼期 ×
用力咬嚼期 ×

生蛋的蛋白質極容易引起過敏，因此嚴禁餵食臟器尚未成熟的嬰兒。有食物中毒之虞。大人常吃的加蛋米飯，嬰兒×。

溫泉蛋

過敏

只會吞嚥期 ×
含住壓碎期 ×
輕度咀嚼期 ×
用力咬嚼期 ◎

蛋黃大致凝固，而蛋白呈半熟狀的白煮蛋。市面上有出售，但因蛋白半熟，在1歲前×。1歲過後才能餵食。

半熟蛋

過敏

只會吞嚥期 ×
含住壓碎期 ×
輕度咀嚼期 ×
用力咬嚼期 ◎

雖然易於消化吸收，但如果不徹底加熱就可能引起過敏的問題與食物中毒，因此1歲前×。蛋包或蛋花在1歲前也必須完全煮熟。

蛋的進行法&1次量的基準

用力咬嚼期（1歲~1歲3個月大）	輕度咀嚼期（9~11個月大）	含住壓碎期（7~8個月大）	只會吞嚥期（5~6個月大）
全蛋1/2個 → 全蛋2/3個	全蛋1/2個 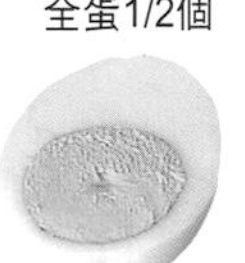	蛋黃1個 → 全蛋1/2個	從1匙開始 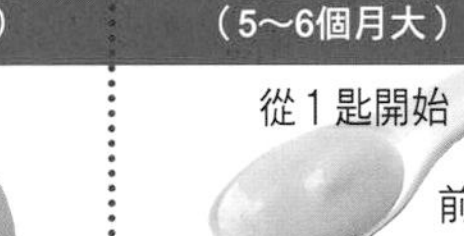 前期 與其把煮熟的蛋黃做成糊狀來餵食，不如加在稀飯或蔬菜、湯等中更容易吃。  蛋黃2/3個以下  後期

在只會吞嚥期從1匙煮熟的蛋黃開始。蛋的味道好又容易烹調，除維生素C以外，含一切重要的營養素，可謂接近完全的營養食物，但蛋白可能引起過敏，因此請務必遵守定下的規則。一般來說，依照上表來逐步進行。最確實又簡單的方法是把蛋白與蛋黃完全分開，煮熟。因此從煮熟的極少量蛋黃開始，慎重增加份量。從含住壓碎期後期起就可餵食蛋白、全蛋。

羔羊・羊肉

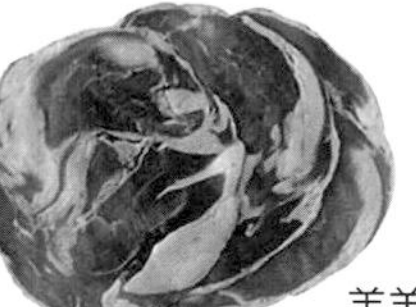

只會吞嚥期 ×
含住壓碎期 ×
輕度咀嚼期 △
用力咬嚼期 ◎

羔羊是小羊肉，羊肉就是一般羊肉。一般羊肉有很強的特殊腥羶味，因此在市面上出售的多為小羊肉。孩子習慣牛肉後，去除脂肪烹調成容易吃。

火腿

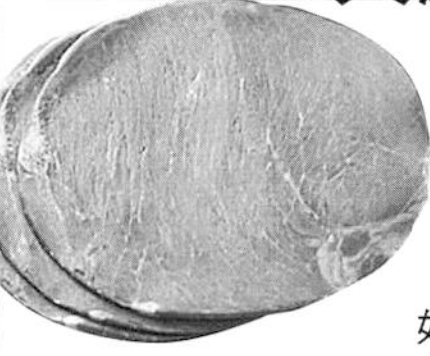

只會吞嚥期 ×
含住壓碎期 ×
輕度咀嚼期 △
用力咬嚼期 △

鹽

如果是無添加物又低鹽就更好。但無添加的通常鹽分多。因此用來做為調味，少量使用的程度即可。

香腸

只會吞嚥期 ×
含住壓碎期 ×
輕度咀嚼期 △
用力咬嚼期 △

鹽　脂

脂肪多、高熱量。從輕度咀嚼期起少量餵食，要挑選無添加的種類，如果低鹽就更好。除鹽分之外，脂肪成分也多，因此用來做為調味少量使用的程度即可。

烤豬肉

只會吞嚥期 ×
含住壓碎期 ×
輕度咀嚼期 △
用力咬嚼期 △

鹽

市售品的鹽分多，也可能含添加物。從輕度咀嚼期起可做為食材，但僅限少量，要用熱水涮洗去鹽。

培根

鹽　脂

只會吞嚥期 ×
含住壓碎期 ×
輕度咀嚼期 △
用力咬嚼期 △

即使挑選無添加的種類，但鹽分與脂肪成分都令人擔心。去除肥肉部分，用熱水涮洗瘦肉部分再使用，從輕度咀嚼期起可少量加在湯等來增添風味。

醃牛肉

只會吞嚥期 ×
含住壓碎期 ×
輕度咀嚼期 △
用力咬嚼期 △

鹽　脂

外表看來脂肪多，鹽分含量也多，添加物也令人擔心。在大人的料理使用時偶爾分取少量來餵食。

乾貨、烹調好的食品、調味料等

乾貨可積極利用 烹調好的食品或調味料必須注意！

傳統的乾貨是具備能長期保存，而且比原本的食材更美味、營養價值又高等卓越特徵的食品，因此建議靈活運用來培養嬰兒的味覺。

已烹調好的食物有軟袋或冷凍食物、罐頭等。但對嬰兒來說，味道通常太濃，還有添加物的問題，因此基本上嬰兒×，但如餛飩、餃子的皮就不必擔心添加物，可用來做為主食。切成適當大小，以麵條的感覺加在湯中來餵食。

在調味料方面，除含適量的油脂之外，在營養上沒有什麼價值。作為使斷奶食物更美味，需要高湯或湯類做為湯底。雖然自製最好，但只要無添加物，市售品也無妨。

乾貨等

乾貨的營養豐富，只是一般人大都不熟悉，甚至連用法都搞不清楚，在此建議從幼兒期起多加利用。

蝦皮

- 只會吞嚥期 ×
- 含住壓碎期 ×
- 輕度咀嚼期 △
- 用力咬嚼期 △

鹽

鹽分多，因此從輕度咀嚼期起，以熱水浸泡後少量使用。有香味且美味，鈣質含量多。能提高身體抵抗力的牛磺酸（氨基酸的一種）也很豐富。

麩（麵筋）

過敏

- 只會吞嚥期 △
- 含住壓碎期 ◎
- 輕度咀嚼期 ◎
- 用力咬嚼期 ◎

將麵粉蛋白質的谷胺燒烤而成。可能引起麵粉過敏，因此從只會吞嚥期後期的6個月起，每週使用1～2次的程度。

蒟蒻絲

- 只會吞嚥期 ×
- 含住壓碎期 ×
- 輕度咀嚼期 △
- 用力咬嚼期 △

有阻塞喉嚨之虞，因此嬰兒禁止食用。材料雖然相同，但如果是做成細長麵條般形狀的蒟蒻絲，切成適當大小，從輕度咀嚼期起就能少量餵食。

蘿蔔乾（絲狀）

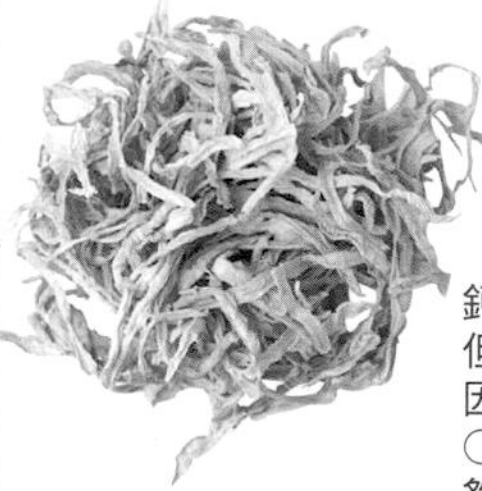

- 只會吞嚥期 ×
- 含住壓碎期 △
- 輕度咀嚼期 ◎
- 用力咬嚼期 ◎

鈣質、鐵質、鉀豐富。但纖維硬，不易消化，因此從輕度咀嚼期起○。迅速清洗後，用足夠的水浸泡15分鐘後，擰乾水分來烹調。

乾香菇

- 只會吞嚥期 ×
- 含住壓碎期 △
- 輕度咀嚼期 △
- 用力咬嚼期 ◎

比鮮香菇香且美味，維生素B群、鐵質豐富。因纖維多，切碎後烹調。以乾燥的狀態磨碎，從含住壓碎期起就能餵食。

烹調好的食品

因方便而常被利用的食物，但通常味道過於濃重，因此原則上嬰兒×。

煮豆（市售品）

甜

- 只會吞嚥期 ×
- 含住壓碎期 △
- 輕度咀嚼期 △
- 用力咬嚼期 △

用來當作食材時，只要去皮即可，但通常砂糖的含量佔重量的30%以上，因此可汆燙去除糖分，少量切碎後加入稀飯中。。

果醬

甜

- 只會吞嚥期 ×
- 含住壓碎期 △
- 輕度咀嚼期 △
- 用力咬嚼期 △

儘量選擇無添加物又低糖的種類。但即使是低糖，通常也含近50%的糖分，因此可代替調味料少量使用。

花生醬（加糖）

過敏 甜 脂

- 只會吞嚥期 ×
- 含住壓碎期 ×
- 輕度咀嚼期 △
- 用力咬嚼期 △

50%以上是脂質，糖分也多，因此僅限少量使用。如果無糖從輕度咀嚼期起△，但即使如此也僅限少量。從用力咬嚼期起可少量使用。

瓶裝金針菇

鹽

- 只會吞嚥期 ×
- 含住壓碎期 ×
- 輕度咀嚼期 ×
- 用力咬嚼期 △

金針菇加調味料熬煮而成，最適合配稀飯或米飯來吃，但鹽分很多，請注意。即使在用力咬嚼期，也僅限少量使用。

茶碗蒸（市售品）

鹽

- 只會吞嚥期 ×
- 含住壓碎期 △
- 輕度咀嚼期 △
- 用力咬嚼期 ◎

因使用全蛋，因此在含住壓碎期後期的8個月以後再餵食。鹽分雖多，卻不能稀釋。但可用來配豆腐或燙蔬菜，設法做成淡味。

醃漬蔬菜（市售品）

- 只會吞嚥期 ✕
- 含住壓碎期 ✕
- 輕度咀嚼期 ✕
- 用力咬嚼期 ✕

有些種類柔軟，只要切碎就能餵食，但鹽分多，不少市售品有使用添加物，因此請勿餵食嬰兒。

餃子・餛飩皮

- 只會吞嚥期 ✕
- 含住壓碎期 ✕
- 輕度咀嚼期 ◎
- 用力咬嚼期 ◎

有些含多量添加物，因此最好選擇含量少的，或是無添加物者從輕度咀嚼期起可餵食。

香鬆（市售品）

- 只會吞嚥期 ✕
- 含住壓碎期 ✕
- 輕度咀嚼期 △
- 用力咬嚼期 △

除鹽分多之外，也含不少色素等添加物。在輕度咀嚼期偶爾極少量使用。嬰兒可使用嬰兒食物的香鬆。

炒芝麻・芝麻粉

- 只會吞嚥期 ✕
- 含住壓碎期 ✕
- 輕度咀嚼期 ✕
- 用力咬嚼期 ✕

有引起誤食意外之虞，因此嬰兒✕。如果吸入氣管就會發生意外。但從輕度咀嚼期以後，只要與稀爛狀的食材混合就能吃。

芝麻糊

- 只會吞嚥期 ✕
- 含住壓碎期 ✕
- 輕度咀嚼期 ✕
- 用力咬嚼期 △

有黑芝麻與白芝麻的商品，但甜味是使用蜂蜜或黑砂糖，因此1歲前✕。成分幾乎都是油脂與糖分，因此即使在用力咬嚼期，也僅限少量餵食。

醃梅

- 只會吞嚥期 ✕
- 含住壓碎期 △
- 輕度咀嚼期 ◎
- 用力咬嚼期 ◎

切碎與米飯混合來吃很美味，但鹽分多，果肉僅使用1撮的程度即可。在烏龍麵或菜稀飯、調味料等使用，就很爽口而能提高食慾。

明膠

- 只會吞嚥期 ✕
- 含住壓碎期 ✕
- 輕度咀嚼期 ✕
- 用力咬嚼期 △

明膠的蛋白質分子大，可能引起過敏，因此1歲前禁止食用。果凍在輕度咀嚼期前，不要使用明膠而用洋菜來製作。

芝麻醬

- 只會吞嚥期 ✕
- 含住壓碎期 ✕
- 輕度咀嚼期 △
- 用力咬嚼期 △

因油份多，在輕度咀嚼期極少量餵食。因油份佔50%以上，因此可當成油脂來使用。也可能引起過敏，因此最好不要常吃。

芝麻豆腐

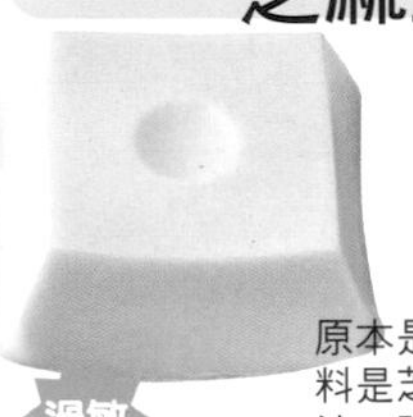

- 只會吞嚥期 ✕
- 含住壓碎期 ✕
- 輕度咀嚼期 △
- 用力咬嚼期 △

原本是素食的主要菜餚，材料是芝麻粉與葛粉、鹽、醬油，雖然營養豐富，但對嬰兒來說芝麻與鹽分不宜。從輕度咀嚼期起可少量餵食。

冷凍燒賣

- 只會吞嚥期 ✕
- 含住壓碎期 ✕
- 輕度咀嚼期 ✕
- 用力咬嚼期 △

調味濃重，油脂成分多，因此不適合嬰兒。即使用熱水涮洗外側也很難去除餡料的鹽分與油脂成分。但只要把極少量切碎後與米飯混合使味道變淡，從用力咬嚼期起就能餵食。

冷凍披薩

- 只會吞嚥期 ✕
- 含住壓碎期 ✕
- 輕度咀嚼期 ✕
- 用力咬嚼期 ✕

簡便，在緊急時常用來代替米飯，乳酪多而有人氣。但添加物多，因此不適合嬰兒。即使在用力咬嚼期也不要餵食。

必須確實標示！

栄養表示	1個180gあ
エネルギー	93 kc
たんぱく質	3.8
脂質	4.5
炭水化物	9.4
ナトリウム	780 n
食塩相当量	2.0

〈冷凍食品〉

名称	中華丼の具
原材料名	野菜(白菜、たけの でん粉、なたね油、砂糖、しょうゆ(大豆・小 ポーク)、香辛料、ラー油、調味料(アミノ酸
内容量	360グラム(
賞味期限	この面の下部
保存方法	冷凍(−18℃

有食物過敏的嬰兒必須特別仔細檢查。此外，從營養成分標示也要確認脂質與食鹽的含量，選擇含量少的種類。

冷凍油炸食物

- 只會吞嚥期 ✕
- 含住壓碎期 ✕
- 輕度咀嚼期 ✕
- 用力咬嚼期 △

因是油炸，又有調味，因此不適合嬰兒。如果非吃不可，就從用力咬嚼期起去除裹衣與皮，取內側部分少量餵食。

肉醬

- 只會吞嚥期 ✕
- 含住壓碎期 ✕
- 輕度咀嚼期 △
- 用力咬嚼期 △

與咖哩一樣，從輕度咀嚼期起做為添加風味少量使用即可。油脂成分多，味道濃重，因此稀釋後極少量使用。

冷凍炒飯

- 只會吞嚥期 ✕
- 含住壓碎期 ✕
- 輕度咀嚼期 ✕
- 用力咬嚼期 △

鹽分已滲入米飯，因此即使用熱水涮洗也很難去除。雖不值得推薦，但如果非吃不可，從用力咬嚼期起少量餵食。

泡麵

- 只會吞嚥期 ✕
- 含住壓碎期 ✕
- 輕度咀嚼期 ✕
- 用力咬嚼期 △

在輕度咀嚼期前✕。鹽分或脂肪、添加物對身體有很大的負擔。1歲過後，如果孩子很愛吃，可挑選非油炸麵，用熱水涮洗後少量餵食。

速食湯

- 只會吞嚥期 ✕
- 含住壓碎期 ✕
- 輕度咀嚼期 ✕
- 用力咬嚼期 △

含有不少鹽分。輕度咀嚼期前✕。即使在用力咬嚼期，也僅限偶爾使用，加倍稀釋，再餵食極少量。

軟袋咖哩

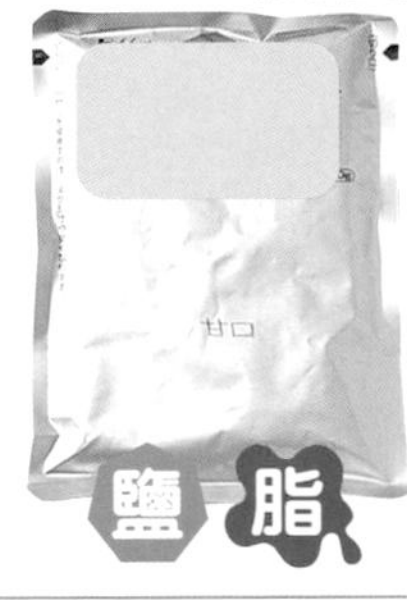

- 只會吞嚥期 ✕
- 含住壓碎期 ✕
- 輕度咀嚼期 △
- 用力咬嚼期 △

從輕度咀嚼期起，用來添加菜餚風味，少量使用即可。但油脂成分多，味道濃重，因此稀釋後極少量使用。

調味料等

鹽分或糖分、油脂、添加物，含有令人擔心的刺激性，是對嬰兒的身體帶來負擔的食品，因此必須留意。

醋

- 只會吞嚥期 △
- 含住壓碎期 ◎
- 輕度咀嚼期 ◎
- 用力咬嚼期 ◎

以食材來說沒問題，但嬰兒不愛酸味的調味料。不必勉強在斷奶食物使用，但如果孩子不討厭，就可使用。

雞骨高湯素

- 只會吞嚥期 ✕
- 含住壓碎期 ✕
- 輕度咀嚼期 △
- 用力咬嚼期 △

市售的顆粒狀商品，品質參差不齊。選擇無添加、鹽分量少的種類。如果在家自己用雞骨熬煮高湯，只要去除浮在湯表面的脂肪，從6個月以後○。

蕃茄醬

- 只會吞嚥期 ✕
- 含住壓碎期 ◎
- 輕度咀嚼期 ◎
- 用力咬嚼期 ◎

味道濃重，在含住壓碎期～用力咬嚼期前以3g（1/2小匙）為限少量使用。不含調味料的蕃茄糊，比較值得推薦。

固體高湯（高湯塊）

- 只會吞嚥期 ✕
- 含住壓碎期 ✕
- 輕度咀嚼期 △
- 用力咬嚼期 △

鹽分多，含辛香料，也使用化學調味料，因此不適合斷奶食物使用。即使在用力咬嚼期也只分取稀釋後少量使用。

高湯包（無添加）

- 只會吞嚥期 ◎
- 含住壓碎期 ◎
- 輕度咀嚼期 ◎
- 用力咬嚼期 ◎

方便使用。只要選擇優質的高湯，即使不加調味料也很美味。檢查包裝上標示，挑選品質優良的商品。

蕃茄糊

- 只會吞嚥期 ◎
- 含住壓碎期 ◎
- 輕度咀嚼期 ◎
- 用力咬嚼期 ◎

如果不含添加物，僅由蕃茄熬煮而成，可視為蔬菜的同類，基準量請依照144頁的表所示。嬰兒喜愛的味道，是值得推薦的調味料。

味霖

- 只會吞嚥期 ✕
- 含住壓碎期 ✕
- 輕度咀嚼期 △
- 用力咬嚼期 △

用糯米製作的濃郁甜酒。加熱煮開讓酒精成分完全散失再使用。因糖分多，在斷奶食物少用。從輕度咀嚼期起少量使用。

高湯素

- 只會吞嚥期 ✕
- 含住壓碎期 ✕
- 輕度咀嚼期 △
- 用力咬嚼期 △

化學調味料不適合做為斷奶食物，如果含谷胺酸鈉等鈉，就像食鹽一樣反而不好。

油脂

美乃滋

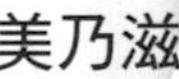

幾乎全都是油，可謂油脂的同類。因使用全蛋，故1歲前使用必須加熱。從用力咬嚼期起，看情況使用。

牛油

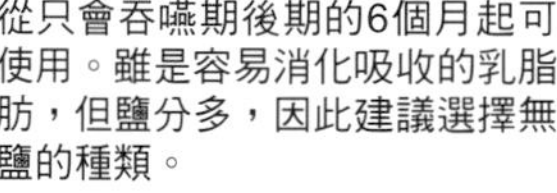

從只會吞嚥期後期的6個月起可使用。雖是容易消化吸收的乳脂肪，但鹽分多，因此建議選擇無鹽的種類。

植物油

進入只會吞嚥期後期，習慣牛油等容易消化吸收的乳脂肪後再使用。盡量使用橄欖油。油脂必須特別留意氧化。

基本調味料＆時期別調味的基準表

為免造成嬰兒身體的負擔，調味料的基準量不能超過此量為上限。從各分類中選1種，不可超過基準量。基準量是1次餐飲全部使用的量。

美乃滋	牛油	植物油	時期
不使用	0～1/4小匙（1g）	0～1/4小匙	只會吞嚥期（5～6個月大時期）
必須加熱！2～2.5g以下	1/2小匙（2g）	1/2小匙	含住壓碎期（7～8個月大時期）
必須加熱！3g以下	3/4小匙（3g）	3/4小匙	輕度咀嚼期（9～11個月大時期）
4g以下 	1小匙（4g）	1小匙	用力咬嚼期（1歲～1歲3個月大時期）

※1小匙表示5ml。

調味醬

鹽 脂

- 只會吞嚥期 ×
- 含住壓碎期 ×
- 輕度咀嚼期 △
- 用力咬嚼期 △

含多量鹽分、油、辛香料等添加物，對嬰兒無益。建議用果汁等來代替。無油類型亦同。

咖哩粉

- 只會吞嚥期 ×
- 含住壓碎期 ×
- 輕度咀嚼期 △
- 用力咬嚼期 △

如果嬰兒愛吃，可為了口味的變化而在斷奶食物使用。從輕度咀嚼期起使用。但僅限極少量來添加風味。

芥末・辣椒

- 只會吞嚥期 ×
- 含住壓碎期 ×
- 輕度咀嚼期 ×
- 用力咬嚼期 ×

不適合在斷奶食物使用，嬰兒也不愛吃。避免使用刺激物。不適合餵食嬰兒。

胡椒

- 只會吞嚥期 ×
- 含住壓碎期 ×
- 輕度咀嚼期 ×
- 用力咬嚼期 ×

因刺激性強而不適合在斷奶食物使用。幾乎沒有嬰兒喜愛這種味道。僅限分取時含少量的程度。

烤肉沾醬類

- 只會吞嚥期 ×
- 含住壓碎期 ×
- 輕度咀嚼期 ×
- 用力咬嚼期 △

含多量鹽分、辛香料，刺激性強，基本上不使用。即使在用力咬嚼期，也從大人吃的分取稀釋後少量使用。

黑砂糖

- 只會吞嚥期 ×
- 含住壓碎期 ×
- 輕度咀嚼期 ×
- 用力咬嚼期 ◎

雖含豐富的礦物質，但可能混入肉毒桿菌。因此1歲前不使用為宜。

蜂蜜

- 只會吞嚥期 ×
- 含住壓碎期 ×
- 輕度咀嚼期 ×
- 用力咬嚼期 ◎

雖屬於對身體有益的糖分，但可能混入肉毒桿菌。因此1歲前不使用為宜。

寡糖

- 只會吞嚥期 ◎
- 含住壓碎期 ◎
- 輕度咀嚼期 ◎
- 用力咬嚼期 ◎

使益菌增加而能改善腸內環境。可代替砂糖使用，份量以砂糖（下表）的2倍來使用。

橘醋醬油

- 只會吞嚥期 ×
- 含住壓碎期 ×
- 輕度咀嚼期 △
- 用力咬嚼期 △

味道濃重，用來添加風味加1滴即可。基本上盡量不使用。最好在家自己將柑橘類的果汁與少量醬油混合使用即可。

烏斯特調味醬

- 只會吞嚥期 ×
- 含住壓碎期 ×
- 輕度咀嚼期 ×
- 用力咬嚼期 △

含多量辛香料，刺激性強，因此在1歲前不要使用。鹽分或添加物也多，即使在用力咬嚼期也極少量使用。

涮麵醬

- 只會吞嚥期 ×
- 含住壓碎期 △
- 輕度咀嚼期 △
- 用力咬嚼期 ◎

市售品的品質很多種，選擇無添加的優質商品。把大人用的稀釋4～5倍，做為添加風味少量使用即可。

糖分	鹽分		
砂糖	味噌		食鹽
糖分在其他食品也含有，因此攝取的機會多，如果用來做為調味料，僅限極少量。	與鹽一樣。可極少量使用做為重點調味。如果要餵食大人的味噌湯，從輕度咀嚼期起稀釋4倍來餵食。	與鹽一樣。因許多食品都含有鹽分，因此盡量不要把醬油做為調味料來攝取鹽分。僅用來添加風味的程度即可。	烏龍麵或麵包、義大利麵等主食食材，以及許多的食品中都含有食鹽。在調味上最好不使用。
0～1/3小匙（1g）以下	不使用	不使用	不使用
2/3～5/6小匙（2~2.5g）以下	0.8g以下	0.7ml以下	0.1g以下
1小匙（3g）以下	0.8g以下	0.7ml以下	0.1g以下
1又1/3小匙（4g）以下	0.8g以下	0.7ml以下	0.1g以下

part 4 解決疑問篇

飲料類

如果要補充水分就餵食白開水或麥茶。果汁類除檢查糖分或添加物之外，也要注意不可過量而影響到正餐。

咖啡

只會吞嚥期 ✕
含住壓碎期 ✕
輕度咀嚼期 ✕
用力咬嚼期 △

咖啡因含量多，對嬰兒的刺激性強。加奶粉也一樣，即使在用力咬嚼期也僅限極少量使用。

可可

只會吞嚥期 ✕
含住壓碎期 ✕
輕度咀嚼期 ◎
用力咬嚼期 ◎

如果不加砂糖就沒問題。但僅限添加風味的程度，譬如把少量粉末加在飲料或甜點中。

蒟蒻飲料

只會吞嚥期 ✕
含住壓碎期 ✕
輕度咀嚼期 ✕
用力咬嚼期 △

雖然是低熱量，但添加物令人擔心。確認成分標示後再餵食。

100%純果汁（蔬菜）

只會吞嚥期 △
含住壓碎期 △
輕度咀嚼期 △
用力咬嚼期 ◎

因糖分太高而不適合直接飲用。1歲前用白開水稀釋1倍以上少量餵食。1歲過後仍要控制量。

調味果汁

只會吞嚥期 ✕
含住壓碎期 ✕
輕度咀嚼期 ✕
用力咬嚼期 △

許多種類標榜果汁100%，但其實10%以上是糖分。有些種類更使用多種合成香料。

蕃茄汁

只會吞嚥期 △
含住壓碎期 △
輕度咀嚼期 △
用力咬嚼期 ◎

一般的蕃茄汁都添加不少鹽分，因此選無鹽商品。加工度比其他的100%果汁低為特徵。

蔬菜汁

只會吞嚥期 △
含住壓碎期 △
輕度咀嚼期 △
用力咬嚼期 ◎

鹽分多，僅限少量使用，盡量選擇無鹽的。雖依商品不同，組合的蔬菜也各異，但大致上相同。

烏龍茶・綜合茶

只會吞嚥期 ✕
含住壓碎期 ✕
輕度咀嚼期 ✕
用力咬嚼期 △

咖啡因的含量多。因此1歲過後再少量餵食，但最好不要飲用。

嬰兒用離子飲料

只會吞嚥期 △
含住壓碎期 △
輕度咀嚼期 △
用力咬嚼期 △

△是指「平時在補充水分時✕」之意。可能導致過度攝取熱量或蛀牙。但腹瀉時◯。

運動飲料

只會吞嚥期 ✕
含住壓碎期 ✕
輕度咀嚼期 ✕
用力咬嚼期 △

因為是大人用，對嬰兒的胃腸會造成負擔。添加物或人工甘味料也令人擔心。可視同果汁。

碳酸飲料（汽水）

只會吞嚥期 ✕
含住壓碎期 ✕
輕度咀嚼期 ✕
用力咬嚼期 △

刺激性強，糖分多，因此不適合嬰兒。基本上不要餵食。

鮮奶

只會吞嚥期 ✕
含住壓碎期 ✕
輕度咀嚼期 ✕
用力咬嚼期 ◎

如果想用來當作飲料，1歲前✕。但只要加熱在烹調時使用，從只會吞嚥期起就能使用。

咖啡牛奶

只會吞嚥期 ✕
含住壓碎期 ✕
輕度咀嚼期 ✕
用力咬嚼期 △

糖分多，咖啡含咖啡因。因此即使在用力咬嚼期，也必須以鮮奶稀釋後少量使用。

麥芽飲料

只會吞嚥期 ✕
含住壓碎期 ✕
輕度咀嚼期 ✕
用力咬嚼期 ◎

因使用鮮奶，故1歲過後再餵食。糖分多，因此把粉末類型調稀來飲用較好。

生水

只會吞嚥期 ✕
含住壓碎期 △
輕度咀嚼期 ◎
用力咬嚼期 ◎

可能混入雜菌或原蟲。對抵抗力弱的1歲前嬰兒，必須餵食經過煮沸的白開水。

礦泉水

只會吞嚥期 ✕
含住壓碎期 ✕
輕度咀嚼期 ✕
用力咬嚼期 △

礦物質成分對嬰兒未成熟的消化吸收能力會造成負擔。建議餵食嬰兒白開水。

嬰兒麥茶

只會吞嚥期 ◎
含住壓碎期 ◎
輕度咀嚼期 ◎
用力咬嚼期 ◎

無咖啡因、無添加物，因此最適合用來補充水分。另也有嬰兒用焙茶等。

番茶

只會吞嚥期 ✕
含住壓碎期 △
輕度咀嚼期 ◎
用力咬嚼期 ◎

在日本茶中是咖啡因含量少的茶，最好稀釋後再餵食少量。

綠茶

只會吞嚥期 ✕
含住壓碎期 △
輕度咀嚼期 ◎
用力咬嚼期 ◎

除咖啡因之外也含單寧。如果要給嬰兒飲用，稀釋後少量餵食。

紅茶

只會吞嚥期 ✕
含住壓碎期 ✕
輕度咀嚼期 ✕
用力咬嚼期 △

咖啡因的含量比想像中多，可視同咖啡。因此即使1歲過後也要慎重。

外食時的○與×一覽表

附分取的技巧

判斷要點與其他食材相同

基本上「自備嬰兒食物」

外食對爸爸或媽媽來說是一種樂趣及轉換心情。可是一般外食的調味都過度濃重、高脂肪、高熱量。如果直接分取來餵食，就會造成嬰兒消化器官的負擔。因此，基本上「自備嬰兒食物」。

如果忘記攜帶嬰兒食物，或看到嬰兒伸手想吃大人的食物，通常會分取來餵食。在這種情形下建議先以熱水稀釋、涮洗，或泡在鮮奶中，做成不會造成嬰兒負擔且容易吃的形態。不可直接餵食。此外，用餐前大人嬰兒都要把手洗淨。如果隨身攜帶能除菌的濕巾更安心。餵食時手可能會觸摸到食物，因此大人的指甲必須保持清潔。

烏龍麵

- 只會吞嚥期 ×
- 含住壓碎期 △
- 輕度咀嚼期 ◎
- 用力咬嚼期 ◎

鹽

烏龍麵是容易分食的必備菜單，但如鍋燒麵等煮成一鍋的麵，味道滲入麵中就不適合。選擇食材簡單的種類。

麵選擇柔軟的部分，切成小塊，味濃的湯用熱水稀釋後再吃。

蕎麥麵

鹽　休克過敏

- 只會吞嚥期 ×
- 含住壓碎期 ×
- 輕度咀嚼期 ◎
- 用力咬嚼期 ◎

蕎麥可能引起過敏反應，如果從未吃過就×。油豆腐或魚板很難咬碎，這個時期不容易吃。在臼齒長齊前必須注意。

蕎麥麵也與烏龍麵一樣，切成適當大小，與湯一起用熱水稀釋或用熱水涮洗後再吃。

家庭式餐廳

注意鹽分、油脂。從菜單中盡量挑選淡味、油脂少的食材、烹調法。

菜稀飯

鹽

- 只會吞嚥期 ×
- 含住壓碎期 △
- 輕度咀嚼期 ◎
- 用力咬嚼期 ◎

容易吃而非常適合，但味道比想像中濃重，必須用熱水稀釋。材料避免魚貝類，選擇蔬菜類，蛋必須煮熟。因使用全蛋，8個月過後才能餵食。

加熱水稀釋後再餵食，蔬菜等也切碎就容易吃。

茶碗蒸

鹽

- 只會吞嚥期 ×
- 含住壓碎期 △
- 輕度咀嚼期 △
- 用力咬嚼期 ◎

軟嫩度適合嬰兒。避免雞肉或蝦等材料，僅餵食蛋的部分。此外，因使用全蛋，故8個月過後才能餵食。高湯的鹽分多，因此少吃為宜。

僅取蛋的部分，舀在盤內，用湯匙一口一口餵食。

絕對不行＆必須注意菜單

吸收太多油的炸什錦或生魚片等生食要避免

即使是日式菜餚，但吸收大量油的炸什錦或可能感染細菌的生魚片是×菜單。天婦羅在輕度咀嚼期以後，只要選對食材就沒問題。避免烏賊或蝦，選擇白肉魚或蕃薯、南瓜等。

其他這些菜單又如何？

菜單	時期	說明
湯豆腐	從只會吞嚥期起	從冷卻的豆腐內側分取來餵食。湯豆腐可安心食用。
培果三明治	從含住壓碎期起	把未滲入味道的外側泡鮮奶來餵食。
義式什錦湯	從含住壓碎期起	用熱水稀釋湯。在輕度咀嚼期以後也僅限少量餵食。
烤雞	從輕度咀嚼期起	選擇鹽烤的種類，從內側分取搗碎後餵食。
關西合菜	從用力咬嚼期起	把蔬菜搗碎，再用熱水稀釋煮汁後來調稀。
焗烤飯	從輕度咀嚼期起	用熱水涮洗米飯部分的白醬。
披薩	從輕度咀嚼期起	如果材料是馬鈴薯、乳酪、蕃茄等就沒問題。但香腸×。
燉牛肉	所有時期	因慢慢燉煮，味道滲入全體而鹽分含量過高。
水餃	從用力咬嚼期起	用熱水涮起一口份的餡料，不沾醬油來餵食。
春捲	從用力咬嚼期起	因是油炸，故僅限少量餵食。
炒飯	所有時期	用油炒，因此脂肪、鹽分對嬰兒來說都過多。

蟹肉芙蓉蛋

鹽 脂

- 只會吞嚥期 ✕
- 含住壓碎期 ✕
- 輕度咀嚼期 △
- 用力咬嚼期 ◎

用湯及調味料製作的羹，鹽分含量多，因此不適合嬰兒。分取未沾上羹的蛋內側部分來餵食。但也要注意避開半生不熟的部分。

可能引起過敏，因此先仔細確認是否半生不熟再餵食。

粥

鹽

- 只會吞嚥期 ✕
- 含住壓碎期 ◎
- 輕度咀嚼期 ◎
- 用力咬嚼期 ◎

在形狀上沒問題，但有些粥是用湯熬煮而成，因此比想像中更鹹是缺點。最好選擇未調味的種類，可加入自己喜好材料的種類。

用熱水稀釋後，嚐嚐味道再餵食。要點是與在家吃的味道一樣。

燒賣

鹽 脂

- 只會吞嚥期 ✕
- 含住壓碎期 ✕
- 輕度咀嚼期 ✕
- 用力咬嚼期 ◎

使用多量醬油、鹽、胡椒等調味料，因此鹽分多，絞肉本身的脂肪也多。皮也有添加物，因此僅餵食肉的部分。

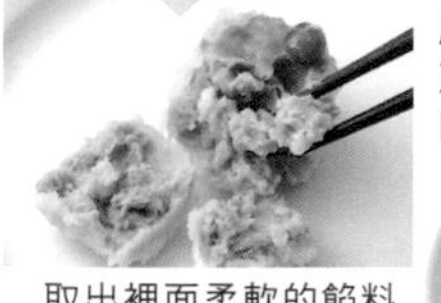

取出裡面柔軟的餡料部分，用熱水涮洗，去除鹽分及脂肪成分再餵食。

杏仁豆腐

- 只會吞嚥期 ✕
- 含住壓碎期 ✕
- 輕度咀嚼期 ✕
- 用力咬嚼期 △

通常是用洋菜製作，但有些餐廳會使用明膠製作，如此就可能引起過敏。因此必須先仔細檢查菜餚的成分再點菜。

用水稀釋糖分多的糖漿。水果類雖沒問題，但還是用水涮洗去除糖漿再餵食。

蛋包飯

鹽 脂

- 只會吞嚥期 ✕
- 含住壓碎期 ✕
- 輕度咀嚼期 △
- 用力咬嚼期 ◎

雞肉飯用油炒過，而且以蕃茄醬調味，因此鹽分、脂肪都過量。僅取外側蛋的部分，避免淋上蕃茄醬的部分，少量餵食。

可能引起過敏，因此半熟✕。仔細確認完全煮熟再餵食。

義大利麵

鹽 脂

- 只會吞嚥期 ✕
- 含住壓碎期 △
- 輕度咀嚼期 ◎
- 用力咬嚼期 ◎

避免完全拌醬或辛香料多的種類為鐵則。分取義大利麵未沾上醬的部分，用熱水涮洗後再餵食。

用熱水涮洗去除附著在義大利麵上的鹽分或脂肪成分，因為硬，用叉子切成小塊。

焗烤通心粉

鹽 脂

- 只會吞嚥期 ✕
- 含住壓碎期 ✕
- 輕度咀嚼期 △
- 用力咬嚼期 ◎

如果材料炒過或白醬使用牛油就屬於高熱量，醬的鹽分也多。材料避免魚貝類或肉類等，僅取通心麵來餵食。

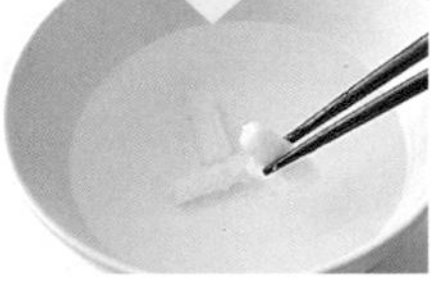

用熱水涮洗去除鹽分多的白醬。因為硬，切成小塊再餵食。

三明治

鹽 脂

- 只會吞嚥期 △
- 含住壓碎期 △
- 輕度咀嚼期 △
- 用力咬嚼期 ◎

在輕度咀嚼期前，僅餵食麵包的部分。1歲以後才能吃裡面的材料。購買時避免使用肉類或蛋等材料，選擇蔬菜三明治。

麵包的內側有塗抹牛油或芥末醬，因此僅取外側部分，泡鮮奶變軟之後再餵食。

烤魚定食

甜 脂 鹽

- 只會吞嚥期 ✕
- 含住壓碎期 ✕
- 輕度咀嚼期 △
- 用力咬嚼期 ◎

熱量雖不太高，但屬於鹽分多的菜餚。如果想餵孩子吃就單點1樣配米飯即可。把未灑鹽的魚肉部分弄散。注意小刺。

在米飯加少許熱水，用湯匙慢慢搗碎就容易吃。

把1大匙味噌湯加倍稀釋。餵食的量不要超過30ml。

烤魚去皮去骨，把魚肉柔軟的部分弄散，餵食1～2口。

漢堡排定食

鹽 脂

- 只會吞嚥期 ✕
- 含住壓碎期 ✕
- 輕度咀嚼期 △
- 用力咬嚼期 ◎

絞肉的脂肪多且熱量高。肉汁的鹽分多，因此選擇較清淡的漢堡排。與日式定食一樣，單點1樣配米飯。米飯加熱水搗碎。

熱蔬菜有時太硬，因此先用叉子或湯匙壓碎，少量餵食。

從未淋上醬汁的內側柔軟部分分取漢堡排，用熱水涮洗。

玉米湯如果加鮮奶油就是高脂肪。鹽分也高，因此用熱水稀釋，餵食不要超過1大匙。

醬油拉麵

鹽 脂

- 只會吞嚥期 ✕
- 含住壓碎期 ✕
- 輕度咀嚼期 ✕
- 用力咬嚼期 ◎

麵條本身就含鹽分，因此極少量餵食。此外，湯所含的鹽分佔全體的80%，因此不要喝湯，僅撈出麵條用熱水涮洗後餵食。

把麵條在熱水中涮洗掉附著的湯，切成適當大小。

蛋可以餵食較不會引起過敏的蛋黃部分。從中挖出來餵食。

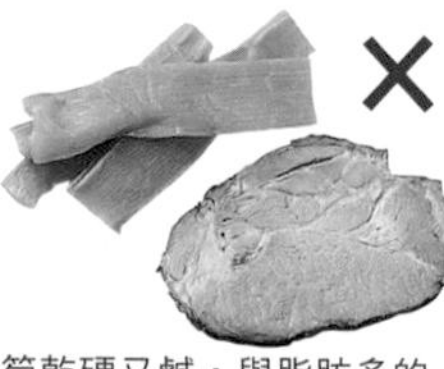

✕

筍乾硬又鹹，與脂肪多的叉燒肉都屬✕。裙帶菜的鹽分或添加物也多，因此不要吃。海苔片僅取未浸泡湯的部分就○。

便利超商熟食

熟食不耐久放，調味都濃重或添加防腐劑，因此日常使用×。

飯糰

鹽

- 只會吞嚥期 ×
- 含住壓碎期 △
- 輕度咀嚼期 △
- 用力咬嚼期 ◎

如果要餵食，就挑選包醃梅或海帶等能挑出餡料的種類。味道完全滲入的種類或鹽分多的鱈魚卵等種類不適合嬰兒。

包餡麵包

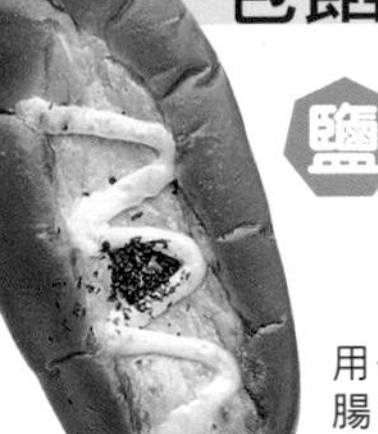

鹽

- 只會吞嚥期 ×
- 含住壓碎期 △
- 輕度咀嚼期 ◎
- 用力咬嚼期 ◎

用多量美乃滋、鮪魚、香腸等組合而成的種類很多，因此僅取麵包的部分就○。把未沾上餡料的部分撕成小塊，沾鮮奶來餵食。

三明治

鹽

- 只會吞嚥期 △
- 含住壓碎期 △
- 輕度咀嚼期 △
- 用力咬嚼期 ◎

基本上僅取麵包的外側部分沾鮮奶來餵食。1歲過後才能連餡料一起吃。蔬菜三明治比蛋三明治等蛋白質的餡料好。也要確認有無塗抹芥末。

包子

- 只會吞嚥期 ×
- 含住壓碎期 ×
- 輕度咀嚼期 ◎
- 用力咬嚼期 ◎

鹽 脂

除肉包、豆沙包之外，還有許多其他種類，但任何一種的餡料都是高鹽分、高熱量。嬰兒僅能吃皮的部分。也可把皮沾鮮奶來餵食。

關東煮

鹽

- 只會吞嚥期 ×
- 含住壓碎期 △
- 輕度咀嚼期 △
- 用力咬嚼期 ◎

全體滲入高湯而鹽分多，基本上不行。如果非吃不可，就餵食蛋的蛋黃部分。因表面已沾上味道，故挖出蛋黃裡面的部分來餵食。

炸薯條

脂

- 只會吞嚥期 ×
- 含住壓碎期 ×
- 輕度咀嚼期 ◎
- 用力咬嚼期 ◎

方便用手抓來吃，也是嬰兒喜愛的味道，但因屬於油炸食物，熱量相當高。最初先分取嬰兒吃的份，吃完就不要再給。

1/5包 輕度咀嚼期　1/4包 用力咬嚼期

去骨炸雞塊

- 只會吞嚥期 ×
- 含住壓碎期 ×
- 輕度咀嚼期 ◎
- 用力咬嚼期 ◎

鹽

與炸薯條一樣，方便用手抓來吃，但不能直接餵食。因屬於油炸食物，去除裹衣後撕成小塊。在用力咬嚼期可沾少量蕃茄醬餵食。

0.3個 輕度咀嚼期 用力咬嚼期

鬆餅

鹽

- 只會吞嚥期 ×
- 含住壓碎期 ×
- 輕度咀嚼期 ◎
- 用力咬嚼期 ◎

糖分過量，因此與小煎餅一樣不使用附帶的糖漿，直接餵食也稍嫌硬，因此把1個分取1/3量來餵食。

1/3個 輕度咀嚼期 用力咬嚼期

飲料類檢查

碳酸飲料或糖分高的飲料不行 湯則必須稀釋

刺激性強的可樂等碳酸飲料，或糖分與脂肪多的奶昔都×。最好自備嬰兒專用的茶，但如果做不到，就用冷開水稀釋100% 果汁，湯則用熱水稀釋來餵食。

速食

任何菜餚都是高鹽分、高熱量。建議選擇單純的種類。即使嬰兒愛吃也嚴禁過量。

漢堡包

- 只會吞嚥期 ×
- 含住壓碎期 ×
- 輕度咀嚼期 ◎
- 用力咬嚼期 ◎

鹽

在斷奶食物後期，1次飲食的調味基準是鹽分0.1g，因此餵食的上限請參考下圖。1歲過後除辣椒與芥末之外，可直接食用，但1歲前仍以麵包為主。

1歲前，僅取麵包的部分，切成小塊來餵食。沾牛奶就柔軟而容易吃。

1/11個 輕度咀嚼期 用力咬嚼期

炸雞塊

鹽

- 只會吞嚥期 ×
- 含住壓碎期 ×
- 輕度咀嚼期 ◎
- 用力咬嚼期 ◎

皮的部分沾有辛香料，而且因油炸而較硬。因此與吸收油的外側裹衣一起去除，僅取內側柔軟的部分餵食。

為避免弄錯份量，先從1塊分取1/9的量，然後撕成小塊。

輕度咀嚼期 用力咬嚼期 1/9個

小煎餅

鹽

- 只會吞嚥期 ×
- 含住壓碎期 ×
- 輕度咀嚼期 ◎
- 用力咬嚼期 ◎

如果塗抹附帶的鮮奶油或果醬，糖分或脂肪成分就會過量，因此不塗抹直接餵食才是正確的做法。鹽分比想像中多，因此必須遵守份量。

雖然小煎餅柔軟，但餵食嬰兒時，必須先剝成小片沾牛奶餵食。

1/6片 輕度咀嚼期 用力咬嚼期

part 4 解決疑問篇

PART4

解決疑問篇

不必過度不安！

嬰兒的食物過敏

現在大多數媽媽在意的是食物過敏。不少人因「自己沒有過敏，但不知孩子有沒有」而引起不安。其實不必過度不安，擁有正確的知識最重要。

POINT 1 理解引起過敏的架構

身體對特定的食物成分會過敏反應

身體對日常吃的食物有時會產生不好的反應。譬如細菌感染引起的食物中毒，或喝冰鮮奶而使肚子不舒服等。

在這些不好的反應中，由免疫作用有關所引起的就是「食物過敏」。

「免疫」，就是攻擊與自己身體相異成分（異物）的身體架構。譬如痲疹或水痘等，只要感染1次就不會再感染。因為第1次感染時，體內的細胞會製造對抗這種病毒的「抗體」；當病毒第2次侵入體內時，抗體就能辨識「這是痲疹病毒！」而加以擊退。這就是保護自己身體的重要系統。

對人而言，食物原本也是「異物」。因此理論上，都可能成為過敏原（引起過敏的來源），但實際上大多數人都沒什麼異樣。其實在人的消化器官有防止過敏發症的屏障，或對消化吸收的食物認為「可以不必反應！」來誘導免疫系統，亦即變成習慣的架構。

舉例來說，胃酸或各種消化酵素的功能

禁止憑自我判斷對沒有過敏風險的嬰兒限制蛋等食物！

是消化食物，將其分解成小分子。食物的分子需要一定的大小，才會變成過敏原而被身體察覺，因此消化器官盡量把分子變小，以免被察覺。當然，其中也有不能分解的成分，因此小腸的黏膜，就具備不吸收大的分子並加以阻擋的功能。

然而，嬰兒消化酵素的分泌不夠。不能把食物分解成小分子，而且阻擋能力也低。尤其不能阻擋蛋白質等大的分子進入體內。此外，對進入的食物分子，誘導「不必反應」的能力也不夠。

食物過敏常發生在嬰兒或幼童身上，就是因為消化系統在各方面都未成熟所引起。

POINT 2 對皮膚的疙瘩、發癢，切勿憑自我判斷就認定是「過敏」而緊張

不是過敏卻是溼疹的情形多

具體而言，食物過敏的反應，在嬰兒時期最常見的是皮膚症狀──發紅、又痛又癢、出現蕁麻疹或溼疹。另也有出現腹瀉或便秘、嘔吐的情形。也偶有月齡低的嬰兒出現ㄒㄧㄡ　ㄒㄧㄡ等呼吸器症狀的情形。

但有時出現腹瀉或嘔吐、溼疹等症狀並非過敏。

舉例來說，因山藥等導致皮膚發癢，是山藥所含的發癢物質「組胺」所引起，並非過敏。有時口部周圍發紅濕黏，這是食物所含的鹽分引起的「鹽分炎症」或「唾液炎症」。這些也都和過敏不同。嬰兒的皮膚細緻，因此容易引起這些小毛病。此外，嬰兒消化器官的功能尚未發達，有時會因油脂過量而引起腹瀉。

因此切勿因「吃○○就變成這樣，是不是過敏？」而憑自我判斷來限制食物。最近有不少媽媽覺得蛋「很可怕」而不給孩子吃，但蛋白質是嬰兒成長不可欠缺的營養素。若無過敏的風險，卻無謂的加以限制，可能對嬰兒的成長帶來不良影響。首先「想想有無過敏的風險」，然後「請教小兒科醫師，最好是對過敏內行的醫師（過敏專科醫師）」，這是大原則。

有無過敏的風險、是否應該檢查，相關判斷的要點如下頁所示。即使並無風險，蛋等食物仍要遵守「斷奶的基本」來餵食。在此再次反覆提醒，禁止在沒有風險下就因「可怕」的理由而限制食物。在「感到擔心」的情形下，即使沒有特別感到懷疑，仍可接受檢查，因此建議還是先請教醫師為宜。

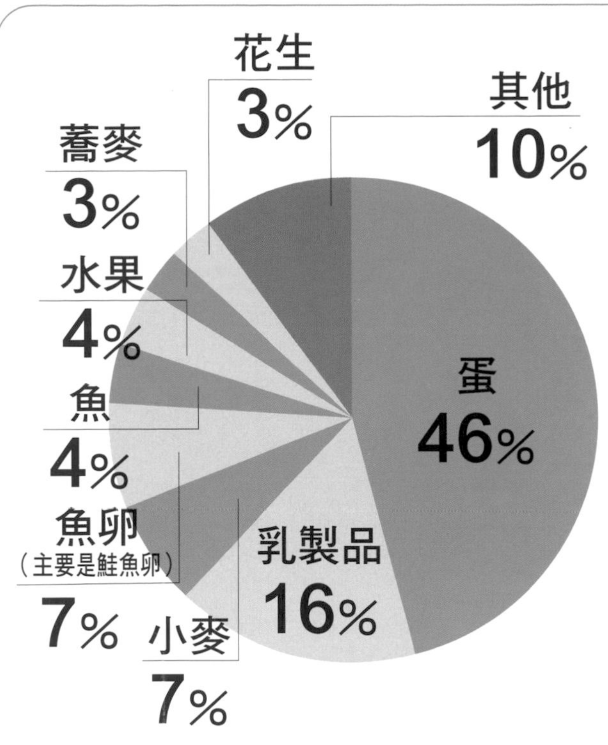

即時型食物過敏的原因食物／1歲幼童的情形

馬上出現症狀的是「即時型」

從異物進入體內到出現反應的時間不一。吃下食物後，數分鐘～數十分鐘就出現蕁麻疹、發疹、呼吸ㄒㄧㄡ　ㄒㄧㄡ等反應稱為「即時型」。另一方面，2～48小時症狀才達到高峰稱為「延遲型」。服藥後1～2天才發疹的就屬於這型。但因已經過一段時間，故有時不被認為是過敏反應。

1歲孩童即時型發症的原因食物，眾所周知，蛋名列第1。如果是20歲以上的大人，依序為小麥、水果、魚、蝦、蕎麥等。（引自日本厚生勞動省・食物過敏研究班、2001～2002年的症例分析報告）

食物引起的過敏主要症狀

便秘　腹瀉　蕁麻疹　嘔吐　呼吸系統症狀　溼疹　休克症狀　流鼻水

☆ 所謂休克症狀（過敏性反應），是伴隨呼吸困難、血壓下降、意識障礙等，在過敏反應中最嚴重的症狀。在原因食物方面，乳幼兒最多的是蛋或乳製品，但蕎麥、花生也是必須注意的食物。

POINT 3

懷疑食物過敏時 去醫院接受正確的檢查很重要

何時接受檢查較好？

檢查的基準如左列3項。但除非實際開始斷奶食物，否則無法了解是否真正對某特定食物出現過敏反應。舉例來說，較早的案例在嬰兒出生後1個月大，就有媽媽去醫院請教醫師。如果並無明顯症狀可判斷為過敏，在開始斷奶食物時，很難預測是否出現食物過敏。因此在這種情形下，可進行血液檢查等預備性檢查，如果有風險，蛋等蛋白質食物就等請教醫師後再餵食。

另一方面，如果已經開始斷奶食物，而出現某種症狀，就接受左頁所列的各種檢查，再做綜合性診斷。

即使擔心食物過敏，但禁止憑自我判斷來限制食物。首先檢查有無風險。如果「雖然雙親都沒有過敏，但仍會擔心」，就接受檢查，請教醫師。

何時接受檢查？

3種判斷的要點

1. 雙親的某一方有某種過敏症症狀
2. 兄姊有某種過敏症症狀
3. 嬰兒本人有可能是過敏的症狀

POINT 4

即使被診斷為過敏 但通常會隨著成長而逐漸改善 不要著急，細心照顧

與在營養或生活等方面能充分溝通的主治醫師共同協力

即使在各種檢查被診斷為「似乎對○○會過敏」，也不要洩氣。因為乳幼兒期的食物過敏，多半會隨著成長而逐漸改善。即使在0歲階段被診斷為食物過敏，但其中9成在唸小學前就會自然痊癒。一開始對蛋有過敏反應的孩子，多半在1歲半左右就能逐步少量吃。

這與孩童消化功能的發達有關。

如前所述，在嬰兒時期小腸的黏膜尚未發達，尤其蛋白質的分子是以大的狀態被吸收，因此身體會當成「異物」來反應。但隨著成長，分解蛋白質的能力也提高，小腸黏膜也發達，亦即免疫系統會以「沒問題」來接受蛋白質成分。

此外，有時媽媽吃的食物會經由母乳轉移到嬰兒，而使嬰兒引起某種反應。但這也必須經過調查，才能判斷是否是真正的過敏反應。假使因過敏而連媽媽本身也必須某種程度限制食物，那麼就必須請教專科醫師，應該用何種食物取代來補充營養。

對嬰兒來說，最重要的是尋找「能提供正確意見的主治醫師」。所以，請慎重觀察狀況，不要著急，不要擔憂，共同關心孩子的成長。

接受這些檢查來做綜合性判斷

檢查有優點也有缺點，並非接受某種檢查就能診斷食物過敏。
請依據下列各種檢查或症狀來做綜合性判斷。

詳細的問診	家族中有人過敏嗎？糞便或體重增加的情形如何？有哪些令人擔心的症狀？在何時出現？而且與哪種食物有關，先鎖定目標，再接受檢查。
食物日記	「食物日記」對有無過敏或過敏的原因食物鎖定目標有用。要點是把嬰兒吃過的食物與症狀，包括時間在內都記錄下來。如果擔心是從母乳轉移，就連媽媽吃過的食物或餵奶時間也記錄下來。先記錄1週。
血液檢查（IgE抗體值）	調查在血液中與過敏反應有關的抗體「IgE」數值。有時即使抗體值低，但卻有強烈的症狀，因此必須與問診或其他檢查合併來判斷。此外，在血液檢查即使出現「陽性」反應，但真正需要限制食物的，通常僅佔其中的一半不到，這是在2001年日本厚生勞動省發表的結果。因此切勿因血液檢查的結果就任意開始限制食物。
皮膚檢查（搔抓、刮傷試驗）	在皮膚刮出不出血程度的傷口，塗上可能成為過敏原因的浸膏來觀察反應。如果發紅，就可能有過敏原。但嬰兒的皮膚本就敏感，因此即使不是過敏也會出現反應。與血液檢查一樣，切勿僅因這種結果，就任意開始限制食物。
免疫檢查（淋巴球刺激試驗等）	雖然明顯出現過敏的症狀，但在血液檢查（IgE抗體檢查）有時是呈陰性。這種情形就進行延遲型過敏反應檢查之一的淋巴球刺激試驗，有時會呈陽性。但這種檢查尚不普遍。
除去試驗	在問診或檢查鎖定原因食物後，首先進行「除去試驗」。對可能成為原因的食物，譬如蛋，在1～2週內完全斷絕所有使用蛋的食物。然後觀察症狀是否改善。這種方法也可做為治療。如果症狀未減輕，就可視為這種食物與過敏反應無關。 ＊必須在醫師的指導下進行。
 負荷（誘發）試驗	在除去試驗，如果症狀改善或減輕等，那麼這種食物很可能是過敏的原因食品。於是，進行「負荷（誘發）試驗」以確定診斷，亦即少量嘗試原因食物，但因有時會出現過敏症狀或變得更嚴重，故不一定要進行。 ＊必須在醫師的指導下進行，切勿自己任意進行。

接受過敏專科醫師的診察以取得適切的護膚&生活上建議

POINT 5

對疑似過敏的孩子在斷奶食物注意這些事項更好

開始斷奶時僅限少量慢慢餵食

「可能會過敏的嬰兒，是否延遲開始斷奶食物較好？」最近常聽到這樣的疑問，但即使延遲，仍有限度。

通常開始斷奶是以5個月大為中心的4～6個月大時期。即使是有過敏風險的嬰兒，最好也要在出生後6個月內開始斷奶。這是綜合性考量嬰兒消化酵素的分泌能力，及從這個時期起在成長上必要的營養等因素所致。無謂的延遲僅有百害而無一利。

食材必須加熱來「低過敏原化」

餵食嬰兒的食材，為了預防細菌感染，必須全部加熱為鐵則。

其實這種加熱處理，就能減少食材過敏的強度，亦即有「低過敏原化」的作用。經由加熱能使食材的分子改變，讓身體不易察覺異物。

因此蛋白質及果汁等所有食材，最好都以微波加熱。利用市售的「低過敏原食品」（米等食材）也是一種方法。

蛋白質必須遵守餵食的「順序」「時期」

造成嬰兒食物過敏最大的原因就是蛋白質來源食物。特別多的是蛋，但肉類（牛肉、雞肉、豬肉）或瘦肉精（加牛肉精的湯等）也會出現反應。

因此，遵守「餵食的順序」與「時期」很重要，視情況逐步進行。如果是已經出現某種症狀的嬰兒，在最初的2～3週以米粥為主，之後再少量嘗試芋薯類、豆腐或白肉魚。在乳製品方面，如果以前喝的牛乳沒問題，就可以在開始斷奶食物時使用。

市售食品盡量少吃

因有關單位的規定，現在市售食品有時會明確標示引起食物過敏的成分（稱為特定原材料，參照下頁）。

只不過標示方法有些參差不齊。有些未標示，有些則未明確記載含過敏物質（如美乃滋、麵包等）。凡未明確標示的市售食品都最好不要購買。

利用優格調整腸內細菌

比菲德氏菌或乳酸菌是在腸內的活益菌。這種有益的腸內菌能調整有關過敏的身體免疫功能，抑制腸吸收過敏原。

如果對乳製品不過敏，就積極食用原味優格。此外，也有如寡醣等能強化比菲德氏菌功能的成分。在自製點心時不妨使用少量來添加甜味。

使用油時選擇「對身體有益的油」

「油與過敏有何關係？」可能很多媽媽都想不到，其實大有關係呢。

首先，「n-6系」的油所含的亞油酸（玉米油、紅花油、葵花油、瑪琪琳或美乃滋含量多），或肉類所含的動物性脂肪（飽和脂肪酸）可能會引起過敏。這些成分容易促進體內的炎症，使過敏症狀更嚴重。

反之，「n-3系」的油有抑制體內炎症的效果。具體來說，有紫蘇油及荏籽油等富含α—亞麻

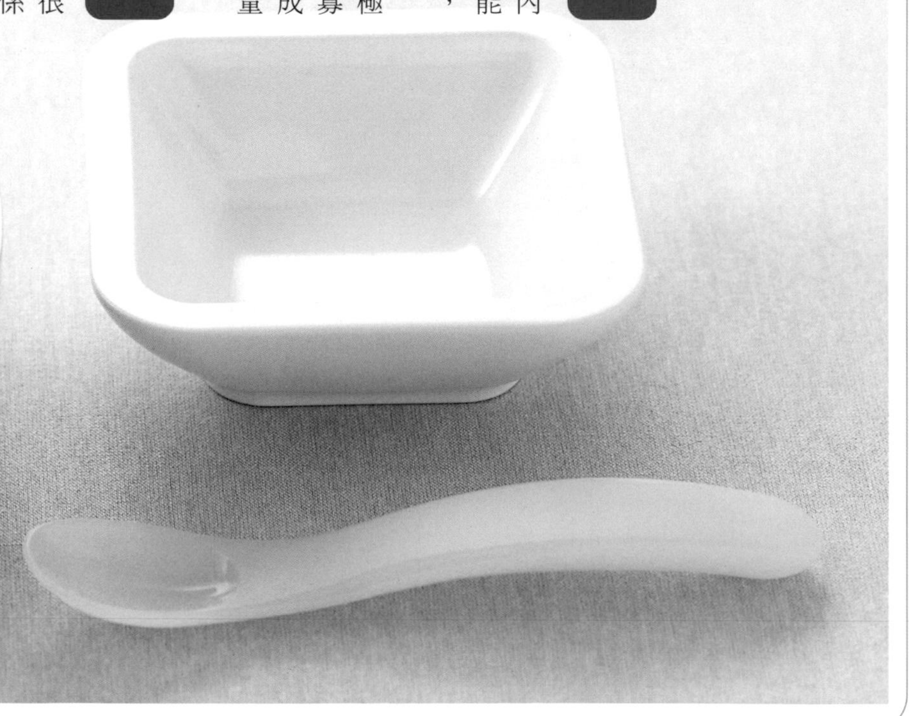

必須留意的食材表

有過敏風險的嬰兒、幼童必須注意的食材。現在政府規定市售食品如果含容易引起過敏的原材料，就應正確標示。在此介紹的就是這些食物（特定原材料）。★是規定標示的5種品目，☆是建議標示的19種品目，合計24種品目。日本厚生勞動省不僅對「有使用」建議標示，為使消費者安心選購食品，對「未使用特定過敏性食物」也建議以「未使用」來標示，可做為選購時的參考。

蛋 ★

不僅雞蛋要標示，鵪鶉蛋或鴨蛋也都是標示對象。如果只有蛋黃或蛋白，也規定必須標示。

乳製品 ★

只要是用牛乳調製、製造的食物，都成為過敏標示的對象。奶油、牛油等也都是。

蕎麥 ★

很早以前在日本就是導致嚴重過敏症狀有名的食物。即使是非常微量的蕎麥粉，也會有人出現反應。

小麥 ★

除普通小麥、準強力小麥、強力小麥之外，在義大利麵使用的麩質硬小麥等也必須標示。

大豆 ★

過敏標示包括毛豆及黃豆芽等未成熟或發芽的菜在內。大豆粉也是大豆製品。

魚貝類

鯖魚☆　鮭魚☆　烏賊☆　蝦☆
蟹☆　鮭魚卵☆　鮑魚☆

青背魚雖含豐富DHA，卻必須注意過敏。此外在魚卵類中，除鮭魚卵之外，小鮭魚卵也是標示對象。

肉類

牛肉☆　雞肉☆
豬肉☆

肉本身當然是標示對象，但動物脂肪（豬油、牛油等）也必須標示。

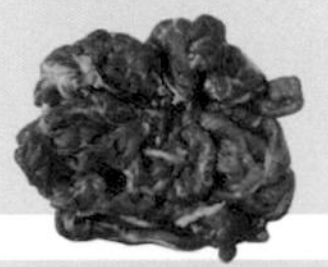

水果

奇異果☆　橘子☆　桃子☆
蘋果☆　香蕉☆

最近因水果引起的過敏反應愈來愈多，有時以口腔炎的症狀出現。香蕉最近也成為標示品目。

堅果類

花生（落花生）★
核桃☆

花生在多數料理或糕餅都會添加。花生油、花生醬也一樣。有阻塞喉嚨的危險，必須留意。

明膠 ★

明膠的主要原料是牛、豬。不僅單品使用，在多數加工食品也做為原材料來添加，因此如果有過敏就要留意。

山藥 ★

野山芋、家山芋、佛掌薯、銀杏芋、大和芋。

酸，或魚油所含的EPA、DHA等。因此與其以肉類料理為主，不如以魚類料理為主，變成體內不易引起炎症的身體。

過敏的架構複雜，症狀惡化的原因不僅油而已，但α－亞麻酸的油對炎症似乎能發揮效果，這種研究報告正逐漸增加。

對嬰兒來說，雖然禁止吸收過多的油脂，但「n-6系」「n-3系」的油都是身體所必要的，因此均衡適度使用很重要。所以「控制油炸食物或炒物，即使用油也僅限少量」，而且「使用時也不要偏向某一種」。

使用油時同時攝取「抗氧化食品」

α－亞麻酸系的油，雖然對過敏有預防效果，但缺點是一接觸空氣或加熱就容易氧化。因此開封後放入冰箱冷藏，及早用完。

魚油也一樣，有容易氧化的缺點。因此原則上加熱新鮮的油來使用，可是這樣有時又容易使油氧化。

在這種情形下，可同時使用「抗氧化食物」，亦即能抑制氧化的食物，譬如日式料理的「味噌」就是。此外，黃綠色蔬菜、洋蔥、蔥、迷迭香、丁香、荳蔻等辛香料也是抗氧化食物。香草類從幼兒期起可做為調味的重點，少量使用。

在此附帶說明，如果把味噌做成「味噌湯」，必須從用力咬嚼期起才能餵食。最初用熱水稀釋4倍左右。

PART4

解決疑問篇

解決斷奶食物的「不了解！」「困惑！」Q&A

對斷奶食物會陸續出現許多「疑問」或「困惑」。以下依不同的主題來介紹前輩媽媽們經歷過的各種煩惱。當下立刻就解決疑問。

1 開始斷奶食物前的疑問

太早餵食果汁或茶好不好？（3個月大）

A 在斷奶前餵食果汁或湯的目的，是為使孩子習慣母乳以外的味道及湯匙，但不必勉強。即使餵食，從出生後3～4個月起即可。有些媽媽從出生後1個月就開始餵食，但有果汁過敏的報告，因此未必早就好。此外，把水果榨成果汁又太濃，會造成嬰兒身體的負擔，因此用白開水稀釋2倍以上再餵食。不必每天餵食，平時喝白開水即可。

孩子非常愛喝果汁想喝就給他喝有沒有問題？（4個月大）

A 不一定非喝不可，1天合計的量最多不超過30毫升。不要用奶瓶喝而用湯匙來喝。即使孩子非常愛喝果汁，但如果喝太多而減少母乳或奶粉的量，那就會有問題。

孩子不愛喝湯是否要勉強餵食？（4個月大）

A 也與果汁一樣，孩子不想喝就不要勉強餵食。

出生時體重輕的孩子進入5個月也一樣開始吃斷奶食物嗎？（4個月大）

A 如果出生時是2500公克以下低體重嬰兒，通常也會延遲開始斷奶食物。如果是比較嚴重的低體重兒，並非以出生日做為發育的基準，而是從預產期開始算起。斷奶食物的開始時期也從預產期算起的5個月後。不僅如此，從頸部穩定等身體發育、孩子看到食物時會張口等情況，也可視為開始的信號。發育發達有個人差異，因此最好請教醫師。

Column 專欄

不必勉強餵食果汁

開始斷奶前如果要餵食果汁，不要用奶瓶而用湯匙來餵。1天最多30ml為限。

2 開始後的單純疑問

4個月大時體重已超過8公斤可否稍微提早開始斷奶食物？（4個月大）

A 開始斷奶食物並非從體重或月齡來決定，而是觀察每一個嬰兒的發育來決定。發育的基準請參考前一項的回答。有些媽媽認為「孩子胖嘟嘟，擔心太胖而想提早吃斷奶食物」，但這個月齡的胖嘟嘟並非「肥胖」。不能為了控制母乳或牛乳的量，而提早開始吃斷奶食物。

據說晚一點開始斷奶食物較好？其基準為何？（3個月大）

A 電視上似乎傳播著所謂「晚一點開始斷奶較好」的說法，但這並不正確。雖依孩子的發育而有微妙的差異，但基本上從5～6個月起開始。晚一點較好的說法，可能與食物過敏的問題有關。可是，過敏的問題因人而異，並非晚一點開始斷奶就是好。

據說在夏季開始斷奶食物不好？（4個月大）

A 往昔食物的保存方法不像現在發達，因此夏季食物容易腐敗，而不適合開始斷奶食物，但在冰箱普遍的現代，從哪個季節開始都沒問題。

只不過從梅雨季到初秋是食物中毒好發的季節，因此對食物的處理或烹調器具的衛生必須充分注意。

常說「從1匙開始來看情況」但應該檢查些什麼？（4個月大）

A 嬰兒是否愛吃、能否順利吞下而不會噎到、糞便或皮膚有無變化等都是要點。把湯匙放在孩子的下唇，等上唇放下再來吞食，就能順利吞下而不會噎到。如果用舌推出，從咀嚼能力方面來看就還不到吃斷奶食物的時候，因此等2～3天到1週後再試試看。

雖說從1匙開始餵起但孩子似乎很愛吃能否多餵一些？（5個月大）

A 以斷奶食物湯匙來說，1小匙等於2～3匙的量。剛開始的1～2週稍微少量，最多也是加倍的量。等1～2週習慣後，如果嬰兒愛吃就餵。只不過只會吞嚥期營養的主體仍是母乳，因此不過度減少餵奶量為祕訣。量是個人差異最大的部分，因此視情況配合嬰兒的食慾來餵食也很重要。

可以餵大人嚼爛的食物嗎？（5個月大）

A 有些祖父母會先在口中把食物嚼爛再餵孩子吃，這種做法絕對禁止。因為大人口中存在各種雜菌。在蛀牙菌中除被視為最強的突變體菌之外，還有牙周病的菌、引起口腔炎的疱疹病毒等可能傳染給嬰兒。此外，即使不是嚼爛，但如果大人為了確認食物的溫度，而先放入自己口中再餵食嬰兒，這種做法也不行。

為了配合爸爸下班回家的時間，在晚上9時才吃斷奶食物可以嗎？（5個月大）

A 進餐的時間太晚對嬰兒的身體無益。嬰兒吃斷奶食物的時間，最晚也要設定在晚上6～7時。如果8時以後才進餐，接著就睡覺，這種生活會造成嬰兒消化功能的負擔。如果希望與爸爸一起吃晚餐，可在這個時間餵母乳。

吃剩的斷奶食物能隔天再吃嗎？（5個月大）

A 吃剩的食物，不能再餵食嬰兒。斷奶食物因營養豐富又淡味、水分也多，因此容易孳生雜菌。在做好餵食前，常溫放置冷卻的期間也會附著細菌。另一方面，在餵食前分取大人菜餚的份，或湯匙尚未觸碰嬰兒口的食物，可在冰箱冷藏保存，1天內大致沒問題。但在隔天吃之前必須再次加熱（也可微波加熱）。如果放置1天以上就要丟棄。

每天吃稀飯能否有些日子改吃蔬菜泥？（5個月大）

A 即使不每天吃米粥也不要緊。但進入吃2次時期後，備齊主食、主菜、副菜的菜單，在營養均衡上很重要。這3種齊全就能均衡攝取營養。不吃米粥也不要緊，但基本上必須要有「主食」＋「副菜」。

喝牛乳之外斷奶食物又吃優格這樣乳製品是否過量？（6個月大）

A 乳兒用牛乳含鐵及鋅等從乳製品無法攝取的各種營養素。因此如果因斷奶食物使用優格或乳酪等乳製品而減少牛乳，這些營養成分可能會不足。這個時期營養多半依賴牛乳或母乳，不可因進入斷奶時期而把母乳或牛乳減少到不足需要的量，請注意。

據說每天都應該吃蛋或大豆可以一整天都吃嗎？（7個月大）

A 蛋在只會吞嚥期使用煮熟的蛋黃，納豆是從含住壓碎期起就能使用的食材。營養價值高，又容易烹調，因此是適合斷奶時期的食材。不過蛋與納豆原料的大豆，都是容易引起過敏的食物，因此必須慎重餵食。避免多量餵食同樣的食物數次，譬如1天連續吃2次。

雖然以斷奶食物為主但鈣等營養方面有沒有問題？（10個月大）

A 這個時期可在「鈣質豐富」的菜餚上多下點工夫。鈣質豐富的食材，奶、乳製品有原味優格、鮮奶、脫脂奶粉、乳酪。魚貝類有小魚乾、蝦皮。其他有豆腐、納豆、大豆粉、羊栖菜、油菜、蘿蔔乾、蕪菁及白蘿蔔葉等，建議多加利用。

菜單容易一成不變！（7個月大）

A 「一成不變」是多數媽媽們的煩惱。尤其在含住壓碎期～輕度咀嚼期，是嬰兒對斷奶食物吃膩，容易鬆懈的時期。這種情形下更要多花點心思。如果是含住壓碎期，就參考右列專欄，如果是輕度咀嚼期，在調味時除使用醬油、鹽之外，也可嘗試味噌、烏斯特辣醬、蕃茄醬等。如果煮菜稀飯，底料可使用嬰兒食品的中式、日式、西式清燉肉湯等。此外，醬可利用白醬、稠牛骨肉汁、蕃茄醬等，如此就能使味道產生變化。

香蕉能否當主食來餵食？（7個月大）

A 香蕉甘甜又美味，而且容易搗碎，因此很受歡迎。營養上是熱量來源，亦即可用來當主食，但不宜每天食用。最好還是選擇米、芋薯類、麵類、麵包等各種主食食材。

Column

打破一成不變的創意

含住壓碎期的情形

只要多下點工夫，斷奶食物就會讓人有新鮮感。
除菜餚方面之外，也可改變進餐場所，在陽台或戶外進餐來轉換心情也是一種方法。

1 普通的「吻仔魚粥」大變身！

*份量均為含住壓碎期用

基本的「吻仔魚粥」。去鹽的吻仔魚13g（2大匙強）、紅蘿蔔與青菜各適量，煮熟後切碎，加在全粥中。

焗烤式
把「吻仔魚粥」的吻仔魚乾減為6g，放上白醬（嬰兒食品也可以）3大匙，在烤箱烤成金黃色。

添加乳酪風味
把「吻仔魚粥」的吻仔魚乾減為8g，加乳酪粉4g（2大匙）來煮，就變成濃郁的乳酪風味。

添加蕃茄味
在「吻仔魚粥」放上蕃茄醬1/4小匙，僅此就能使味道產生變化。

2 利用嬰兒食品來轉換心情

桃子湯
如果想使味道產生變化，可活用嬰兒食品。這是把「桃子」與「西式高湯」混合而成的桃子湯。

3 斷奶食物與糞便的關係

Q 開始斷奶食物的同時糞便也會變得較稀軟原本1天1次的排便變成3～4次有沒有關係？（5個月大）

A 開始斷奶食物後，糞便變得較為稀軟是常有的事。只要孩子活潑，又有食慾，愛吃斷奶食物，就可以繼續下去。以往因僅吃液體，進入斷奶食物後，腸內細菌的狀態正逐漸改變。習慣後，糞便就會正常。

但如果孩子沒有活力，多次排出水樣糞便、嘔吐等，須至小兒科就診。因為原因未必是斷奶食物，也可能是感冒或細菌感染。

Q 開始斷奶食物後糞便的顏色變深且有臭味（6個月大）

A 開始斷奶食物後，糞便的顏色或氣味改變是常有的事，不必擔心。開始吃斷奶食物後，腸內細菌的數量或種類發生變化、失去平衡等都是原因。以往僅喝母乳或牛奶時，腸內充滿益菌，但開始斷奶食物後就有各種菌進入，這些菌類正是臭味的原因。稍微成長後，腸內細菌的平衡就會改變，糞便的狀態也會穩定下來，氣味變得與大人差不多。

Q 糞便乾硬似乎為便秘所苦該怎麼辦？（6個月大）

A 開始斷奶食物時便秘的原因，主要是腸內細菌改變。含比菲德氏菌的優格與增加益菌的寡糖、纖維多的蔬菜等，都能改善腸內細菌的狀態。另一個則是因餵奶量減少引起的水分不足。請多餵食水分（麥茶或白開水）。

斷奶食物進展後便秘的原因，主要是纖維不足。積極餵食纖維多的食物，使腸的活動變活潑，就能改善。此外，斷奶食物時間不規律也容易引起便秘，因此建議調整生活節奏，讓孩子規律的進餐。

Q 吃下的食物如裙帶菜等以原狀出現在糞便中是否消化不良？（7個月大）

A 吃下的食物以原狀出現在糞便中是常有的事。如果糞便是下痢狀，與平時不一樣，就可能是消化不良，否則應該沒關係。

裙帶菜等海藻類本來就不易消化，因此從輕度咀嚼期起再餵食。在含住壓碎期只餵食海苔或洋菜。即使未消化的食物以原狀出現在糞便中，但只要孩子有活力、心情好，就不必擔心。

Q 紅蘿蔔出現在糞便中是否斷奶食物煮得不夠軟？（9個月大）

A 糞便中的「紅蘿蔔色」是殘留的胡蘿蔔素成分。紅蘿蔔的纖維多，而胡蘿蔔素也常不被吸收。但營養確實已被吸收，因此不必擔心。不僅紅蘿蔔，連蕃茄或菠菜、菇蕈類等也常出現在糞便中，但這些都沒問題。

食物是否軟硬適中，與其從糞便來觀察，不如媽媽在餵食前先用手指捏捏看，或餵食時觀察孩子口部動作來確認。

Column 對便秘的孩子・推薦食材

選擇能使腸功能活潑的纖維豐富食材。除照片中的食材之外，金針菇、玉蕈等菇蕈類、海草類、加胚芽的麵包、杏子乾或李子乾等也都值得推薦。

青菜類
燕麥
蕃薯
大豆
羊栖菜
優格

輕度咀嚼期

寡糖香蕉拌裙帶菜
纖維多的裙帶菜加香蕉，再加能增加腸內益菌的寡糖。裙帶菜用水泡軟後切成適當大小，取1小匙備用。香蕉1/3根搗碎後拌裙帶菜，再加寡糖1/2小匙。

Column 對擔心缺鐵的孩子・推薦食材

除便秘對策之外，還要了解「貧血對策」。因為斷奶期的嬰兒容易罹患缺鐵性貧血。除照片中的食材之外，鮪魚或鮭魚等紅肉魚、高野豆腐等也都值得推薦。也要攝取有助吸收鐵的維生素C及蛋白質。

含住壓碎期

鰹魚鬆
紅肉魚的活用實例。在鰹魚15g加入淹過材料的高湯，砂糖與醬油各加少許調味來煮，煮熟後弄碎。可加在粥中，或與馬鈴薯泥混合，用途廣泛。

4 斷奶食物與母乳・牛乳的均衡

喝完牛乳後睡4～5小時因此有時會錯過斷奶食物的時間是否該叫醒孩子來吃？（5個月大）

A 沉睡中被叫醒的孩子，通常也沒有食慾。並非配合吃斷奶食物的時間叫醒孩子，而是在孩子未睡覺的時間來安排斷奶食物時間才對。

斷奶食物的時間原則上不變，但如果碰上孩子正在睡覺，偶爾不吃也無所謂。

餵孩子吃斷奶食物時餵多少就吃多少是否應該減少餵奶量？（5個月大）

A 這個時期奶還是重要的營養來源。即使要減少餵奶量，也要維持在以往的8成左右。斷奶食物可增加基準量的1.2倍，但1.5倍以上就太多。如果餵得較多，就要選擇好消化的食物。

當孩子肚子太餓時就不吃斷奶食物可以先餵奶嗎？（6個月大）

A 孩子肚子太餓時，就會沒耐心慢慢吃斷奶食物，而只想喝習慣又容易喝的奶。在這種情形下，建議把斷奶食物的時間提早30分鐘，趁孩子肚子還不太餓時就餵食。

我的孩子喝牛乳但1天合計只喝640毫升而且吃斷奶食物後也不喝奶（6個月大）

A 6個月大嬰兒的平均哺乳量是1天760ml，只要在577～943毫升的範圍內就沒問題。640毫升稍嫌少，但仍在許可的範圍內，只要孩子的體重依照母子健康手冊的發育曲線增加，就不必擔心。如果吃斷奶食物後不喝奶，只要在其他時間喝就不要緊。

為進行斷奶食物而減少餵奶量改餵含鈣質的煎餅不知在營養上有無問題？（8個月大）

A 育兒用牛乳含嬰兒必要的各種營養素，因此僅攝取鈣質，可能會導致其他營養素不足。建議除斷奶食物後以外，1天餵奶3次。但如果牛乳喝過量，就改用奶嘴洞小的奶瓶，讓孩子一次喝少量也是一種方法。

擔心孩子營養不足而刻意挑選熱量高的菜餚停止餵母乳改喝斷奶期牛乳是否較好？（9個月大）

A 斷奶期牛乳能方便有效攝取鐵質與蛋白質。但如果擔心營養不足，就不要選擇「高熱量」食物，而留意能確實攝取不足營養素的斷奶食物菜餚。斷奶期牛乳是補足斷奶食物不能充分攝取的鐵質與蛋白質。如果斷奶食物順利進展，也不必刻意停止母乳而改用斷奶期牛乳。

Column

鮮奶與斷奶期牛乳各自從何時開始飲用？

必須等到1歲過後才能喝鮮奶

以前的人常說：「嬰兒9個月大後就能喝鮮奶」，但最近已修正為「1歲過後」，這是因為從只會吞嚥期起，嬰兒在胎兒期接受媽媽鐵質的體內儲藏量逐漸減少。但母乳或育兒用牛乳含鐵質，因此認為在出生後6個月前不易引起缺鐵性貧血。另一方面，從出生後6個月前後起，如果以鮮奶來代替母乳、牛乳，而且1天400ml或超過這個量，就會阻礙鐵的吸收，而可能引起缺鐵性貧血。缺鐵性貧血的狀態如果持續3個月以上，可能會引起精神運動發展的遲緩。此外，如果每天餵食多量鮮奶，有時會出現過敏反應而從腸管引發微量出血。因此1歲過後再直接喝鮮奶的說法就是依據這個理由。但如果加熱偶爾在烹調上使用程度的量，從斷奶初期就沒問題。

使用斷奶期牛乳是9個月大以後

斷奶期牛乳也是育兒用奶粉之一，但特徵是強化鐵質或鈣質。一般的牛乳與斷奶期牛乳，喜歡哪一種都沒關係，如果是喝牛乳，可持續這種喝法，但如果要改喝斷奶期牛乳，就在9個月大以後。因為濃度稍高，在9個月大前喝會造成嬰兒腎臟的負擔。此外，1歲過後就能改喝鮮奶。

我的孩子除吃斷奶食物之外也想喝母乳但體重11公斤稍嫌胖不知該減少母乳或斷奶食物哪一樣？（10個月大）

A 建議固定斷奶食物的次數及時間，就能減少餵奶。如果吃斷奶食物能確實攝取營養，就不必餵奶多次。擔心孩子太胖，可重估飲食。請以斷奶為目的，來進行斷奶食物。

我的孩子每次只吃2～3口斷奶食物因此仍以母乳為主可以停止餵母乳嗎？（11個月大）

A 1歲過後，進入斷奶結束期能自然不喝奶最理想，但未必如此順利進行。因此暫時在斷奶食物上多下點工夫。如果孩子吃就多加誇獎；如果體重不增加，就考慮停止餵母乳。

我的孩子1天喝3次牛乳每次喝200毫升吃斷奶食物的量少是否奶粉喝太多？（1歲1個月大）

A 這個時期1天喝600毫升牛乳太多。建議把奶瓶改為杯子來喝，就能減量。如果突然改用杯子不會喝，就用好拿而口小的乳酸菌飲料等空瓶來練習喝，如果怕灑在地上，可以在浴室練習。

我的孩子異常愛喝鮮奶卻不太吃斷奶食物於是只好餵食鮮奶（1歲6個月大）

A 有些孩子因咀嚼力弱而只想以喝的方式來輕鬆填飽肚子。如果還在用奶瓶喝，就告訴孩子「我們不要再用奶瓶了」，而收起奶瓶。此外，買鮮奶時可改買小盒裝，讓孩子了解冰箱裡沒有那麼多鮮奶可喝。

Q5 嬰兒食品・食品的安全

從斷奶食物的初期到結束一直都吃嬰兒食品可以嗎？（5個月大）

A 從咀嚼力發展的角度，不贊成一直使用嬰兒食品的做法。如果是只會吞嚥期還無所謂，但在增加硬度的輕度咀嚼期以後，如果還是只吃嬰兒食品就太軟。此外，最近的嬰兒食品種類雖增加不少，但比起親手製作的菜餚仍缺乏變化。如果只吃嬰兒食品就會一成不變。中期以後只吃嬰兒食品，在量上也不夠。建議添加1道親手烹調的菜餚，或菜餚中加入嬰兒食品來使味道富變化。

嬰兒食品的材料表中標示的糊精是什麼？（5個月大）

A 糊精是把澱粉分解成容易消化吸收，因此可視為太白粉的同類。

實際吃之後就感覺嬰兒食品比親手烹調的菜餚稍軟是否一定要依照包裝上標示的月齡來吃？（7個月大）

A 嬰兒食品的軟硬度是依照日本厚生勞動省所定「斷奶的基本」所示的各時期基準來製造。但依製造方法，有些種類比基準稍軟。如果餵食比標示的月齡大的嬰兒食品，又會太硬而導致囫圇吞食，因此不建議這麼做。輕度咀嚼期以後看嬰兒吃的狀況，把稍硬的食材混入嬰兒食品中，設法增加咬勁。

我的孩子吃嬰兒食品卻不吃我親手烹調的斷奶食物請問二者有何差異？（8個月大）

A 親手烹調的斷奶食物與嬰兒食品最大的差異在於滑順度。用機器製造的嬰兒食品，滑順度均一，而手做的斷奶食物則辦不到。尤其這個時期是口感最敏感的時期，可能也是原因之一。8個月大是轉移到下個階段的時期。但也可能是媽媽手做的斷奶食物缺乏咬勁而不愛吃。建議仔細觀察嬰兒吃的狀況，重估斷奶食物的內容。

擔心蔬菜的農藥或加工食品所含的添加物（7個月大）

A 蔬菜的農藥只要「徹底清洗（水洗3次以上）」「汆燙」就能大為減少。但低農藥或無農藥的蔬菜又擔心寄生蟲，因此必須煮熟。進口品有收穫後噴灑農藥的問題，因此最好避免。加工食品選擇添加物少的種類，可是添加物少就不耐久放，因此鹽分不少。如果以為無添加而吃多，鹽分就會過量。因此先煮過再使用，就能大為減少鹽分濃度。

大人使用的「高湯素」全是添加物嗎？（6個月大）

A 化學調味料含有各種成分，確實有添加物的問題。但令人擔心的是，通常除食鹽以外還會以鈉的形態加入，因此和鹽一樣對身體無益。值得推薦的還是「自製高湯」。建議一次整批做好冷凍備用即可。當然也可活用嬰兒食品的高湯或湯類。

6 有好惡・只吃「某一種」

Q 聽說在斷奶時期餵食各種食材將來就不會偏食？（5個月大）

A 讓孩子吃多種食材是好事，但僅靠斷奶食物也不能保證將來不偏食。據說決定一個人的嗜好（味覺）是從小學高年級到青春期這段期間。此外，味覺本來就有個人差異，因此不要著急，把眼光放遠來看。但吃不慣的食物不容易接受，就可能會變成「討厭」的傾向。有時是媽媽自己討厭吃，而從不做給孩子吃，結果變成「還沒吃過就討厭」。因此讓孩子體驗各種食材確實很重要。

Q 我的孩子非常愛吃香蕉其他食物連看都不看該怎麼辦？（6個月大）

A 只吃「某一種」食物是整個斷奶期中常有的事，不妨把眼光放遠。有報告顯示，從1個月、3個月、6個月來看，這還是營養均衡的吃法。現在先以孩子愛吃的食物為主，再見機來餵食其他食材。

Q 我的孩子不吃白肉魚料理一入口馬上吐出該怎麼辦？（6個月大）

A 魚等蛋白質來源食物，加熱後就變硬而乾澀。可多加點水分，做成滑溜容易吞嚥的形態。而勾芡也有效，除用太白粉水之外，也可用白醬來拌，或與米粥混合。

Q 我的孩子突然不想吃以往愛吃的米粥及吻仔魚粥這是什麼原因？（7個月大）

A 可能已經吃膩粥。不要洩氣，不妨當作是擴大味道範圍的好機會。可讓孩子嘗試玉米片或燕麥片、麵類或麵包、芋薯類等其他熱量來源食物的味道。

Q 我的孩子所有食品一定要加白醬才吃（7個月大）

A 這位媽媽可能擔心孩子不喜歡其他口味，但不久就會吃膩白醬而根本不碰，因此不必擔心。反而正可藉此機會利用這種味道嘗試其他各種食材。隨時準備白醬，加在肉或魚、蔬菜等各種料理中來餵食。

Q 我的孩子非常愛吃豆腐及納豆卻不吃肉或魚我擔心會缺乏蛋白質（8個月大）

A 豆腐或納豆的口感滑溜容易吞嚥，因此嬰兒愛吃。豆腐以外，可把蛋納入菜單，就不必擔心蛋白質不足。這個時期可稍微加一些肉或魚，讓孩子習慣各種味道。

代表性討厭食材、如何處理？

魚

乾澀的碎魚肉

拌哈密瓜

煮熟撕碎的白肉魚，用搗碎的哈密瓜來拌。哈密瓜的黏液與清爽的風味可掩蓋白肉魚。

青菜

纖維多的燙蔬菜

拌優格

青菜雖然營養豐富，孩子卻不愛吃。稍微控制一下想讓孩子多吃一點的想法。用嬰兒喜愛的優格來拌少量即可。

芋薯類

馬鈴薯泥

拌納豆

容易噎住而吐出的馬鈴薯泥，用黏稠的納豆來拌，就變成完全不同的口感而容易吞嚥。

米飯

無味的白米飯

一口飯糰

很多嬰兒不愛吃單純的米飯。可做成菜飯，或做成能用手抓來吃的飯糰，沾上海苔，這樣孩子就會連裡面的白飯一起吃。

我的孩子一吃到馬鈴薯或南瓜等乾澀鬆軟的食物就吐出（8個月大）

A 多加點水分，用白醬來拌或勾芡，就容易吞嚥。此外，把生的馬鈴薯磨成泥後來煮，就會變成軟滑的獨特口感。加點油也容易吃，但這個時期油量以1/2小匙為限

我的孩子不吃優格或乳酪等乳製品（9個月大）

A 如果不吃也不必勉強餵食。因為還在喝牛乳，因此不會發生非從乳製品來攝取營養不可的情形。可把少量優格混入孩子愛吃的水果中，讓他習慣優格味道的程度來餵食。

我的孩子愛吃水果尤其是蘋果及香蕉（10個月大）

A 如果因吃太多蘋果或香蕉而吃不下其他食品，那就會有問題。如果在用力咬嚼期，包括水果或果汁在內1天以100公克為基準。蘋果是1/2個。可把香蕉加在玉米片中，或把肝類與香蕉混合，或組合乳酪與蘋果。以營養的食材為主，稍微添加孩子愛吃的蘋果或香蕉，帶點味道或香氣來餵食。

我的孩子不吃蔬菜即使切得再碎也吐出（10個月大）

A 這個時期的好惡並不在於味道或香氣，而多半是食物容易吞嚥與否。已經10個月大，因此不要只切碎來烹調，不妨切成大塊讓孩子用手抓來吃。手抓就會放入口中，即使吃不多，嚐嚐味道也好。此外，也可設法把研磨過濾的蔬菜（嬰兒食品亦可）加在洋菜、茶碗蒸或蒸糕等中來餵食。

我的孩子突然對食物出現好惡尤其討厭酸味（11個月大）

A 擴大味覺的範圍很重要。很多孩子至1歲前都討厭酸味的食品，因此不必從這個時期起就急著給孩子吃。如果還是想給孩子吃，可先從水果等爽口的酸味開始嘗試來慢慢習慣。等稍大以後，自然就會吃。

我的孩子好惡不定有些時候吃很多有些時候只吃一口（1歲1個月大）

A 這是因為孩子把興趣轉移到飲食以外的事情，或改變對食物的喜好。媽媽不要因孩子的好惡或吃得少而煩惱，因為就連大人也常因當天的心情或身體狀況而改變口味，有時甚至沒有食慾。過一段時間後，就會吃原本討厭的食物，也會吃到一定的量，不必太過擔憂。

肉

牛排肉等

切成棒狀

用刀背拍打　直角切斷纖維　也可用廚房剪刀來剪開

切斷肉的纖維來烹調就能變軟。在用力咬嚼期，把牛排肉拍打後來煎，切成棒狀來吃很受歡迎。

沾太白粉

在煎、煮、炒之前，把切好的肉沾上太白粉，就能裹住肉而使肉質變得軟嫩。

瘦肉

利用牛小腿肉

在瘦肉中，牛小腿肉燉煮後就會變得軟嫩，可簡單撕碎。在烹調大人吃的燉菜調味前分取來使用。

利用涮涮鍋專用肉片

市面上有出售涮涮鍋用的牛肉薄片或豬肉薄片。因切得很薄而適合在斷奶食物使用。

粗絞肉

與馬鈴薯混合做成餅

肉類中絞肉最適合做為斷奶食物，但有些孩子討厭粗乾的口感。可與馬鈴薯泥混合，加少量鮮奶使其變軟，然後用少量油煎熟。肉儘量絞2次（在肉店購買時可拜託店家）。依時期或喜好，可把絞肉切得更碎。

拌香蕉

拌菜稀飯

與嬰兒喜愛的食材混合來掩蓋口感或味道。

我的孩子最近只吃米飯與納豆 我擔心這樣是否會營養不均衡（1歲2個月大）

A 與嬰兒時期一樣，很多孩子1歲過後「只吃○○」。但不會永遠只吃納豆，總有一天會吃膩。等吃膩納豆後，「某一種」就會變成其他食物，不久就會品嘗各種菜餚。當孩子伸手想抓桌上除納豆以外的其他食物時，就讓孩子圍坐在餐桌，形成想吃就能伸手抓食物來吃的環境。此外，如果孩子只吃納豆，可把韭菜、紅蘿蔔等與納豆混合來補充維生素、礦物質。

我的孩子吃肉只吃絞肉料理 一般肉即使切成小塊加在炒麵中也會從口中挑出不吃（1歲3個月大）

A 這個時期，已經具備從口中挑出不吃食物的能力。因此混入炒麵或炒蔬菜中就不是個好方法。尤其切成小塊的薄片肉不易咬斷纖維。不妨做成塊狀的烤肉、牛排（切細用叉子來吃）孩子反而會吃。這個時期的要點是即使吃不多，只要有吃就予以誇獎。對孩子不吃的食物在調味上多下點工夫，把孩子愛吃的食物做成淡味，如此變化孩子就會想吃。不過至3歲前後才能咬斷大塊肉，既然孩子已經吃絞肉，因此不用急，再耐心等等。

我的孩子不吃青菜類 總是堆在口中最後吐出。（1歲3個月大）

A 這個時期愛吃青菜的孩子反而少。可拌納豆或優格，或做成焗烤式就容易吃。切碎做成青菜飯也是個不錯的點子。如果還是不吃，就不要堅持，以紅蘿蔔、南瓜、青花菜、青椒、綠蘆筍等其他黃綠色蔬菜來代替。3歲過後就會開始吃青菜類。而到了6歲才完全沒問題，因此把眼光放遠來看。

Q7 擔心吃的「量」與體格

我的孩子以往吃得不少卻突然減量 不知是什麼原因？（8個月大）

A 以往斷奶食物一直進行得很順利，卻突然不吃，這是常有的事。這種情形是斷奶期的「中途吃膩」，在多數嬰兒常見的現象。因為以往拚命吃，以致感到有點吃膩。而且智力發達後，也會對吃以外的事物產生興趣，而容易分心。但切勿勉強孩子吃。如果菜單一成不變，不妨在食材或烹調法、調味上多做一些變化。

我的孩子每餐能輕易吃2碗飯 而且吃3次點心 我覺得他似乎吃得太快、囫圇吞食（8個月大）

A 如果能吃2碗飯，就多加一些蔬菜。1天合計的飲食，3種食物群必須均衡。點心吃3次稍嫌多，不妨減少1次。餵食時，餵一口後問：「好吃嗎？慢慢吃哦！」邊和孩子說話邊餵第2口，就能放慢吃的速度，也能多少減量。

我的孩子每餐都很能吃 1餐吃多少才算適量？（11個月大）

A 如果餵多少就吃多少，也不會引起腹瀉或消化不良，體重也順利增加，可視為就是這個孩子的「適量」。有些孩子1歲過後能吃大人一半以上的量。

與同月齡的嬰兒比較 我的孩子食量小 體格也瘦小（11個月大）

A 你可能以為「嬰兒的體型經常改變」，如果沒有生病卻吃不多，也不長胖，就是天生的體質所致。這種孩子即使勉強餵食也沒用，反而會讓孩子更討厭飲食。雖是小個子，但只要有活力，且能依照母子健康手冊的成長曲線增加體重就不必擔心。很多孩子進入青春期才大幅成長，因此把眼光放遠來看孩子的發育。

飲食的內容就算少量，也要選擇含熱量來源、蛋白質來源、維生素、礦物質來源的食物來餵食，注意營養均衡。沒必要為了長胖而只餵食高蛋白、高脂肪、高熱量的食物。

此外，進餐時媽媽不安或緊張的氣氛也會造成孩子的壓力。因此請媽媽放輕鬆，讓進餐時間變得輕鬆愉快。

我的孩子一直都吃得很少 喜歡母乳多於斷奶食物 體重也在平均值以下 令人擔心（1歲3個月大）

A 如果體重增加的情況不佳，就不要餵母乳，盡量讓孩子吃斷奶食物。如果孩子夜晚哭鬧，常想喝奶，斷奶食物進展得不順利，就斷然停止餵母乳。因為已經1歲3個月大，故不喝奶在營養上也不會有問題。但也要注意精神上與孩子的接觸，餵奶時間以外，多抱抱孩子。媽媽一旦決定停止餵奶，就要毅然決然實施，才是為孩子好。

此外，如果斷奶食物的軟硬度與大小未能配合孩子的發育，當然無法攝取應該攝取的量而導致營養不足。菜單中可以有1～2樣與大人吃的相同，其他2～3樣做成用力咬嚼期前的軟硬度，孩子容易吃的形狀。

Q8 擔心過敏

有過敏的孩子延後開始斷奶食物較好嗎?（4個月大）

A 即使是有過敏顧慮的嬰兒，仍以5個半月～6個月開始為基準。不能因擔心過敏一直吃母乳而延後開始斷奶。如果感到迷惑，就去請教小兒科或過敏專科醫師。

蛋令人擔心過敏 應該吃到什麼程度才好?（5個月大）

A 蛋含豐富嬰兒成長所需的優質蛋白質與維生素、礦物質。如果雙親或兄姐有人過敏或溼疹嚴重，1歲以後再吃蛋白，但最好還是先去請教主治醫師（小兒科或過敏專科醫師）。另一方面，蛋黃依照「斷奶的基本」來吃就沒問題，但如果還是擔心就請教主治醫師。切勿因太過擔心過敏而憑自我判斷來限制飲食。

吃麵包沒問題 是否表示就能吃蛋呢?（5個月大）

A 有些吐司麵包確實含蛋成分，但也不能因此就認定蛋絕對沒問題。蛋就是蛋，先從少量嘗試蛋黃開始。

因擔心過敏 而不敢增加蛋白質的種類 這樣有沒有問題?（10個月大）

A 這也和前一個回答一樣。切勿憑雙親自我判斷來限制食物。因為這樣就不能攝取成長所需量的營養。如果以往餵食豆腐或白肉魚沒問題還「擔心」，那就太多慮了。如果還是擔心而不安，就去小兒科或過敏專科就診。接受診斷，聽取有關斷奶的進行法或蛋白質的餵食法等建議。

蕎麥讓人擔心過敏 應該從何時起才能吃?（10個月大）

A 蕎麥這種食材在9個月大以後，輕度咀嚼期起開始嘗試即可。但所謂的過敏反應，有時是以往都沒問題，卻在某天突然引起。而蕎麥或花生就是這類的代表。蕎麥引起的過敏多半是在學童期發症，因此有過敏體質的孩子，最好從幼兒期～學童期視情況來吃。

1歲前不想餵鮮奶或蛋 不知在營養上有無問題?（10個月大）

A 重要的是必須在醫師的指導下才能進行這種限制，而非憑媽媽的自我判斷。在限制某種食物前，先請教醫師或營養師再進行，以免在營養上發生問題。

我的孩子有過敏（鮮奶、小麥、蛋、乳酪） 而導致菜單偏頗 該怎麼辦?（8個月大）

A 看來你的寶寶似乎對豆腐、魚、肉等不會過敏，這樣就可活用這些食材來擴大蛋白質來源的範圍。此外，主食也可彈性使用米、大麥、米粉、粉絲、玉米片等。建議多利用非過敏性食材專賣店。

Column 過敏孩子的菜單

含住壓碎期的情形

對鮮奶、乳酪、小麥、蛋過敏孩子的情形。
這是利用米粉、粉絲、玉米片的菜單範例。

米粉＋涮麵醬
米粉10～15g煮到透明後切碎。高湯1/2杯煮開，加醬油1/6小匙來調味，再加米粉來煮。

哈密瓜拌粉絲
用熱開水泡軟粉絲12～15g後煮軟後切碎。把哈密瓜20g搗碎來拌。

玉米片＆豆漿
玉米片10～15g捏碎，加豆漿50ml＋白開水50ml煮開後冷卻（也可在微波爐加熱）。

9 邊玩邊吃的對策・管教

我的孩子每吃1匙就吸手指讓人無法順利餵食（5個月大）

A 孩子可能討厭液體以外的食物進入口中。雖然不必勉強制止，但最好趁早糾正，才不會養成習慣。譬如剛開始的20分鐘任由孩子去做，之後媽媽再把孩子的手指拿開來餵食。

我的孩子吃1碗要花30分鐘以上令人焦急（8個月大）

A 基準是20分鐘左右。但進食的速度有個人差異，這是孩子本身的步調，媽媽不要焦急，配合孩子的步調來餵。何況才出生後8個月大，應該把眼光放遠。如果擔心在幼稚園的集體生活，可在入園前訓練孩子在20～30分鐘內吃完，進食的速度也與個性有關，因此不要勉強。但如果是因邊玩邊吃而花費時間，就在規定時間「吃完」。

希望帶著孩子全家人一同外食是否還太早？（10個月大）

A 偶爾可以，但必須注意鹽分與油。菜單的選法可參照157頁。但如果弄髒餐廳，一定要清理後再離開。孩子吵鬧就帶到外頭，這樣才不會失禮。最好攜帶孩子喜歡而會發出聲音的小玩具或圖畫書。

我的孩子已經會扶著家具走路因此進餐時總是繞著餐桌轉而不肯乖乖坐著吃（10個月大）

A 就算孩子站起來跑開，也絕對不要在後追趕去餵，因為孩子會覺得有趣而變成一種遊戲。此時媽媽坐在餐桌（斷奶食物旁），等孩子走近時再餵，但必須告訴孩子「乖乖坐下來吃！」如果是坐在幼童餐椅就容易站起來，因此準備有墊腳板的椅子，讓孩子坐在餐桌前來餵食。

如何讓孩子了解這是進餐時間？（11個月大）

A 首先讓孩子養成說「我開動了」「我吃飽了」的習慣，來分辨進餐時間。收起玩具或關掉電視等容易引起孩子注意的東西。餐廳不要放置電視，有電視的客廳必須與餐廳隔開，準備能讓孩子專心進餐的環境也很重要。

想與孩子一起進餐但照顧太麻煩而作罷（11個月大）

A 對斷奶期的嬰兒來說，全家人一起進餐的意義有①體驗與別人一起進餐；②學習餐具的用法；③加強與家人的關係等。其中最重要的是①。

不過也不必太緊張，可趁爸爸休假的日子，媽媽不必一人照顧孩子的時候，再全家人一同進餐。目前以「快樂進餐」為基本就夠了。

我的孩子能夠乖乖坐著進餐這樣能否讓他邊看電視邊吃？（1歲大）

A 看電視會養成習慣，而邊看電視邊吃也會養成習慣。

現在這個階段邊看電視邊吃可能不花費時間，但從2歲左右起，孩子開始自己吃，反而會「拖拖拉拉的吃」而浪費時間。而且有人指出長時間看電視對語言的發展會帶來不良影響，因此請不要在進餐時或一整天看電視。

我的孩子不能集中精神進餐玩一下吃一點因此總是花很長時間進餐（1歲3個月大）

A 我能體會媽媽的心情，但這個時期的孩子不能集中精神進餐也無可厚非。依據某項報告顯示，某位1歲3個月大男童的進餐時間總共22分鐘，其中吃飯的時間是12分31秒，其他時間則佔9分29秒。也就是說進餐一半的時間都在玩，或對其他事物產生興趣。1歲3個月大不能集中精神進餐，並不是特別的問題。如果擔心孩子精神不集中，擔心的不應該是進餐，而是觀察孩子在玩自己喜歡的東西時，能否集中精神才是重點。

這個階段不管會不會是否應該教導孩子自己端碗來吃的進餐方式？（1歲3個月大）

A 一般來說，2歲過後才會一手拿杯子，另一手使用叉子或湯匙。現在這個階段即使想教也學不會。強迫孩子去做不到的事也沒有意義。

這個時期重要的是，讓孩子體驗每天在固定的時間進餐，即使弄得亂七八糟也讓他自己吃，把進餐當作一件樂事。孩子想自己吃而搞得亂七八糟也不要責罵，應該從旁協助才對。唸幼稚園前再慢慢教導練習拿筷子即可。

PART 5

特別篇

遇到這種情形應準備些什麼？

「特別日子」「生病時」的特別斷奶食物

一年中有各種節日。
包括慶祝孩子成長的日子、文化傳承的日子等等。
斷奶食物也不妨多花點心思準備得豐盛點，
與寶寶一起快樂的品嚐！

PART5
特別篇
全家人一同度過季節行事或活動

一年中有各式各樣的節日。這些日子包括慶祝孩子成長的日子、文化傳承的日子等等。斷奶食物也不妨多花點心思準備得豐盛點，與寶寶一起快樂的品嘗！

與嬰兒一起快樂度過 色彩繽紛的「特別日子」斷奶食物

向年神祈求新的一年幸福

新年是迎接「年神」的日子。希望今年仍然是風調雨順、五穀豐收的一年，全家人都能身體健康。

在日本，一般的家庭會在玄關裝飾門松，其理由是「神住在翠綠的常綠樹」。稻草繩則是不讓邪氣進入神所居住乾淨區域的範圍。年菜也來自「在迎神期間不開火」的習俗。

嬰兒的斷奶食物雖不能先做好存放備用，但把色彩繽紛的斷奶食物排放在新年用的器皿，就能喜氣洋洋快樂迎接新年。

●●○ 只會吞嚥期

把平時吃的稀飯做得更色彩繽紛
紅蘿蔔青菜雙色粥

材料
- 10倍濃稠粥 …… 30g
- 紅蘿蔔（做年菜時燙煮過的）… 5g
- 油菜葉（做年菜時燙煮過的）… 5g

作法
1. 把紅蘿蔔與油菜煮軟後，分別搗碎。
2. 把10倍濃稠粥搗碎，放上1來裝飾。

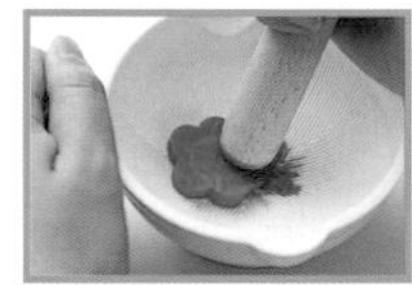

POINT
做年菜時從大人吃的燙煮過的蔬菜，分取嬰兒吃的份來搗碎。

○●● 輕度咀嚼期

充滿自然的甜味
加黑豆的南瓜沙拉

材料
- 南瓜 …… 20g
- 栗子甘露煮 …… 1/2個
- 黑豆（煮豆）…… 2粒

作法
1. 南瓜去皮，煮軟後切成5mm塊狀。
2. 把栗子甘露煮、黑豆（去皮）汆燙後切碎。
3. 混合1與2。

POINT
栗子甘露煮與黑豆的味道很甜，因此以汆燙來淡化味道。

●○● 舍住壓碎期

使用熟芋頭
芋頭鮭魚醬

材料
- 芋頭（熟的）…… 約40g
- 新鮮鮭魚 …… 13g
- 高湯 …… 3大匙

作法
1. 芋頭切去滲入味道的外側（芋頭如果滲入味道，就把外側切稍厚）。切成適當大小，再煮成淡味。
2. 鮭魚煮熟後撕成小塊，去皮去骨。
3. 在小鍋煮開高湯後放入2，把煮汁煮成一半，與芋頭一起盛入容器。
4. 在餐桌邊搗碎芋頭邊餵食。

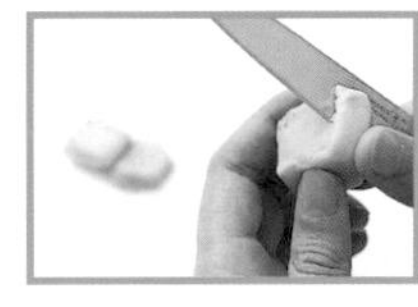

POINT
煮入味的材料，僅使用未滲入味道的內側。

●●● 用力咬嚼期

可用手抓開心地吃
嬰兒壽司捲

材料
- 軟飯 …… 80g
- 壽司醋 …… 極少量
- 紅蘿蔔、香菇、牛蒡（煮熟）合計 …… 30g
- 鮪魚罐頭（水煮、無添加食鹽）1小匙
- 碎海苔 …… 少量
- 蛋汁 …… 1/3個份
- 油 …… 少量
- 汆燙的鴨兒芹 …… 1根

作法
1. 紅蘿蔔、香菇、牛蒡（也可加少量醃白蘿蔔）大致切碎後汆燙。
2. 軟飯加壽司醋來調味（也可不加），加1與鮪魚、海苔。
3. 在鍋內塗上薄薄一層油，煎蛋皮。把2放在蛋皮上，從一端捲起，切成適當大小後用鴨兒芹綁住。

POINT
先把米飯稍微整理成形後就容易捲起。

●●● 用力咬嚼期

用馬鈴薯丸來代替麻糬
馬鈴薯雜煮

材料
- 馬鈴薯（男爵）…… 1/4個
- 麵粉 …… 2大匙
- 雞胸條肉（做年菜時燙煮過的）18g
- 紅蘿蔔（做年菜時燙煮過的）‥適量
- 菠菜（做年菜時燙煮過的）…… 適量
- 高湯 …… 1/3杯
- 太白粉水 …… 少量

POINT
馬鈴薯選擇男爵的品種就容易搓揉成丸子。

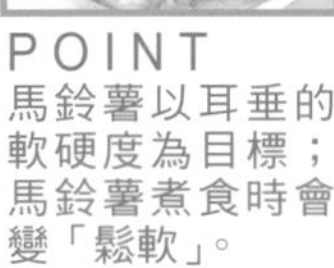

POINT
馬鈴薯以耳垂的軟硬度為目標；馬鈴薯煮食時會變「鬆軟」。

作法
1. 馬鈴薯在微波爐加熱2分鐘，去皮後搗碎，加麵粉搓揉成1cm大小的丸子狀（如果太硬就加少量水來調節）。
2. 雞胸條肉、紅蘿蔔、菠菜切成1cm大小，用高湯來煮。
3. 煮開後加1，丸子表面煮透明後就加太白粉水勾芡。

與嬰兒一同歡度四季的各種節日 新年也準備色彩繽紛的斷奶食物 全家人一起「恭賀新禧！」

小知識

各式新年料理

〔年菜〕原本的意義是「節慶的料理」。不僅新年，也可在桃花節、端午節、七夕節、重陽節等五大節慶吃的料理。套盒裡裝滿祈求一年家內平安、無病、消災的料理。

〔海帶捲〕為表示歡喜慶祝。海帶中心捲入當地的魚。

〔鯡魚卵〕有無數的卵，因此祈求多子多孫。

〔醋拌蘿蔔絲．紅白魚板〕搭配紅白喜氣的顏色。

〔黑豆〕有「忠實」辛勤工作「健康」的涵義。

〔田作〕往昔小魚是用來做成高級肥料，因此祈求五穀豐收。

〔南瓜丸〕把金色當成黃金。

〔芋頭〕芋頭旁邊會長出許多小芋頭，因此祈求多子多孫

女兒節

蛤蜊湯

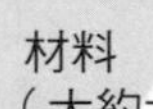

材料
（大約大人2人份＋嬰兒1人份）
蛤蜊……………………………2～4個
水……………………………500ml
鹽……………………………少許
酒……………………………2大匙
麩（麵筋）、鴨兒芹………適量

作法
1. 把蛤蜊與酒、水入鍋來煮。
2. 煮沸後撈出浮泡，加鹽調味。
3. 在大人用的小碗分別放入泡軟的麩1個與打結的鴨兒芹，倒入蛤蜊湯。
4. 嬰兒吃的份確實煮散酒精成分，把1個麩切碎，放入未加鹽的湯80ml中。

女兒節醋飯千層餅式

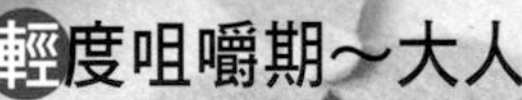

輕度咀嚼期～大人

材料
直徑12～15cm的模型1個份
（大約大人2人份＋嬰兒1人份）
米……………………………3合
水……………………………3杯
海帶…………………………3cm
壽司醋（醋50ml、砂糖2大匙、鹽1小匙）
蛋……………………………3個
紅蘿蔔………………………50g
紅蘿蔔用高湯………………1杯
吻仔魚乾……………………50g
菠菜葉………………………1/4束份
熟蝦仁………………………10尾左右
熟甜豆………………………2個
裝飾用壓模蔬菜（紅蘿蔔、白蘿蔔、青花菜莖、南瓜、豌豆莢）……………………適量
高湯…………………………2杯
鹽……………………………少許

作法
1. 把米洗淨，加入份量的水與海帶來煮。（※本來壽司飯是把米與同量的水來煮，但為讓嬰兒容易吃而煮得較軟）
2. 混合壽司醋的材料，在微波爐稍微加熱，溶解調味料。把煮好的米飯倒入壽司桶或容器，淋入壽司醋，充分攪拌混合後用扇子迅速搧涼。
3. 紅蘿蔔切成1cm左右的厚度，用高湯煮軟後切碎。
4. 菠菜煮熟後切碎。
5. 吻仔魚乾迅速汆燙去鹽後切碎。
6. 裝飾用的蔬菜也用加鹽調味的高湯煮軟。
7. 蛋打散，加少量的鹽、砂糖調味，煎4片直徑18cm的薄蛋皮，切成裝壽司飯模型的形狀。
8. 把2的壽司飯分成3等份，分別與3、4、5混合。
9. 在直徑12～15cm的圓形模型鋪保鮮膜，把蛋皮放在底部，分層放上紅蘿蔔飯、蛋皮、吻仔魚飯、蛋皮、菠菜飯，最後蓋上蛋皮。飯用湯匙壓緊以免有空隙。
10. 把9倒扣在盤上，放上蝦與甜豆，周圍放上壓模的蔬菜來裝飾。

※使用的模型可選擇蛋糕模型或鍋子。

只會吞嚥期

4色粥

作法
在搗碎的10倍濃稠粥30g，分別放入少量的紅蘿蔔、南瓜、菠菜泥，再放入汆燙去鹽切碎的吻仔魚乾。

含住壓碎期

壽司飯式粥

作法
紅蘿蔔、菠菜、南瓜切碎合計2大匙，用高湯煮軟。吻仔魚乾5g汆燙去鹽後切碎。在10倍濃稠粥50g加入蔬菜與吻仔魚乾，盛入容器，放上碎海苔。

女童與男童在桃花節都會感到非常興奮，沐浴在春天的氣息下，準備「嬰兒膳食」來歡慶

含住壓碎期

像花園般漂亮！

含住壓碎期膳食

青豆粥

作法
1. 冷凍青豆1/4杯迅速汆燙，在磨缽搗碎後，過濾去皮。
2. 在7倍濃稠粥50g加入1混合。

白肉魚配草莓醬

作法
1. 鯛魚片5g煮熟後撕碎。
2. 草莓2粒，在磨缽搗碎成滑溜狀。
3. 把鯛魚盛盤，配草莓醬。

只會吞嚥期

柔和的粉紅色令人喜悅

只會吞嚥期膳食

玉米蕃茄粥

作法
1. 番茄15g切碎後與10倍濃稠粥30g混合，用微波爐加熱30秒後搗碎。
2. 罐頭玉米醬1大匙研磨過濾，也可把嬰兒食品的研磨過濾玉米10g加在搗碎的稀飯中混合，然後在微波爐加熱15秒。

豆腐蔬菜泥

作法
1. 紅蘿蔔15g用磨板磨成泥。
2. 與木綿豆腐25g一起在微波爐加熱1分鐘，然後在磨缽磨成軟爛。

用力咬嚼期

排成漂亮的花朵形狀！

用力咬嚼期膳食

小壽司捲

作法
1. 用保鮮膜包起鮭魚片10g，微波加熱1分鐘，散熱後撕碎，把軟飯90g與鮭魚攪拌混合。
2. 把蛋汁1/3個份煎成長方形的薄蛋皮。
3. 把混合的飯分成2等份，分別攤在切成3等份的海苔、薄蛋皮上捲起。
4. 切成適當大小，在盤擺成花朵形，配上喜愛的蔬菜。

水果沙拉

作法

奇異果、草莓、香蕉、橘子合計50g，切成適當大小後盛入容器。

輕度咀嚼期

從哪一種吃起？

輕度咀嚼期膳食

迷你壽司

作法
1. 把軟飯80g分成5等份，搓成丸子狀。
2. 把熟蝦仁（約5g）、微波加熱的鮭魚片（約5g）、熟香菇、小黃瓜片、壓模的薄蛋皮分別放在飯糰上。

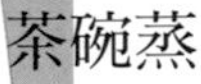

茶碗蒸

作法
1. 在蛋汁1大匙加高湯2大匙混合，倒入容器，在蒸籠蒸熟。
2. 用喜愛形狀的模型來壓削皮的紅蘿蔔、白蘿蔔等蔬菜薄片，與菇蕈、菠菜一起用高湯煮軟，放在茶碗蒸上裝飾。

原本是把災厄轉移人偶來祈求健康的行事

3月3日的女兒節——「桃花節」，原本是中國「五節」之一。被稱為「上巳節」，並非女童專門的節日。

3月上旬的巳日是去除身體污穢的日子。日本平安時代的貴族，把污穢或災厄轉移紙人偶，放流到河流或大海。

現在仍有些地區承襲這種所謂「放流小人偶」的習俗。據說與當時孩童的「遊戲」（裝飾人偶來玩耍的女童遊戲）結合後，江戶時代在庶民間廣為流行。明治以後，迅速推廣成像現在般多層人偶裝飾，據說是商人為了宣傳效果所致。

小知識
有關桃花節

〔桃花〕在樹上長出「兆」數量的果實，因此桃被視為象徵兒孫滿堂。自古以來被視為有驅魔或驅鬼的力量。

〔菱餅〕從上算起是紅、白、綠3色的菱餅，分別表示「桃花」「純白的雪」「綠草木」。綠色是用有造血作用、驅除邪氣的艾草做成，紅色是用有解毒作用的梔子花做成，據說能消災解厄。

〔蛤蜊湯〕蛤蜊是「配對的貝僅1個」，因此象徵女孩的貞節。

〔展示小人偶的時期〕立春（約2月4日）過後隨時都能展示。最晚在女兒節的1週前就要裝飾。

男兒節

在五月晴朗的端午節，希望大家都像在晴空飄揚的鯉魚旗一樣健康的長大！

用力咬嚼期

看起來歡樂！吃起來營養！

鯉魚旗薄餅

材料

低筋麵粉	50g
砂糖	1小匙
鮮奶	1/2杯
蛋	1個
牛油	15g
番茄醬飯	適量
馬鈴薯沙拉	適量
優格&草莓	適量
紅蘿蔔、美乃滋、優格、青豆	各少量

作法

1. 準備用番茄醬炒的飯、煮熟的馬鈴薯、拌美乃滋的馬鈴薯沙拉、拌優格的草莓。
2. 混合低筋麵粉、砂糖、蛋汁、鮮奶、溶解的牛油，在平底鍋煎3片薄餅，把1包成細長形，盛入容器。
3. 放上青豆當魚眼，用加熱的鐵叉烙上魚鱗花紋，放上棒狀的紅蘿蔔來裝飾。塗上混合優格與美乃滋做成的醬。

原本是祈求男童健康長大的「端午節」

在日本，5月5日是男兒節，原本是被稱為「端午節」的五節之一。所謂端午就是月之端的午日之意。傳統上，中國把5月視為忌月，在5月第一個午日用菖蒲來驅除邪氣。這種風俗習慣傳入日本後，因「午」與「五」同音，而在5月5日解厄。鎌倉時代以後演變成「男兒節」的習俗。在武士社會成熟的江戶時代，為驅除邪氣所使用的菖蒲與「勝負」「尚武」同音，因此做為祈求男兒安身立命的行事而延續下來。

戰後，端午節變成祈求孩童幸福的「男兒節」。但不論是男童或女童，都希望能健康的長大。

只會吞嚥期

在容器出現可愛的畫

鯉魚旗泥

材料（2盤份）
菠菜葉研磨過濾 …………………… 1大匙
南瓜研磨過濾 ……………………1大匙
豆漿 ………………………………… 3大匙

作法
1. 把研磨過濾的菠菜葉與豆漿1/2大匙、水2大匙混合來煮，加少量的太白粉水勾芡。
2. 將南瓜、剩餘的豆漿也同樣製作。
3. 把菠菜泥與南瓜泥分別裝入2個容器，用湯匙舀入豆漿泥，用竹籤勾勒成鯉魚形。

只會吞嚥期

用白醬勾勒出鯉魚畫

鯉魚形羹

材料（1盤份）
白肉魚 ………………………… 5g
紅蘿蔔 …………………………15g
太白粉水 ………………………1小匙
白醬（嬰兒食品）……… 適量

作法
1. 把磨成泥的紅蘿蔔與煮熟搗碎的白肉魚，用少量水來煮熟，加太白粉水勾芡。
2. 把1盛盤，把白醬裝入塑膠袋後剪去一角擠上，勾勒出鯉魚畫。

用力咬嚼期～大人

還不能吃麻糬也沒關係

槲葉麻糬式飯糰

材料（大人2人份＋嬰兒1人份）
大人吃的米飯 ……………………… 400g
嬰兒吃的米飯 ……………………… 40g
雞絞肉 ……………………………… 100g
味噌 ………………………………… 40g
酒、醬油、砂糖 ………… 各1大匙
槲葉 ………………………………… 4片
蛋 …………………………………… 1/2個
熟菠菜葉研磨過濾（或嬰兒食品） 少量

作法
1. 在鍋加雞絞肉與水2大匙來煮，煮到變得鬆散熟透後，分取嬰兒吃的約10g。
2. 在大人吃的絞肉加味噌、酒、醬油、砂糖，煮成濃稠後冷卻。
3. 把蛋煎成與嬰兒用槲葉一樣的扁平形狀。在蛋汁混合研磨過濾的菠菜來上色，煎成薄蛋皮。冷卻後切成葉狀。
4. 在嬰兒吃的米飯加入從1分取的絞肉混合後分成2等份，弄成扁平形後用蛋皮捲起。大人吃的米飯分成4等份，弄成薄橢圓形，把2的肉醬放在中央對摺，再用槲葉捲起。

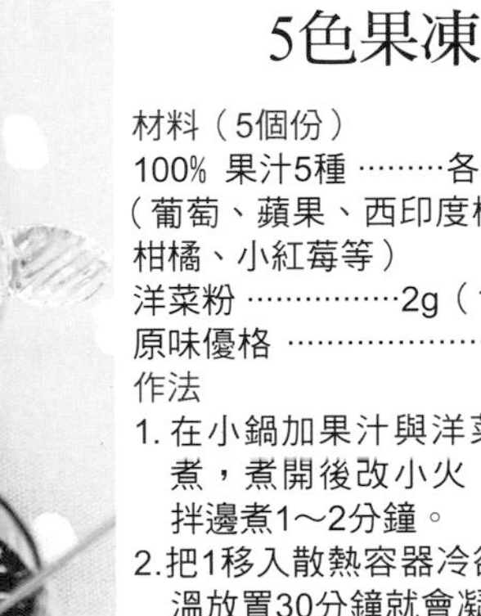

含住壓碎期

用鯉魚旗顏色做成冰涼的甜點

5色果凍

材料（5個份）
100% 果汁5種 ………各350ml
（葡萄、蘋果、西印度櫻桃、柑橘、小紅莓等）
洋菜粉 ……………2g（1小匙）
原味優格 ……………………少量

作法
1. 在小鍋加果汁與洋菜粉來煮，煮開後改小火，邊攪拌邊煮1～2分鐘。
2. 把1移入散熱容器冷卻（常溫放置30分鐘就會凝固）。用相同方法製作5種果凍。
3. 在容器放入2種喜愛的果凍，加入優格。

小知識
有關端午節

〔鯉魚旗〕在中國有一個傳說，「通過黃河上游龍門的鯉魚會化成龍」（「魚躍龍門」的語源）。鯉魚被視為平步青雲的魚，因此在日本武士的旗幟上畫有鯉魚畫，而現在的鯉魚旗則是江戶時代庶民所發明的。
〔槲葉麻糬〕槲樹的葉長出新芽前不會掉落，因此祈求「孩子出生前不會夭折」「家族綿延不絕」。
〔粽子〕中國戰國時代的英雄屈原在5月5日投江而死。為他感到悲傷的人們，每逢此時便把粽子投入江中來祭弔他。
〔菖蒲〕農曆5月是容易流行傳染病的時期，因有殺菌力而可做為藥用。

輕度咀嚼期

模仿熟悉的粽子

竹筍紅蘿蔔豬肉粽子式

材料（大人2人份＋嬰兒1人份）
米 ………………………………… 2合
高湯 ……………………………… 430ml
豬五花肉片 ……………………… 80g
紅蘿蔔 ……………………………60g
竹筍（水煮）…………………… 50g
醬油 ………………………………2大匙
酒 …………………………………1大匙

作法
1. 米洗淨後靜置30分鐘再煮。
2. 豬五花肉片拍打後沾上醬油、酒來醃。削皮的紅蘿蔔、竹筍大致切碎。
3. 把1的米放入電鍋，倒入2合米刻度的高湯，加入2的材料，按下開關來煮。
4. 煮好後搓成適當大小。

part 5 特別篇

聖誕節

在鈴兒響叮噹的夜晚
餐桌上也要熱熱鬧鬧 準備閃閃發亮的斷奶食物
共度歡樂的夜晚

輕度咀嚼期 玉米湯

只會吞嚥期 雪人馬鈴薯

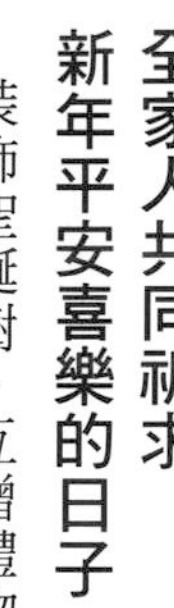

全家人共同祈求 新年平安喜樂的日子

裝飾聖誕樹、互贈禮物、吃一頓大餐，聖誕節在台灣已成為固定模式。但眾所周知聖誕節其實是慶祝耶穌誕生的日子。不過耶穌正確的誕生日不詳，把12月25日定為耶穌降生日是在西元4世紀後。有些國家除24日～25日之外，也把聖尼可拉斯（聖誕老人的起源）的節日12月6日，或聖魯琪亞的節日12月13日做為聖誕節的準備期間，將之視為重要的日子。

西歐的聖誕節通常只有家人共同慶祝。前往教堂望彌撒，全家人一同祈求新的一年平安喜樂。

●●● 含住壓碎期

用壓模的技巧做出漂亮的星星

星星粥

材料
- 5倍濃稠粥……50g
- 菠菜葉……10g
- 雞胸條肉……5g

作法
1. 把菠菜葉煮軟後切碎。雞胸條肉煮熟後切碎，與菠菜攪拌混合。
2. 把餅乾模型放在盤中央，把1放入模型中，把5倍濃稠粥盛在模型周圍，然後輕輕拿起模型以免變形。

●●○ 只會吞嚥期

用軟綿的馬鈴薯做成雪人

雪人馬鈴薯

材料
- 番茄泥（去皮去籽、搗碎而成） 2小匙
- 馬鈴薯……15g
- 青花菜……少量

作法
1. 馬鈴薯煮熟後在磨缽搗碎，用煮汁調稀。
2. 在容器用湯匙把1堆成立體的雪人。
3. 把番茄泥倒在雪人周圍。
4. 把煮熟青花菜的花蕾放在雪人眼睛的位置。

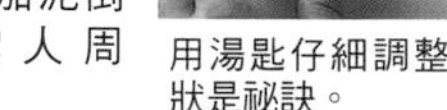
用湯匙仔細調整形狀是祕訣。

用力咬嚼期

●●●

連大人吃的份也一起製作

雞肉丸燉菜

材料
- 雞胸條肉絞肉……20g
- 太白粉……1/2小匙
- 洋蔥泥……10g
- 馬鈴薯……10g
- 紅蘿蔔……10g
- 白蘿蔔……10g
- 青花菜……10g

作法
1. 在雞絞肉加太白粉、洋蔥泥攪拌混合，搓成一口大小的丸子。
2. 馬鈴薯、紅蘿蔔、白蘿蔔、青花菜切成1cm塊狀。
3. 在小鍋加水200ml、2的蔬菜來煮，煮沸後加1的雞肉丸，煮到蔬菜變軟，嚐嚐味道，如果太淡就加少許鹽來調味。

●●● 輕度咀嚼期

蔬菜豐富而營養滿分

玉米湯

材料
- 玉米醬罐頭……1.5大匙
- 洋蔥……20g
- 紅蘿蔔……10g
- 青椒……10g
- 清燉高湯……100ml
- 鮮奶……4大匙
- 麵粉……1小匙
- 牛油……1/2小匙

作法
1. 洋蔥、紅蘿蔔、青椒大致切碎。
2. 在小鍋融化牛油，放入洋蔥炒到透明。加紅蘿蔔與青椒，炒到全體沾滿油後加入麵粉，迅速拌炒。
3. 在2加入清燉高湯與玉米醬來煮，煮到蔬菜變軟，加鮮奶煮開。

○●○ 輕度咀嚼期

軟嫩果凍水果飲料

水果果凍塊

材料（大人2人份＋孩子1人份）
- 橘子……10g
- 草莓……10g
- 奇異果……10g
- 洋菜粉……1/4小匙
- 水……200ml
- 砂糖……2小匙

作法
1. 橘子、草莓、奇異果切成5mm塊狀。
2. 在小鍋加入水、洋菜粉來煮，煮沸後改小火，用木杓攪拌混合煮1～2分鐘。
3. 離火，加砂糖攪拌混合冷卻。散熱後加入1的水果，在冰箱冷藏30分鐘凝固。

水果切成嬰兒容易入口的大小。

輕度咀嚼期
水果果凍塊

用力咬嚼期
雞肉丸燉菜

含住壓碎期
星星粥

用力咬嚼期
馬鈴薯泥花環

用力咬嚼期

把聖誕花環擺在餐桌上

馬鈴薯泥花圈

材料

馬鈴薯	30g
紅蘿蔔	10g
四季豆	10g
起司片	1/4片

作法

1. 馬鈴薯煮軟後搗碎，紅蘿蔔、四季豆煮軟後大致切碎。起司也大致切碎。
2. 混合1後整理成花環狀，裝盤。

馬鈴薯趁熱比較容易混合，因此動作要迅速。

小知識

聖誕老人何時誕生？

聖誕老人源自西元4世紀的司教聖尼可拉斯。樂善好施的尼可拉斯，日後成為孩童們的守護聖人而被祭祀。在歐洲各地每逢他的忌日12月6日，都有互贈小禮物的風俗習慣。現在的「聖誕老人」是誕生於19世紀的美國。源自神學校的博士所做的詩，內容為「乘坐麋鹿拉的雪橇，開朗的老爺爺送來禮物。」身穿紅色服裝的胖爺爺形象，是19世紀美國的漫畫家在報紙上發表的插圖。現代的聖誕老人與起源的聖尼可拉斯在外形上似乎有很大的差異。

PART5

特別篇

遇到這種情形該吃些什麼？

症狀別 身體不適時的斷奶食物

生病時連大人都會沒有食慾，更何況是嬰兒。孩子生病時或身體不適時，可準備口感好且容易消化的菜餚。以下依症狀別來介紹。

「喝」比「吃」重要

發燒、嚴重咳嗽時，一般人可能認為「吃些有營養的食物比較快復原」，但請三思而後行。雖依症狀而異，但原則上「沒有食慾時不要勉強餵食」。有發燒等症狀時，嬰兒的身體會因為對抗疾病而耗盡全力，因此沒有餘力消化吸收。此時「喝」比「吃」重要。

嬰兒的身體比大人更需要水分，但保留水分的功能尚未成熟。因發燒或嘔吐、下痢，經常在一瞬間就引起脫水症狀，因此必須勤於補充水分。復原後自然會恢復食慾。斷奶食物須退回前一階段，控制份量重新開始。原則上，如果沒問題就盡早恢復到生病前的飲食。

生病時最優先補充水分 待出現食慾後 退回前一階段 重新開始斷奶食物

何種水分？基本上是這3種

1 母乳・奶粉

母乳或奶粉的消化吸收非常好，幾乎不會造成身體的負擔。因此就補充營養、補充水分，以及滿足孩子想對媽媽撒嬌的意味來說，母乳或奶粉很重要。

2 麥茶・白開水

如果是喝水，一定要先煮沸，冷卻到皮膚的溫度再喝。麥茶的風味香又好喝，值得推薦，但也必須用白開水來煮，也可利用市售的嬰兒用麥茶。

3 嬰兒用離子飲料

可彌補因出汗或腹瀉等失去的鉀或鈉等礦物質成分，又不會造成身體的負擔，離子飲料最適合用來補充水分。大人喝的離子飲料不適合嬰兒，必須選擇嬰兒用的。

發燒時

發高燒時，因出汗或呼吸而會比平時失去更多的水分，因此發燒時首先要留意補充水分。母乳、牛乳、麥茶、白開水、離子飲料等，孩子想喝什麼就盡量餵食。為使口感好，最好稍微冰涼或冷凍，但冰涼會刺激腸，如果有腹瀉症狀就要避免。

因為發燒時會消耗許多維生素，礦物質成分也會隨著汗流失，建議多補充。果汁或蔬菜汁最適合補充維生素、礦物質。但也不要勉強，孩子想喝時再餵。

待出現食慾後就重新開始斷奶食物。因發燒而流失的熱量，可吃稀飯或烏龍麵等碳水化合物來補充。補充蛋或豆腐、白肉魚、鮮奶或乳製品等好消化的優質蛋白質，則有助恢復體力。

發燒時冰涼的飲料

作法

1.準備嬰兒喝的麥茶，或把煮好的大人喝的麥茶加倍稀釋。

2.麥茶2大匙加砂糖1g（1/3小匙）溶解後冷凍。

3.從冷凍庫取出後放置約3分鐘，從容器取出，用叉子搗碎或用刀切成碎冰狀。

MEMO

只會吞嚥期的嬰兒有討厭太冰觸感的傾向，因此建議從含住壓碎期起再餵食。但如果有腹瀉症狀就要避免。

作法

1.嬰兒用離子飲料2大匙在冰箱冷凍。

2.從冷凍庫取出後放置約3分鐘，從容器取出，用叉子搗碎或用刀切成碎冰狀。

MEMO

嬰兒用離子飲料最適合用來補充發燒嬰兒的水分。口腔炎時也因冰涼而有麻醉效果，非常適合。但如果有腹瀉症狀就要避免。

使用清爽的果汁來添加礦物質

作法

1.把西瓜的紅肉部分50g搗碎，在濾網研磨過濾。

2.用同量的白開水加倍稀釋。

MEMO

果汁如果是原來的濃度就不易吸收，因此加倍稀釋。如此對生病而衰弱的胃腸溫和而能安心。

只會吞嚥期～

清淡爽口的葡萄風味

順口的葡萄

作法

1.嬰兒食品的葡萄汁2大匙，加同量的白開水加倍稀釋。

2.如果使用新鮮葡萄，把剝皮的葡萄用磨缽搗碎，在濾網研磨過濾後，加同量的白開水。

MEMO

餵食果汁時盡量使用當季的水果。但柑橘系果汁會刺激腸胃，因此避免使用。

出現食慾後準備的菜餚

作法

1.香蕉1/2根與豆腐1/10塊（1塊約300g）大致切碎。

2.加鮮奶或奶粉1/4杯弱，在微波爐加熱。（500W約1分鐘）

3.把草莓1～2個搗碎後放入。

MEMO

可補充因發燒而流失的維生素C，而且只要把材料放入耐熱容器微波加熱即可，非常省事。

作法

1.把細麵20g折成適當的長度，煮軟。

2.從煮熟的蛋取1個份蛋黃、搗碎。

3.高湯1/3杯煮開，加少量醬油調味，盛入容器，灑上綠海苔粉。

MEMO

細麵是在沒有食慾時也容易吃的菜餚。除蛋之外，也可加煮軟的蔬菜來補充維生素、礦物質。

POINT

- 在水分上，嬰兒想喝多少就給多少。
- 補充因發燒而流失的維生素、礦物質。
- 待恢復食慾後，把優質的蛋白質烹調成口感佳的菜餚。

COLUMN

容易吞嚥又營養豐富……

生病時可以吃冰嗎？

冰品冰涼又甜，孩子最愛吃。熱量高又容易吞嚥，發燒時應該最適合……可能有人認為這樣很好，但不知能不能給嬰兒吃？基本上，只要在輕度咀嚼期以後，就沒問題。但如果有腹瀉或嘔吐等症狀就嚴禁。含蛋（未加熱）的種類也要避免。必須確認標示。在嬰兒時期，可少量餵食乳脂肪成分少的嬰兒冰淇淋或冰沙。

腹瀉時

持續腹瀉的嬰兒，身體會流失大量的水分與礦物質。如果只有腹瀉而沒有嘔吐，可分多次餵食白開水或麥茶、嬰兒用離子飲料、蔬菜湯等，嬰兒想喝多少就餵多少。為避免刺激腸胃，最好控制在人皮膚的溫度。

如果出現食慾不再嘔吐，就趁早重新開始吃斷奶食物。因為不必要的飲食限制，會使衰弱的腸黏膜延遲復原，而延長腹瀉。餵食的食物，選擇對腸胃溫和且容易消化吸收的，大原則是使用食物纖維少、油脂少的食材。代表性的食物有稀飯、馬鈴薯、香蕉等澱粉質（碳水化合物）。此外，白肉魚或蛋等優質蛋白質食物，也有助衰弱的腸黏膜復原，值得推薦。蔬菜或水果研磨過濾去除食物纖維，蘋果或紅蘿蔔磨成泥，較能提早止瀉。

POINT

- 以容易消化的澱粉質為中心，嚴禁油膩的食物。
- 趁早重新開始斷奶食物。
- 充分補充因腹瀉而流失的水分、礦物質。

腹瀉最嚴重期過後先餵食湯類

豐富的礦物質能滋補身體

蔬菜湯

作法

1. 洋蔥1/5個、紅蘿蔔1/3根、南瓜20g切成小塊入鍋，加水2杯來煮。
2. 煮沸後改小火慢慢燉煮，15分鐘後熄火。
3. 用濾網過濾，僅餵食湯汁。

MEMO

因溶出水溶性維生素、礦物質而含豐富的營養。也可加入高麗菜、白蘿蔔、蕪菁等較沒有澀味的蔬菜。

充滿自然的美味！

滋養高湯

作法

1. 雞胸條肉1條、紅蘿蔔30g、高麗菜葉1片加淹過材料的水來煮。煮沸後撈去浮泡，用小火煮5分鐘。
2. 用廚房紙巾過濾，加少量太白粉水在微波爐加熱來稍微勾芡。

MEMO

除維生素、礦物質之外，也能補充氨基酸。雞胸條肉撕碎可用在大人的沙拉等。

趁早補充澱粉質

維生素、礦物質豐富

紅蘿蔔＆蘋果味噌粥

作法

1. 紅蘿蔔與蘋果磨成泥，各準備1大匙。
2. 在5倍濃稠粥50g加1與味噌1/2小匙來煮。

※ 如果使用微波爐，就是500W加熱3分鐘。覆蓋保鮮膜燜到冷卻。

MEMO

蘋果與紅蘿蔔有整腸作用，搗碎或磨碎對改善腹瀉有效。

消化吸收好的組合

玉米湯粥

作法

1. 用份量的熱水調稀嬰兒食品的玉米湯1杯份。
2. 1與孩童用飯碗1/2碗的5倍濃稠粥混合。

MEMO

使用嬰兒最愛吃的玉米湯來提高食慾。不會造成腸胃的負擔而能吃得安心。

蛋白質使用脂肪成分少的種類

含 住壓碎期～

因勾芡而容易吞嚥

稀飯白肉魚羹

作法

1. 在鍋煮開水1/2杯，加少許鹽，放入真鯛50g迅速燙煮後取出。
2. 用叉子搗碎真鯛後倒回鍋的煮汁中，加少許太白粉水來煮，煮成黏稠後淋在5倍濃稠粥1/2碗上。

MEMO

把容易消化的真鯛煮熟後勾芡，如此比較容易吞嚥。必須留意粥不要太燙。

含 住壓碎期～

照片是輕度咀嚼期

對腸胃溫和的菜單決定版

燉煮烏龍麵

作法

1. 把乾的烏龍麵20g弱折成適當大小、煮軟。
2. 南瓜的黃色果肉部分1片（約30g）與豆腐1/6塊大致切碎。
3. 把所有材料放入淹過材料的高湯中，加少量醬油來煮。

MEMO

蔬菜除南瓜之外，也可使用紅蘿蔔或高麗菜。乾的麵條先折斷再煮，就不必費事再切短。

COLUMN 腹瀉時能吃的食物・不能吃的食物

容易消化的食物 ○

例）米湯或湯類等流食
稀飯或烏龍麵　茶碗蒸　優格
煮魚（白肉魚）　蕃薯　馬鈴薯
豆腐　蘋果泥　研磨過濾的蔬菜

纖維多的食物　油膩的食物 ✕

例）海草　菇蕈　牛蒡　竹筍
蓮藕等硬蔬菜　脂肪多的肉類或魚
香腸或火腿　油炸食品　燕麥
熟蛋白　魚板或竹輪

嘔吐・咳嗽時

感冒時痰會卡在喉嚨而容易引起咳嗽。緩和咳痰需要適度的濕度，因此提高房間的濕度，勤於補充水分很重要。斷奶食物也餵食水分多而不會刺激喉嚨的種類。

嘔吐的原因不一，有時伴隨咳嗽而引起噁心，有時因感冒而變成病毒性腸胃炎，或暈車暈船等……。不論原因為何，如果急忙餵食水分，就會誘發下次嘔吐，因此嘔吐後30分鐘內不要餵食是大原則。如果嘔吐與嚴重的腹瀉同時發生，就可能急遽造成脫水，因此必須注意。

為了不刺激因嘔吐而受損的腸胃或喉嚨，把容易消化的澱粉質食物煮軟再餵食。滑溜容易吞嚥而值得推薦。

POINT

- 咳嗽時，要餵食不刺激喉嚨的食物。
- 在嚴重噁心期間禁食，看狀況僅餵食水分。

COLUMN 嘔吐後餵食水分的方法

1. 30分鐘內不餵食任何水分
2. 如果沒問題，可用湯匙餵食10ml
3. 如果不再嘔吐，就間隔20分鐘餵食加倍量
4. 之後隔一段時間餵食數次，如果沒問題就餵食100ml左右

首先依照1～4的要領來餵食白開水或嬰兒用離子飲料。如果喝100ml以上的水分，就餵食牛乳20～30ml。如果喝母乳，就把乳頭含在口中，沒問題就重新開始餵奶。如果母乳、牛乳能喝下普通量，就重新開始吃斷奶食物。

不刺激喉嚨的溫和飲料＆湯類

只會吞嚥期～

自古以來生病時的飲料

甜白開水

作法

1.熱開水2大匙加砂糖1g（1/3小匙）溶解。

2.冷卻到容易喝的溫度。

MEMO

能補充水分與熱量，又有止咳的效果。但如果有腹瀉症狀，可能會促進腸內發酵，因此不要加砂糖。

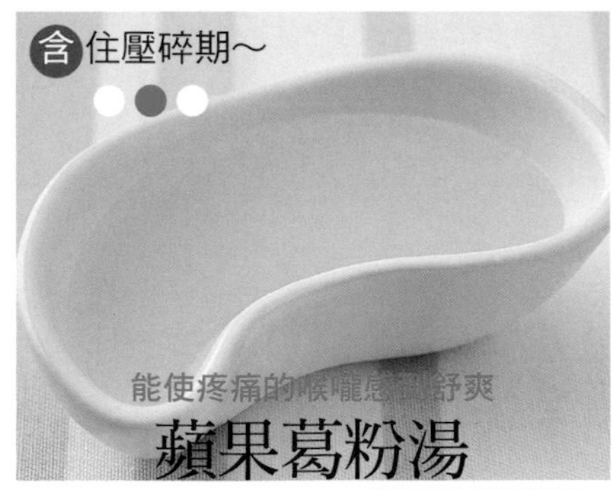

含住壓碎期～

能使疼痛的喉嚨感到舒爽

蘋果葛粉湯

作法

1.蘋果磨成泥，準備約70ml（嬰兒食品亦可），在微波爐加熱30秒。

2.加少量太白粉水，迅速攪拌混合來勾芡。如果溫度不夠就再度加熱攪拌混合。

MEMO

因用太白粉勾芡，故容易吞嚥，在容易嗆到時也放心。蘋果汁對喉嚨、腸胃都很溫和。

含住壓碎期～

帶有微微自然的甜味

蕪菁濃湯

作法

1.蕪菁1/2個削皮後磨成泥。

2.在鍋加入1與高湯1杯來煮，開小火慢慢煮到滲出甜味。

MEMO

蕪菁磨成泥後就很快熟，也變得黏滑而容易吞嚥。美味又爽口的日式風味也是優點。

含住壓碎期～

適度勾芡而容易吞嚥

蘋果湯

作法

1.蘋果1/4個削皮去籽後切碎，加入淹過材料的水用小火來煮。

2.把剩下的蘋果磨成泥做成蘋果汁1大匙加在1中，加少量太白粉水煮到滑溜。

MEMO

煮軟的蘋果口感與勾芡滑溜的湯，最適合做為感冒時的點心。

對喉嚨、腸胃溫和又美味

含住壓碎期～

微波就能簡單製作

南瓜烏龍麵

作法

1.熟烏龍麵20g與南瓜20g切成小塊。

2.放入耐熱容器，加高湯1/3杯覆蓋保鮮膜，用微波爐加熱3分鐘。

3.變軟後搗碎。也可在火爐上煮。

MEMO

南瓜在微波爐加熱也能充分煮軟，因此在時間緊迫時很方便。維生素A也豐富。

含住壓碎期～

加玉米粉的羹湯

香蕉卡士達

作法

1.香蕉1/4根搗碎。

2.把蛋黃1/4個、砂糖1/2小匙、鮮奶1大匙、玉米粉1小匙混合。

3.把鮮奶1/2杯加熱到皮膚的溫度，加2煮成濃稠狀，再加1的香蕉。

MEMO

在嬰兒最愛的香蕉加上蛋與鮮奶的營養。味道甜又容易吞嚥，因此在沒有食慾時推薦。

口腔炎時

疱疹性咽峽炎、手足口病、水痘等在口腔長出水泡或潰爛的疾病不少。罹患口腔炎時，即使有活力也有食慾，卻容易變成「口腔痛而不能吃！」的狀態。

雖然能以喝母乳或奶粉等水分來克服，但最好準備刺激少且容易吞嚥的斷奶食物。如果是柔軟滑溜、容易吞嚥的食物，即使口腔疼痛，也多少能吃一些。反之，必須咀嚼多次、硬、鹽分或酸味強而有刺激性的食物則要避免。溫度是以皮膚溫度為基本，但冰涼食物有減緩疼痛的效果，因此如果嬰兒不排斥就餵食。

口腔疼痛時不能吃太多，因此可分數次來餵食熱量高、少量也有滿足感的食物。

POINT

- 準備淡味又滑溜的食物，以免刺激水泡或潰爛。
- 避免燙、硬、有刺激性的食物。
- 分數次餵食營養價值高的食物。

COLUMN

容易吞嚥的技巧

用太白粉水勾芡

直接加入太白粉會結塊，因此必須先用倍量的水溶解後再使用。材料煮熟後再淋入是祕訣。勾芡會變得滑溜而能多吃一些。

善加利用嬰兒食品

利用嬰兒食品的嬰兒用果凍，就能簡單做出容易吞嚥的一道料理。此外，也可添加黏稠的高湯、水果泥等嬰兒食品。

雖僅能吃少量卻營養豐富

輕度咀嚼期～

含豐富強化黏膜的維生素A

南瓜蒸麵包布丁

作法

1.用保鮮膜包起南瓜的黃色果肉部分20g，在微波爐加熱。煮熟變軟後搗碎。

2.把蛋汁1大匙、鮮奶2大匙、切成小塊的吐司麵包（切8片）1/6片與南瓜混合，裝入容器，在微波爐加熱1分30秒，冷卻後從容器取出。

MEMO

南瓜含豐富的胡蘿蔔素（維生素A），有強化因生病衰弱的喉嚨、氣管黏膜的效果，因此值得推薦。

輕度咀嚼期～

口感柔軟又美味

香蕉布丁

作法

1.香蕉2cm用叉子搗碎成軟爛，與蛋汁1大匙、鮮奶2大匙混合，倒入耐熱容器。

2.覆蓋保鮮膜，在微波爐（200W）加熱約1分鐘。

3.放入冰箱冷藏，可放上少量搗碎的香蕉來裝飾。

MEMO

把蛋汁加熱凝固而成的布丁，本來是用蒸籠來蒸，但如果使用微波爐，少量也能輕鬆製作。

含住壓碎期～

利用嬰兒食品就能簡單製作

豆腐配南瓜醬

作法

1.豆腐1/6塊汆燙後冷卻。

2.南瓜30g（嬰兒食品亦可）煮熟後搗碎，與白醬（嬰兒食品亦可）混合做成醬，加在豆腐上。

MEMO

南瓜、白醬如果利用嬰兒食品，只需用熱水溶解就能簡單製作營養價值高的菜餚。

含住壓碎期～

維生素C、鉀豐富

蕃薯糊

作法

1.準備削皮的蕃薯30g，切成小塊煮軟後，趁熱搗碎

2.加鮮奶2大匙，做成稀爛的奶油狀。

MEMO

蕃薯含豐富的維生素C及鉀。味道甜又柔軟、口感好，因此因口腔炎疼痛時也能吃得安心。

容易吞嚥

輕度咀嚼期～

爽口滑溜又美味

水果蕃薯洋菜凍

作法

1.蕃薯泥2大匙與嬰兒食品的研磨過濾水果4大匙混合。

2.在鍋加入3/4杯的水來煮，煮沸後加洋菜粉1g再煮2～3分鐘，溶解後離火。

3.把1加在2中混合，倒入容器等待凝固。

MEMO

洋菜粉在室溫也會凝固，但放入冰箱冷藏就因冰涼而成為有人氣的爽口甜點。

含住壓碎期～

簡單又口感滑順

蘋果洋菜凍

作法

1.洋菜凍20g切成適當大小，迅速清洗後瀝乾水分。

2.蘋果30g削皮去芯，磨成泥後與洋菜凍混合、盛入容器。

MEMO

非常簡單卻美味。味道清香的蘋果與閃閃發亮的洋菜凍，是孩子看到就會伸手想吃的一道食品。

便秘時

治療便秘有棉花棒、灌腸等手段，但最好還是以食物來改善。

剛開始吃斷奶食物所引起的便秘，主要原因是水分不足或腸內細菌的均衡發生變化。因此建議積極攝取含多量水分的菜餚或優格。進行斷奶食物後，食物纖維不足是便秘的主要原因，因此建議使用青菜或海草、菇蕈類等食物纖維豐富的食材。

此外，調整生活節奏也很重要。每天在一定的時間吃斷奶食物，養成規律的排便習慣。也讓孩子盡情玩耍來培養腹部的肌力。

POINT
- 剛開始吃斷奶食物所引起的便秘，原因可能是水分不足。
- 進行斷奶食物後，充分攝取食物纖維或乳酸菌。

添加豐富食物纖維的大豆粉

作法
香蕉2cm、大豆粉1小匙、奶粉1/2杯放入果汁機攪打即完成。
※ 如果沒有果汁機，可把香蕉搗碎後，與大豆粉、奶粉混合。

MEMO
把食物纖維多的大豆磨成粉，與食物纖維豐富的香蕉混合。奶粉的水分充足，因此可謂一舉三得。

作法
1.大豆粉1小匙弱與原味優格2大匙混合。
2.盛入容器，加嬰兒食品的李子1小匙。

MEMO
食物纖維豐富的大豆粉與李子、有整腸作用的優格混合是最強的組合。口感也佳。

使用羊栖菜來補充食物纖維與鈣質

作法
1.泡水變軟的羊栖菜1大匙、煮熟的菠菜少量大致切碎，放入耐熱容器。
2.加高湯2大匙覆蓋保鮮膜，在微波爐加熱2分鐘煮乾湯汁。
3.把豆腐2大匙捏碎加入混合，再加熱30秒。

MEMO
僅使用微波爐加熱就完成的簡便菜餚。如果使用罐裝羊栖菜，更快完成。

作法
1.把泡水變軟的羊栖菜1小匙切碎。
2.紅蘿蔔10g磨成泥。
3.把1與2放入耐熱容器，加水1大匙覆蓋保鮮膜，在微波爐加熱1分30秒。
4.與孩童飯碗約5～8分滿的5倍濃稠粥混合。

MEMO
海藻中食物纖維最豐富的是羊栖菜。也含豐富的維生素與礦物質，因此建議斷奶食物多利用的食品。

使用納豆＆青菜使腸胃舒爽

作法
1.準備孩童飯碗鬆鬆1碗份的軟飯、磨碎的納豆1/4盒、煮熟切碎的菠菜1大匙。
2.加熱平底鍋後倒入少量油，依序放入1的材料來拌炒。

MEMO
油份有促進排便的效果。略炒即可，也可搭配纖維豐富的食材。

作法
1.把磨碎的納豆1大匙攪拌混合成鬆軟狀。
2.把煮熟的菠菜30g切碎後，與納豆混合。

MEMO
納豆、青菜都是食物纖維豐富的食材代表。納豆充分攪拌混合，口感就更好。

COLUMN 便秘時推薦的食材

蕃薯
芋薯類是食物纖維多的代表性食材。含豐富耐熱的維生素C，一搗碎就變得軟爛，因此從只會吞嚥期起就可餵食。

納豆
食物纖維豐富，而且營養價值也高，因發酵而容易消化吸收是最大的優點。充分攪拌混合就變得鬆軟而容易

青菜
胡蘿蔔素（維生素A）等維生素、礦物質豐富。研磨過濾後纖維會劇減，因此便秘時用刀切碎來餵食。

優格
乳酸菌能調整腸內細菌的均衡。加少量能幫助增加益菌代表比菲德氏菌的寡糖，效果會更好。

羊栖菜
除食物纖維之外，也含豐富的鐵質及鈣質等。泡水15分鐘就膨脹6～7倍變軟。必須加熱食用。

燕麥片
原料是磨碎的燕麥。加鮮奶或牛乳、水或果汁等在微波爐加熱，就變成粥。

其他
全麥粉麵包、玉米片、糙米片等穀類、大豆粉、豆類、青花菜、蔥、菇蕈類等。

TITLE

最新斷奶食物全書

STAFF

出版　　暢文出版社
審訂　　上田玲子
指導　　清水俊明
譯者　　楊鴻儒

主編　　尤美玉
封面設計　　簡文章
排版設計　　福美設計工作室
製版　　大亞彩色印刷製版有限公司
印刷　　桂林彩色印刷股份有限公司
法律顧問　　經兆國際法律事務所　黃沛聲律師

代理發行　　瑞昇文化事業股份有限公司
地址　　新北市中和區景平路464巷2弄1-4號
電話　　(02)2945-3191
傳真　　(02)2945-3190
網址　　www.rising-books.com.tw
e-Mail　　resing@ms34.hinet.net

劃撥帳號　　19598343
戶名　　瑞昇文化事業股份有限公司

本版日期　　2014年12月
定價　　450元

國家圖書館出版品預行編目資料

最新斷奶食物全書／上田玲子審訂；楊鴻儒譯.
-- 初版. -- 台北市：暢文，2008.03
192面；21x29.7公分

ISBN 978-957-8299-87-0 (平裝)

1.育兒　2.小兒營養　3.食譜

428.3　　97004356

memo